高职高专"十二五"规划教材
——安全技术系列

机械与特种设备安全

刘景良　主编

化学工业出版社

·北京·

本书注重对机械与特种设备安全基础知识的介绍，兼顾内容的通用性及系统性。体现生产实际，反映新理论、新技术、新装备以及最新相关法规标准要求。注重机械与特种设备安全意识的建立与强化。使读者了解机械与特种设备的危险性、危险控制及安全管理的基本理论和方法。

本书共分七章，包括机械安全概述、机械零件的失效与防护、金属加工机械安全、特种设备安全概述、起重机械安全、锅炉安全、压力容器安全、压力管道安全、电梯安全、场（厂）内专用机动车辆安全、大型游乐设施安全和客运索道安全等内容，对机械和特种设备的使用安全作了较为全面、系统的介绍。书中选编了一定数量的事故案例，以便加深读者对本书内容的认识和理解。

本书可作为高等职业院校安全类、机械类专业及相关专业系统性较强的教学用书，又可作为机械和特种设备安全管理人员、使用和维护保养人员的培训及参考用书。

图书在版编目（CIP）数据

机械与特种设备安全/刘景良主编． —北京：化学工业出版社，2013.5（2023.5重印）

高职高专"十二五"规划教材——安全技术系列

ISBN 978-7-122-16827-6

Ⅰ.①机…　Ⅱ.①刘…　Ⅲ.①机械设备-设备安全-高等职业教育-教材　Ⅳ.①TB4

中国版本图书馆 CIP 数据核字（2013）第 057849 号

责任编辑：窦　臻　　　　　　　　　　　　文字编辑：闫　敏
责任校对：王素芹　　　　　　　　　　　　装帧设计：王晓宇

出版发行：化学工业出版社（北京市东城区青年湖南街 13 号　邮政编码 100011）
印　　装：北京科印技术咨询服务有限公司数码印刷分部
787mm×1092mm　1/16　印张 15　字数 350 千字　2023 年 5 月北京第 1 版第 8 次印刷

购书咨询：010-64518888　　　　　　　售后服务：010-64518899
网　　址：http://www.cip.com.cn

凡购买本书，如有缺损质量问题，本社销售中心负责调换。

定　　价：39.00 元　　　　　　　　　　　　　　版权所有　违者必究

前　言

机械和特种设备广泛应用于各个行业企业，人们在日常生活中也会经常接触到。机械和特种设备在给人们带来高效、便捷的同时，也带来了危险。机械和特种设备应用的普遍性以及频频发生的伤害事故，对人们的生命安全和财产安全造成巨大威胁。熟悉机械和特种设备的危险和安全要求，加强对机械和特种设备在使用过程中的安全管理，确保使用安全，是安全生产管理的重要组成部分，也是实现安全生产的重要任务和重要途径。

本书在编写过程中注重科技发展和生产实际，反映新理论、新技术、新装备以及最新相关法规标准要求，同时兼顾内容的通用性和系统性。

本书包括机械安全概述、机械零件的失效与防护、金属加工机械安全、特种设备安全概述、起重机械安全、锅炉安全、压力容器安全、压力管道安全、电梯安全、场（厂）内专用机动车辆安全、大型游乐设施安全和客运索道安全等内容，对机械和特种设备的使用安全作了较为全面而系统的介绍。书中选编了一定数量的事故案例，以便加深读者对本书内容的认识和理解。

本书旨在为高等职业院校安全类、机械类专业及相关专业提供一本系统性较强的教学用书，同时也可作为机械和特种设备安全管理人员以及使用、维护保养人员的培训及参考用书。

本书由天津职业大学刘景良教授担任主编。全书共分七章，其中刘景良教授编写第一、二、三、四、五章，天津职业大学刘景良教授和贾立军正高级工程师共同编写第六章和第七章。全书由刘景良教授统稿。

在本书编写过程中，参考借鉴了许多文献资料（详见本书的参考文献），在此由衷地表示感谢。

由于编者水平所限，书中不当之处，恳请读者批评指正。

编者

2013 年 4 月

目 录

第一章　机械安全概述

机械是生产力发展水平的重要标志；机械的应用几乎涉及国民经济的各个领域，任何现代化的生产都离不开机械。

机械是人类进行生产以减轻体力劳动和提高劳动生产率的主要工具，它在给人们带来高效、便捷的同时，也带来了危险。机械应用的普遍性以及频频发生的机械伤害事故，给人们的生命安全和财产安全造成巨大损失。确保机械安全，防止机械伤害事故是实现安全生产的任务之一。

机械安全是指从人的安全需要出发，在使用机械的全过程的各种状态下，达到使人的身心免受外界因素危害的存在状态和保障条件。机械安全是由组成机械的各部分及整机的安全状态、使用机械的人的安全行为以及由机器和人的和谐关系来保证的。

第一节　机　械　概　述

一、机械的种类

机械是机器和机构的总称。

按服务对象不同，机械可分为建筑机械、运输机械、采掘机械、冶金机械、石油机械、纺织机械、印刷机械……众多类别。

按使用目的不同，机械可分为动力机械和工作机械两大类。

动力机械是指将非机械能（如燃料的热能、水力的位能、风力的动能、电能以及太阳能、原子能等）转化为机械能以驱动其他机械工作的机械。如电动机、内燃机等。

工作机械是指利用机械能做出有用的功或完成一定的能量转换，以达到作业目的的机械。如发电机、起重机等。

许多机械则为动力机械和工作机械的统一体，运输机械如汽车、轮船、飞机，搬运机械如起重机、叉车等，家用电器如洗衣机、豆浆机等。

尽管机械的种类繁多，外观及用途、功能各异，但可以用以下特征来概括各类机械：

① 各类机械都是由各种零件所组成的实体；

② 机械的各部件之间存在确定的、互相协调的相对运动；

③ 代替人的劳动，完成一定的能量转换或做出有用的功。

同时具备上述三个特征的机械称为机器，只具备前两个特征的机械称为机构。

高度现代化的机器不仅可以代替人的体力劳动，而且可以代替人的脑力劳动（如智能机器人）。

二、机器的组成

机器的发展经历了一个由简单到复杂的过程，它是由若干相互联系的零部件按一定规律装配而成、能够完成一定功能的整体。随着科学技术的发展，机器的概念也有了相应的变化。机器中除刚体外，液体、气体也参与了运动的变换。有些机器还包含了使其内部各机构正常动作的控制系统和信息处理与传递系统等。

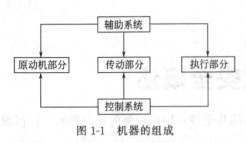

图 1-1　机器的组成

完整的机器通常由原动机部分、传动部分、执行部分以及控制系统等组成（如图 1-1 所示）。

1. 原动机部分

原动机是驱动整部机器以完成预定功能的动力源。

通常一部机器只用一个原动机，复杂的机器也可以有几个动力源。一般而言，原动机都是把其他形式的能量转化为可以利用的机械能。现代机器中使用的原动机大都是以电动机和内燃机为主。

2. 执行部分

执行部分是用来完成机器预定功能的组成部分。它是通过利用机械能（如刀具或其他器具与物料的相对运动或直接作用）来改变物料的形状、尺寸、状态或位置的机构。一台机器可以只有一个执行部分（例如压路机的压辊），也可以把机器的功能分解成好几个执行部分。机器种类不同，其执行部分的结构和工作原理也就不同。

3. 传动部分

机器的功能多种多样，要求的运动形式也是各不相同。但是原动机的运动形式、运动参数及动力参数却是有限的，而且是确定的。传动部分的任务就是把原动机的运动形式、运动及动力参数转变为执行部分所需的运动形式、运动参数及动力参数。就是说机器中所用传动部分，是用来将原动机和工作机联系起来，传递运动和动力或改变运动形式的部分。例如把旋转运动变为直线运动，高转速变为低转速，小转矩变为大转矩等。

4. 控制系统及辅助系统

随着机器的功能越来越强，对机器的精确度要求也越来越高，如果机器只由上述原动机部分、传动部分、执行部分三个基本部分组成，使用起来就会遇到很多困难。所以机器除了以上三部分外，还会不同程度地增加控制系统和辅助系统等。

控制系统是用来控制机器的运动及状态的系统，如机器的启动、制动、换向、调速、压力、温度、速度等。它包括各种操纵器和显示器。人通过操纵器来控制机器，显示器把机器的运行情况适时反馈给人，以便及时、准确地控制和调整机器的状态，以保证作业任务的顺利进行并防止事故发生。操纵器是人机接口处，安全人机工程学的要求在这里得到集中体现。

以汽车为例，发动机是汽车的原动机；离合器、变速箱、传动轴和差速器等组成传动部分；车轮、底盘（包括车身）及悬挂系统是执行部分；转向盘和转向系统、排挡杆、刹车及其踏板、离合器踏板及油门组成控制系统；后视镜、车门锁、刮雨器等为辅助装置。

一般情况下，传动部分和执行部分集中了机器上几乎所有的可动零部件。它们种类众多、运动各异、形状复杂、尺寸不一，是机械的危险区域。但二者又有区别：传动部分不与作业对象直接作用，不需要操作者频繁接触，常用各种防护装置隔离或封装起来；执行部分直接与作业对象作用，并需要人员不断介入，使操作区成为机械伤害的高发区，成为安全防护的重点和难点。

三、机械各种状态的安全问题

机器在按规定的使用条件执行其功能的过程中，以及在运输、安装、调整、维修过程中，都可能对人员造成伤害。事实上，这种伤害在机器使用的任何阶段和各种状态下都有可能发生。这里所说的"各种状态"包括如下。

1. 正常工作状态

正常工作状态是指机器完好情况下的工作状态。机器完成预定功能的正常运转过程中，存在着执行预定功能所必须具备的运动要素，有些可能产生危害后果。例如，大量形状各异的零部件的相对运动、刀具锋刃的切削、起吊重物、机械运转的噪声、振动等，使机械正常工作状态下就存在着碰撞、切割、重物坠落、使环境恶化等对人身安全不利的危险和有害因素。

（错误打磨法）

图 1-2　用手指绕砂布打磨内螺纹绞断手指示意图

【事故案例】　打磨内螺纹手指被绞断事故（见图 1-2）

某年 4 月 22 日 12：40，某单位女车工洪某（女，工龄 2 年）操作 C620 机床，加工连接阀杆套。为了排除丝扣毛头，洪某用砂布绕在食指上，在车速 600r/min 时打磨螺纹口，将食指放入螺扣，瞬间食指断筋被拉出来约 200mm，绞断食指旋进螺扣内。即时送医院，为了及时取出手指以便进行再植，火速用牛头刨刨开螺母，取出断后的 3 节食指送医院再植，医院虽经多方救治，但终无法进行再植手术，构成了重伤事故。

2. 非正常工作状态

非正常工作状态是指在机器运转过程中，由于某种原因（可能是人员的操作失误，也可能是动力突然丧失或来自外界的各种干扰等）引起的意外状态。例如，意外启动、运动或速度变化失控，外界磁场干扰使信号失灵，瞬时大风造成起重机倾覆倒地等。机械的非正常工作状态往往没有先兆，会直接导致或轻或重的事故危害。

【事故案例】　强对流天气引起起重机械倾覆事故

2009 年 8 月 19 日 16 时 40 分左右，位于上海市嘉定区封杨路 555 号的中交第三航务工程局上海嘉定制梁场，一台 10t 门式起重机发生倾覆，其一侧支腿砸在地面，造成 4 死 3 伤的起重机械重大事故。事故的直接原因是：事故起重机在作业过程中，突遇强对流天气，起重机作业人员未能进行正确处置，导致起重机在风力作用下，沿轨道加速运行 50m 后脱轨倾覆。事故调查组认定：这是一起因遇强对流天气、现场安全管理混乱，以及无证使用、无证操作起重机引发的特种设备责任事故。

3. 故障状态

故障状态是指机械设备（系统）或零部件丧失了规定功能的状态。设备的故障，哪怕是局部故障，有时都会造成整个设备的停转，甚至整个流水线、整个自动化车间的停产，给企业带来经济损失。而故障对安全的影响可能会有两种结果。有些故障的出现，对所涉及的安全功能影响很小，不会出现大的危险。例如，当机器的动力源或某零部件发生故障时，使机器停止运转，处于故障保护状态。有些故障的出现，会导致某种危险状态。例如，由于电气开关故障，会产生不能停机的危险；砂轮过期使用，会导致砂轮破裂、碎片飞甩的危险；速度或压力控制系统出现故障，会导致速度或压力失控的危险等。

【事故案例】　砂轮破裂飞出击伤胸部事故

某车间管道班职工李某于某年 12 月 11 日 16：30 左右，在砂轮机旁边操作，旋转的砂轮破裂成 3 块，由于砂轮机安全罩被人拆下，砂轮残片飞出将李某击伤，致使其胸部软骨骨裂。

4. 非工作状态

非工作状态是指机器停止运转处于静止的状态。在非工作状态下,机械同样会引发事故,如由于环境照度不够,导致人员与机械悬凸部位产生碰撞;室外机械在风力作用下产生滑移或倾覆等。

【事故案例】 细长棒料甩弯击打头部事故

某年,某车间起重工冯某在机床边吊工件,车工陈某在加工 1 根长近 6m、直径为 30mm 的细圆钢,伸出床头箱(主轴箱)部分为 3m 长。在陈某开车时,因车速较快,伸出的细圆钢旋转甩弯,棒头猛击冯某头部,将冯某击倒在地。鲜血直流,当场休克,冯某的头盖骨被打坏。经外科专家会诊抢救,手术后虽挽救了其生命,将有机玻璃嵌入头盖骨内,并用不锈钢铆钉紧固,但已造成终身残废。图 1-3 是事故现场简图。

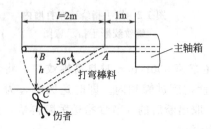

图 1-3　细长棒料甩弯伤人事故现场示意图

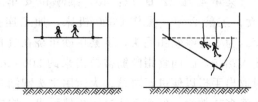

图 1-4　白棕绳折断后 2 人吊挂在大梁上的示意图

5. 检修保养状态

检修保养状态是指对机器进行检修或保养作业时(包括保养、修理、改装、翻建、检查、状态监控和防腐润滑等)机器的状态。尽管检修保养一般在停机状态下进行,但其作业的特殊性往往迫使检修人员采用一些超常规的做法。例如,攀高、钻坑、将安全装置短路、进入正常操作不允许进入的危险区域以及大型部件的拆装等,使得在检修及保养过程中容易出现正常操作过程中不存在的危险。出现如高处坠落、触电、物体打击等事故。

【事故案例】 悬吊过桥的白棕绳折断事故

某年 12 月 9 日,某机械厂钳工三班青工刘某和赵某,在检修离水泥地面 12m 高的行车电动葫芦时,为检修方便,起重工搭了一个临时过桥,过桥是用白棕绳吊在行车大梁上的。两名青工站在过桥上操作。10min 后,突然一端悬吊过桥的白棕绳折断,过桥随之倒下,2人被吊挂在行车大梁上,幸亏系了安全带,2 人才幸免于难。见图 1-4 是事故现场简图。

第二节　机械产生的危险及其主要伤害形式

机械在上述五种状态下之所以存在安全问题,最根本的原因在于,每种状态下均存在着各种危险有害因素。

危险有害因素可细分为危险因素和有害因素。

危险因素通常是指导致人员伤亡事故的因素。如高速运转、漏电、高处作业无防护设施、超压、超载等。

有害因素通常是指导致职业危害甚至职业病的因素。如工业毒物、粉尘、噪声、振动、辐射、高温、低温等。

实际上在很多情况下,同一危险因素由于物理量不同,作用的时间和空间不同,有时导致人身伤害,有时引起职业病,有时甚至二者兼有。因此,以下对机械设备及其生产过程中的不利因素，不再细分危险与有害因素，一律称为机械产生的危险。

一、机械产生的危险

机械产生的危险可分为两大类，一类是机械危险，另一类是非机械危险。前者包括的主要形式有夹挤、碾压、剪切、切割、卷绕、刺伤、摩擦或磨损、飞出物打击、高压流体喷射、碰撞或跌落等；后者包括电气危险、温度危险、噪声危险、振动危险、辐射危险、材料和物质产生的危险、违反安全人机学原理产生的危险等。

（一）机械危险

指由于机械设备及其附属设施的构件、零件、工具、工件或飞溅的固体和流体物质等的机械能（动能和势能）作用而产生的各种危险以及与机械设备有关的滑绊、倾倒和跌落危险。

机械危险包括设备静止状态和运动状态下所呈现的各种危险。

1. 静态危险

（1）刀具的刀刃，机械设备突出部分，如表面螺栓、吊钩、手柄等。

（2）毛坯、工具、设备边缘锋利飞边和粗糙表面（如铸造零件表面）等。

（3）引起滑跌、坠落的工作平台，尤其是平台有水或油时更为危险。

2. 直线运动及旋转运动危险

（1）作直线运动的构件，如龙门刨床的工作台、升降式铣床的工作台。

（2）人体或衣服卷进旋转着的机械部位引起的危险，如搅拌机、卡盘、各种切削刀具、相互啮合的齿轮副、链条-链轮等。

3. 打击危险

（1）旋转运动加工件打击，如伸出机床的细长加工件。

（2）旋转运动部件上凸出物打击，如转轴上键、联轴器螺钉等。

（3）孔洞部分的危险，如风扇、叶片、齿轮、飞轮。

4. 振动夹住危险

机械的一些振动部件结构，如振动体的振动引起被振动体部件夹住的危险。

5. 飞出物打击危险

（1）飞出的刀具或机械部件，如未夹紧的刀片、破碎的砂轮片、齿轮轮齿断裂等。

（2）飞出的铁屑，如金属表面加工产生的金属屑等。

（二）非机械危险

1. 电气危险

电气危险的主要形式是电击、燃烧和爆炸。其产生条件可以是人体与带电体的直接接触；人体接近带高压电体；带电体绝缘不充分而产生漏电、静电现象；短路或过载引起的熔化粒子喷射，热辐射和化学效应等。

2. 温度危险

（1）高温对人体的影响。高温烧伤、烫伤，高温生理反应（如中暑）。

（2）低温冻伤和低温生理反应。

（3）高温引起的燃烧或爆炸。

温度危险产生的条件有：环境温度、热源辐射或接触高温物（材料、火焰或爆炸物等）。

3. 噪声危险

噪声产生的原因主要有机械噪声、电磁噪声和空气动力噪声。

噪声的危害主要有：

（1）对听觉的影响。根据噪声的强弱和作用时间不同，可造成耳鸣、听力下降、永久性听力损失，形成因噪声引起的职业病之噪声聋。

（2）对生理、心理的影响。通常90dB（A）以上的噪声对神经系统、心血管系统等都有明显的影响；而低噪声，会使人产生厌烦、精神压抑等不良心理反应。

（3）干扰语言通信和听觉信号而引发其他危险。

4. 振动危险

振动对人体的生理和心理产生负面影响，可造成损伤和病变。最严重的振动（或长时间不太严重的振动）可能产生生理严重失调（血脉失调，神经失调，骨关节失调，腰痛和坐骨神经痛）等。振动可导致职业病之手臂振动病。

5. 辐射危险

可以把产生辐射危险的各种辐射源（离子化或非离子化）归为以下几个方面。

（1）电波辐射：低频辐射、无线电射频辐射和微波辐射。

（2）光波辐射：主要有红外线辐射、可见光辐射和紫外线辐射。

（3）射线辐射：X射线和γ射线辐射。

（4）粒子辐射：主要有α、β粒子射线辐射、电子束辐射、离子束辐射和中子辐射等。

（5）激光。

辐射的危险是杀伤人体细胞和机体内部的组织，轻者会引起各种病变，重者会导致死亡。

6. 材料和物质产生的危险

材料和物质产生的危险主要有：

（1）接触或吸入有害物（如有毒、腐蚀性或刺激性的液、气、雾、烟和粉尘）所导致的危险；

（2）火灾与爆炸危险；

（3）生物（如霉菌）和微生物（如病毒或细菌）危险。

使用机械加工过程的所有材料和物质都应考虑在内。例如：构成机械设备、设施自身（包括装饰装修）的各种物料；加工使用、处理的物料（包括原材料、燃料、辅料、催化剂、半成品和产成品）；剩余和排出物料，即生产过程中产生、排放和废弃的物料（包括气、液、固态物）。

7. 未履行安全人机学原则而产生的危险

由于机械设计或环境条件不符合安全人机学原则的要求，存在与人的生理或心理特征、能力不协调之处，可能会产生以下危险：

（1）对生理的影响。负荷（体力负荷、听力负荷、视力负荷、其他负荷等）超过人的生理范围，长期静态或动态型操作姿势、劳动强度过大或过分用力所导致的危险。

（2）对心理的影响。对机械进行操作、监视或维护而造成精神负担过重或准备不足、紧张等而产生的危险。

（3）对人操作的影响。表现为操作偏差或失误而导致的危险等。

二、机械危险的主要伤害形式

机械危险的伤害实质，是机械能（动能和势能）的非正常做功、流动或转化，导致对人员的接触性伤害。机械危险的主要伤害形式有夹挤、碾压、剪切、切割、缠绕或卷入、戳扎或刺伤、摩擦、飞出物打击、高压流体喷射、碰撞和跌落等。

1. 机器零件（或工件）产生机械危险的条件

（1）存在锐边、利角等切割要素，粗糙或过于光滑。

（2）存在相向运动或运动与静止物的相对距离小。

（3）存在在重力的影响下可能运动的零部件。

（4）存在可控或不可控运动中的零部件的动能。

（5）存在由于机械强度不够而导致零件、构件的断裂或垮塌。

（6）存在弹性元件（如弹簧）的势能，或在压力或真空下的液体或气体的能量。

2. 机械伤害的主要形式

（1）卷绕和绞缠 引起这类伤害的是作回转运动的机械部件（如轴类零件），包括联轴器、主轴、丝杠等；回转件上的凸出物和开口，例如轴上的凸出键、调整螺栓或销、圆轮形状零件（链轮、齿轮、皮带轮）的轮辐、手轮上的手柄等，在运动情况下，将人的头发、饰物（如项链）、肥大衣袖或下摆卷缠引起的伤害。

【事故案例】 某年10月13日，某纺织厂职工朱某与同事一起操作滚筒烘干机进行烘干作业。5时40分朱某在向烘干机放料时，被旋转的联轴器挂住裤脚口摔倒在地。待旁边的同事听到呼救声后，马上关闭电源，使设备停转，才使朱某脱险。但朱某腿部已严重擦伤。引起该事故的主要原因就是烘干机马达和传动装置的防护罩在上一班检修作业后没有及时罩上而引起的。

（2）卷入和碾压 引起这类伤害的主要危险是相互配合的运动副，例如，相互啮合的齿轮之间以及齿轮与齿条之间，皮带与皮带轮、链与链轮进入啮合部位的夹紧点，两个作相对回转运动的辊子之间的夹口引发的卷入；滚动的旋转件引发的碾压，例如，轮子与轨道、车轮与路面等。

【事故案例】 某年8月17日上午，浙江一注塑厂职工江某正在进行废料粉碎。塑料粉碎机的入料口是非常危险的部位，按规定，在作业中必须使用木棒将原料塞入料口，严禁用手直接填塞原料，但江某在用了一会儿木棒后，嫌麻烦，就用手去塞料。以前他也多次用手操作，也没出什么事，所以他觉得用不用木棒无所谓。但这次，厄运降临到他的头上。右手突然被卷入粉碎机的入料口，瞬间手指被碾断。

（3）挤压、剪切和冲撞 引起这类伤害的是作往复直线运动的零部件，诸如相对运动的两部件之间，运动部件与静止部分之间由于安全距离不够产生的夹挤，作直线运动部件的冲撞等。直线运动有横向运动（例如，大型机床的移动工作台、牛头刨床的滑枕、运转中的带链等部件的运动）和垂直运动（例如，剪切机的压料装置和刀片、压力机的滑块、大型机床的升降台等部件的运动）。

【事故案例】 某年5月18日，四川广元某木器厂木工李某用平板刨床加工木板，木板尺寸为（300×25×3800）mm，李某进行推送，另有一人接拉木板。在快刨到木板端头时，遇到节疤，木板抖动，李某疏忽，因这台刨床的刨刀没有安全防护装置，右手脱离木板而直接按到了刨刀上，瞬间李某的四个手指被刨掉。在一年前，就为了解决无安全防护装置这一隐患，专门购置了一套防护装置，但装上用了一段时间后，操作人员嫌麻烦，就给拆除了，结果不久就发生了事故。

（4）飞出物打击 由于发生断裂、松动、脱落或弹性位能等机械能释放，使失控的物件飞甩或反弹出去，对人造成伤害。例如：轴的破坏引起装配在其上的皮带轮、飞轮、齿轮或其他运动零部件坠落或飞出；螺栓的松动或脱落引起被它紧固的运动零部件脱落或飞出；高速运动的零件破裂碎块甩出；切削废屑的崩甩等；弹性元件的势能引起的弹射。例如：弹簧、皮带等的断裂；在压力、真空下的液体或气体引起的高压流体喷射等。

【事故案例】　某年 12 月 29 日，某公司田某，在打磨钻头时，砂轮片突然爆裂，飞出的砂轮片击中其左侧颈动脉，致失血过多，经医院抢救无效死亡。经调查发现，该打磨设备不是专门生产厂家的合格出厂设备，属于自制简易打磨设备，转动装置简单地固定在临时的板子上，更无安全检验。

（5）物体坠落打击　处于高位置的物体具有势能，当它们意外坠落时，势能转化为动能，造成伤害。例如，高处掉下的零件、工具或其他物体（哪怕是很小的）；悬挂物体的吊挂零件破坏或夹具夹持不牢引起物体坠落；由于质量分布不均衡，重心不稳，在外力作用下发生倾翻、滚落；运动部件运行超行程脱轨导致的伤害等。

【事故案例】　某年 5 月 27 日，山东某化工厂停产大检修，重碱车间在给一处位于距地面 4m 多高的管道加盲板的过程中，由于管内结疤，民工刘某和于某虽然松开螺母，但盲板仍插不进去。于是，刘某就用撬杆撬，于某在法兰口用楔子撑。此时，法兰之间仅有 4 个螺栓，这 4 个螺栓当中，其中 1 个仅有 2 扣带在螺母上，其余 3 个螺栓仅有 1 扣带在螺母上。在这种情况下，于某的楔子掉了下去，另一职工郭某叫地面待命（现场服务）的孙某去捡掉下的楔子，孙某过去捡楔子时，刘某仍用力敲法兰，致使 4 个仅有 1～2 扣的螺母脱开，法兰移出，使 U 形管下部的塑料管断开，继而带有几个弯头和短管（铸铁）的组合管坠落，坠落后的组合管反弹砸伤捡楔子的孙某，孙某送医院后抢救无效死亡。

（6）切割和擦伤　切削刀具的锋刃，零件表面的毛刺，工件或废屑的锋利飞边，机械设备的尖棱、利角和锐边；粗糙的表面（如砂轮、毛坯）等，无论物体的状态是运动的还是静止的，这些由于形状产生的危险都会构成伤害。

【事故案例】　某年 4 月 2 日白班，模具钳工张某用凿子修花筋时，未按要求佩戴防护眼镜，导致飞溅的铁屑击伤眼睛，将左眼的眼角打破。

（7）碰撞和刮蹭　机械结构上的凸出、悬挂部分（例如起重机的支腿、吊杆，机床的手柄等），长、大加工件伸出机床的部分等。这些物件无论是静止的还是运动的，都可能产生危险。

【事故案例】　某年 5 月 19 日，江苏省一个体机械加工厂，车工郑某和钻工张某两人在一个仅 9m² 的车间内作业，他们的两台机床的间距仅 0.6m，当郑某在加工一件长度为1.85m 的六角钢棒时，因为该棒伸出车床长度较大，在高速旋转下，该钢棒被甩弯，打在了正在旁边作业的张某的头上，当郑某发现立即停车后，张某的头部已被连击数次，头骨碎裂，当场死亡。

（8）跌倒和坠落　由于地面堆物无序或地面凸凹不平导致的磕绊跌伤，接触面摩擦力过小（如光滑、油污、冰雪等）造成打滑而跌倒。假如由于跌倒引起二次伤害，那么后果将会更严重。

人从高处失足坠落，误踏入坑井坠落；电梯悬挂装置破坏，轿厢超速下行，撞击坑底，都会对人员造成伤害。

【事故案例】　某年 8 月 17 日下午，河北某机械厂职工李某正在对行车起重机进行检修，因为天气热，李某有点发困，他就靠在栏杆上休息，结果另一名检修人员开动行车，李某没注意，身体失去平衡而坠落，结果造成严重摔伤。

机械危险大量表现为人员与可运动物件的接触伤害，各种形式的机械危险、非机械危险往往交织在一起。在进行危险识别时，应该从机械系统的整体出发，考虑机器的不同状态、同一危险的不同表现方式、不同危险因素之间的联系和作用，以及显现或潜在的不同形态等，以获得全面的危险信息，为正确评价其安全性或制定安全对策奠定基础。

第三节 机械安全事故原因分析

安全隐患可存在于机器的设计、制造、运输、安装、使用、报废、拆卸及处理等各个环节。机械事故的发生往往是多种因素综合作用的结果，用安全系统的认识观点，可以从物的不安全状态、人的不安全行为和安全管理上的缺陷找到原因。

1. 物的不安全状态

物的安全状态是保证机械安全的重要前提和物质基础。这里，物包括机械设备、工具、原材料、中间与最终产成品、排出物和废料等。物的不安全状态构成生产中的客观安全隐患和风险。例如，机械设计不合理、未满足安全人机要求、计算错误、安全系数不够、对使用条件估计不足等；制造时零件加工超差、以次充好、偷工减料等；运输和安装中的野蛮作业使机械及其零部件受到损伤而埋下隐患等。使用过程中的错误同样会引发物的不安全状态，例如，超负荷使用，达到报废标准的零件未及时更换，设备缺乏必要的安全防护，润滑保养不良等。此外，超过安全极限的作业条件或未达到卫生标准的不良作业环境，直接影响人的操作意识水平，使身体健康受到损伤，造成机械系统功能降低甚至失效。物的不安全状态的成因见图 1-5。

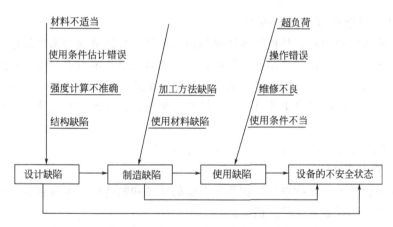

图 1-5 机械不安全状态的成因示意图

由上图可知，设计、制造、使用三个阶段的缺陷均可造成机械的不安全状态。而设计和制造过程中存在的缺陷，使得机器先天地潜藏着危险，处于不安全状态；在使用过程中，又存在使用缺陷以及诸如金属磨损、塑料老化等劣化因素，更加降低了机器的可靠性，产生了新的危险。当操作者在生产过程中发生错误处理或误操作时，上述潜在的危险因素就会被激发，导致能量逸散，从而造成机械事故。在机械使用过程中造成的物的不安全状态通常是引发事故的直接原因。

2. 人的不安全行为

在机械使用过程中人的不安全行为，可能是引发事故的另一重要的直接原因。人的行为受到生理、心理等各种因素的影响，表现是多种多样的。缺乏安全意识和安全技能差（即安全素质低下）是引发事故的主要的人的原因。例如，不了解所使用机械存在的危险，不按安全规程操作，缺乏自我保护和处理意外情况的能力等。指挥失误（或违章指挥）、操作失误

（操作差错及在意外情况时的反射行为或违章作业）、监护失误等是人的不安全行为常见的表现形式。在日常工作中，人的不安全行为大量表现在不安全的工作习惯上。例如：工具或量具随手乱放；测量工件不停机；站在工作台上装卡工件；越过运转刀具取送物料；图便捷攀越大型设备而不走人行通道等。

3. 安全管理缺陷

安全管理缺陷是事故的间接原因，但在一定程度上又是主要原因。它反映了一个单位的安全管理水平。安全管理水平包括领导的安全意识，对设备的监管，对人员使用、维护机械的安全技能进行教育和培训，安全规章制度的建立等。安全管理不能只局限在企业内部对机械设备使用阶段的管理，还包括相关方面对机械产品的安全责任制的建立，主要监管部门对企业的重要设备的安全监察等全方位的管理。

第四节　机械通用安全技术措施与原则

实现机械设备安全的最根本途径是设备的本质安全化。设备的本质安全化是指操作失误时，设备能自动保证安全；当设备出现故障时，能自动发现并自动排除，确保人身和设备安全。实现设备安全须从设备的设计、制造、安装、调试、运行、维护、报废等阶段考虑，同时，还应考虑机械的各种状态。决定机械安全性能的关键在于设计阶段采用的安全措施；另外还要通过使用阶段采用安全措施，最大限度地减小危险。

一、设计与制造的本质安全措施

设计阶段采用安全措施，是指从零件材料到零部件的合理形状和相对位置，从限制操纵力、运动件的质量和速度到减少振动和噪声，采用本质安全技术与动力源，应用零部件间的作用原理，结合人机工程学原则等多项措施，通过选用适当的设计结构，尽可能避免或减小危险；也可以采取措施提高设备的可靠性、操作机械化或自动化水平以及实行在危险区之外调试、维护等。

（一）选用合适的设计结构，避免或减小危险

1. 采用本质安全技术

采用本质安全技术，是指进行机械预定功能的设计和制造时，可以满足机器自身安全的要求，而不需要采用其他安全防护措施。

（1）与功能匹配的合理结构，避免锐边、尖角、粗糙表面和凸出部分。

在不影响预定使用功能前提下，机械设备及零部件应尽量避免设计成易引起危险的锐边、尖角、粗糙或凹凸不平的表面和较突出部分。对锐边或尖角应倒钝、折边或修圆，对可能引起刮伤的开口端应包覆。

（2）安全距离的原则。

利用安全距离来减小或消除机械风险有两种措施：一是防止可及危险部位的安全距离，使机械的有形障碍物与危险区的安全距离足够长，用来限制人体或人体的某部位的运动范围；二是避免受挤压或剪切危险的安全距离，当两移动件相向移动时，可以通过增大相向运动物之间的最小距离，使人体可以安全进入或通过，也可以减小运动件间的最小距离，使人的身体部位不能进入，从而避免危险。

（3）限制有关因素的物理量。

在不影响使用功能的情况下，根据各类机械的不同特点，限制某些可能引起危险的物理

量值来减小危险。例如，限制运动件的质量和速度，来减小运动件的动能；将操纵力限制到最低值，使操纵件不会因破坏而产生机械危险；控制振动、噪声、过热或过低温度等，使其低于安全标准中规定的允许指标等，减轻振动、声音等非机械性危险和有害因素。

（4）采用本质安全工艺和动力源。

对预定在有爆炸隐患场所使用的机械设备，应采用全气动、全液压控制系统和操纵机构，限制最大压力不超过允许值，在机械设备的液压装置中使用阻燃和无毒液体；或采用本质安全电气装置；或采用"本质安全"动力源。

2. 限制零件应力

机械零件的设计与制造，都应该符合机械设计与制造的职业标准或规范的要求，使零件的应力不超过许用值，以防止由于零件应力过大而破坏或失效，避免故障和事故的发生。

3. 满足安全人机工程学的基本要求

在现代工业生产中，所有机器和设备都由人操纵和控制，或者由人监督和维护，人是生产的核心和主导，人—机器—环境构成一个不可分割的系统。因此，要根据人—机器—环境系统的要求进行产品设计。

在机械设计中，通过合理分配人机功能、适应人体特性、人机界面设计、作业空间的布置等方面履行安全人机工程学原则，提高机械设备可操作性和可靠性，使操作者的体力消耗和心理压力降到最低，从而减小操作差错。例如所设计、选用和配置的操纵器应与人体操作部位的特性（特别是功能特性、操纵容易程度）以及控制任务相适应。

4. 设备使用材料具有良好的安全卫生性能

制造机械的材料、燃料和加工材料在使用期间不得危及工作人员的安全和健康。材料的力学性能，如拉伸强度、剪切强度、冲击韧性、屈服极限等，应能满足执行预定功能的载荷作用要求；材料应具有均匀性，防止由于工艺设计不合理，使材料的金相组织不均匀而产生过大的残余应力；材料应能适应预定的环境条件，如具有抗蚀性、耐老化、耐磨损等能力。

应避免采用有毒的材料或物质，应能避免机械本身或由于使用某种材料而产生的气体、液体、粉尘、蒸气或其他物质造成的火灾或爆炸危险。若必须使用，则应采取可靠的安全卫生技术措施以保障人员的安全和健康。

5. 设计控制系统的安全原则

机械在使用过程中，典型的危险情况有：意外启动、速度变化失控、运动不能停滞、运动的机械零件或工件脱落飞出、安全装置的功能受阻等。控制系统的设计应考虑各种作业的操作模式或采用故障显示装置，使操作者可以安全地采取措施。设备的操纵器、信号和显示器应满足安全要求原则。对于可能出现误动作或误操作的操作器，应采取必要的保护措施，并遵循以下原则和方法。

（1）可编程软件的安全保护。在关键的安全控制系统中，如果采用可编程控制，则应注意采取可靠措施，以防止因为储存程序被有意或无意改变而使机器产生危险的误动作。建议采用故障检验系统来检查由于程序改变而引起的差错。

（2）重新启动原则。动力中断后重新接通时，如果机械设备自动启动将会产生危险，应采取措施，使动力重新接通时机械不会自行启动，只有再次操作启动装置后机械才能运转。这样可以防止在失电后又通电，或在停机后人员没有充分准备的情况下，由于机器的自发启动产生的危险。

（3）关键件的冗余原则。控制系统的关键零部件，可以通过备份的方法减小机械故障率，即当一个零部件失效时，用备用件接替以实现预定功能。当与自动监控相结合时，自动监控应采用不同的设计工艺，以避免共因失效。对于设备关键部位的操纵器，一般应设电器和机械联锁装置。

（4）定向失效模式：指部件或系统主要失效模式是预先已知的，而且，只要失效总是这些部件或系统，这样可以事先针对其失效模式采用相应的预防措施。

6. 防止气动和液压系统的危险

采用热能、液压、气动等装置的机械，必须通过设计来避免由于这些能量意外释放而带来的各种潜在危险。

7. 预防电的危害

用电安全是机械安全的重要组成部分，机械中电气部分应符合有关电气安全标准的要求。预防电危害应注意防止电击、短路、过载、雷电、静电和电磁场危害等。

（二）减少或限制操作者进入危险区

1. 设备具有良好的可靠性和稳定性

可靠性是用可靠度来衡量的。机械或零部件的可靠度是指在规定的使用条件下和规定的期限内执行规定的功能而不出现故障的概率。可靠性应作为机械安全功能完备性的基础。提高机械的可靠性可降低故障率，减小需要查找故障和检修的次数，减小因为失效而使机械产生危险的可能性，从而可以减少操作者面临危险的概率。

设备不应在振动、风载或其他可预见的外在作用下倾覆或产生允许范围外的运动，即具有良好的稳定性。设备若通过形体设计和自身的质量分布不能满足或完全满足稳定性要求时，则必须设有安全技术措施，以保证其具有可靠的稳定性。

2. 采用先进的机电自动化技术

机械化和自动化技术可以使人的操作岗位远离危险或有害场所，从而减小工伤事故，防止职业病。例如在一些重要但却危险的场合采用机器人或机械手进行作业。

3. 保证调试、检查以及维修保养的安全

设备运行安全检查是设备安全管理的重要措施，是防止设备故障和事故发生的有效方法。设计机械时，应考虑到一些易损零部件拆装和更换的方便性；提供安全接近或站立措施（如梯子、平台、通道）；将机械的调整、润滑、一般维修等操作点设置在危险区外，这样可以减少操作者进入危险区，从而降低操作者出现危险的概率。

二、可靠有效的安全防护措施

安全防护是通过采用安全装置、防护装置或其他手段，对一些机械危险进行预防的安全技术措施，它的目的是防止机械运行时产生各种对人员的伤害事故。防护装置和安全装置常统称为安全防护装置。

安全防护的重点是机械的传动部分、其他运动部分、操作区、高空作业区、移动机械的移动区域以及一些机械由于特殊危险形式需要采取的特殊防护等。要确保安全，设备的可动零部件都应有相应的安全防护装置，凡人员易接触的可动零部件，应尽可能封闭或隔离。对于操作人员在设备运行时可能触及的可动零部件，必须配置必要的安全防护装置。对于运行过程中可能超出极限位置的生产设备或零部件，应配置可靠的限位装置。若可动零部件所具有的动载荷或势能可能引起危险时，则必须配置限速、防坠落或防逆转装置。以操作者的操作位置所在平面为基准，凡高度在 2m 之内的所有传动带、转轴、传动链、联轴器、带轮、飞轮、链轮、电锯等外露危险零部件及危险部位，都必须设置安全防护装置。

（一）安全防护装置的分类与基本要求

1. 安全防护装置的分类

安全防护常常采用安全装置、防护装置及其他安全措施。安全装置是指用于消除或减小机械伤害风险的单一装置或与防护装置联用的保护装置。防护装置是指通过设置物体障碍方式将人与危险隔离的专门安全防护的装置。

安全防护装置在人与危险之间构成安全保护屏障，在减轻操作者精神压力的同时，也使操作者形成心理依赖。一旦安全防护装置失效，就会增加损伤或危害健康的风险。为此，安全防护装置必须满足与其保护功能相适应的安全技术要求。

2. 安全防护装置的一般安全要求

无论采取何种方法防护，目的都是为了安全，但在设置新的安全防护装置时，都应对具体机械进行风险评价以避免带来新的风险。为此，安全防护装置必须满足与其保护功能相适应的安全技术要求。

（1）结构尺寸和布局形式设计合理，具有切实的保护功能。

（2）结构必须有足够的强度、刚度、稳定性；安装可靠，不易拆卸。

（3）装置的外形结构应尽量平整光滑，避免尖棱锐角，不增加任何附加风险，防止其成为新的危险源。

（4）满足安全距离要求，使人体各部位远离危险。

（5）安全防护装置应与设备运转联锁，保证安全防护装置未起作用前，设备不得运转。

（6）不影响正常操作，不得与机械任何可动零部件接触；对人的视线障碍要达到最小限度；便于检查和维修。

采取的安全措施必须不影响机械的预定使用，而且使用方便。严禁出现为追求机械的最大效用而导致避开安全措施的行为，不应出现漏保护区。

（二）安全装置

安全装置是通过自身的结构功能限制或防止机械的某种危险或限制运动速度、压力等危险因素。常见的安全装置如下。

（1）联锁装置通常把安全防护装置与设备运转联锁，保证安全防护装置未起作用以前，设备不能运转。

（2）止-动装置是一种手动操纵装置，只有当手对操纵器作用时，机器才能启动并保持运转；当手离开操纵器时，该操纵装置则自动回复到停止位置。

（3）自动停机装置是一种光电式、感应式等的安全防护装置，当人或人的某一部位超越安全极限时，能使机器或其零部件停止运转。

（4）机械抑制装置是一种机械障碍（如支柱、撑杆、止转棒等）装置。该装置靠其自身强度、刚度支撑在机构中，用来防止某种危险运动发生。

（5）运动控制装置也称行程限制装置，只允许机械零部件在有限的距离内动作。

（三）防护装置

机械设备或车间常见的防护装置有防护罩、防护挡板、防护栏杆和防护网等。防护装置按使用方式分为固定式和活动式两种。其安全技术要求如下。

（1）固定防护装置指用永久固定方式或借助紧固件固定方式，将其固定在所需的地方，不用工具就不能将其移动或打开。

（2）活动式防护装置或防护装置的活动体打开时，尽可能与防护的机械借助铰链或导链保持连接，防止移动的防护装置或活动体丢失或不容易复原。

（3）活动防护装置出现丧失安全功能的故障时，被控制的危险机械，其功能应不能执行或停止执行；联锁装置失效不得导致意外启动。

（4）机械进出料的开口部分，在满足功能要求下尽可能小，避免工作人员在此接触危险。

（5）防护装置应能有效防止物件飞出；同时防护装置应是进入危险区的唯一通道。

第五节　机械设备的基本安全要求

一、机械设备应满足的基本安全要求

为了提高机械设备的安全性能，保证操作者的安全，设计时在不影响其技术性能的前提下，须设计有效的安全装置及附件。具体要求如下：

（1）机械设备上外露的皮带轮、飞轮、齿轮、轴等必须有防护罩；其他运动部件或危险部位的周围，应设置防护栏杆。

（2）机械设备在高速转动中容易飞出或甩出的部位，应设计防止松脱装置或急停联锁装置；机器运动部分不应有凹凸不平或带棱角的表面。

（3）机械设备应设置可靠的制动装置，保证接近危险时有效制动。

（4）机械设备中产生超出卫生标准要求的高温、低温、辐射等的部位，应有可靠有效的屏护装置。

（5）设计有电气部分的机械设备，都应有良好的接地、接零线，以防止触电；对于具有产生静电危险的机械设备，应有防止静电积聚的装置。

（6）塔式或高重心的机械设备，具有防止由于振动、风力等原因而倾倒的稳定措施及装置。

（7）机械设备的气、液压传动系统，应设有控制超压、防止泄漏等的措施。

（8）机械设备的操作位置高出地面 2m 以上时，应配置达到标准要求的操作台、栏杆、扶手、围板等。

（9）在机械设备的危险部位，都应设置醒目的安全标志，使操作者易于识别。

（10）机械设备的操纵装置如手柄、手轮、拉杆等应设在方便省力的部位，并符合安全人机学的基本要求。

二、安全防护装置的基本要求

（1）安装牢固，有足够的强度和刚度，性能可靠，能承受抛出零件、危险物质、辐射等。

（2）不应限制机床的功能，不妨碍设备的运行和操作，不影响设备的调整、维修和润滑。

（3）防护装置与设备危险部位间的安全距离符合相关标准的有关规定。

（4）防护装置本身不应给操作者造成危害，如不应有尖锐的棱角或突缘等。

（5）自动化防护装置，要求动作准确，性能稳定，并有检验线路性能是否可靠的方法。

（6）防护罩、屏、栏的材料，以及采用网状结构、孔板结构和栏栅结构时的网眼或孔的最大尺寸和最小安全距离，应符合有关规定。

（7）与联锁装置联用的防护装置，同机器控制系统一起应能实现以下功能：

① 在防护装置关闭前，其"抑制"的机器危险功能不能执行；

② 在危险机器功能运行时，若打开防护装置，则发出停机指令；

③ 当防护装置关闭后，防护装置"抑制"的危险的机器功能可以运行，防护装置本身的关闭和锁定不会启动危险机器功能。

三、机器设备安装、维修时的安全要求

机器设备安装、维修时，生产管理者应向参加这项工作的人员指明危险及有效的安全措施，并选派受过专门训练的、有经验的操作人员，对于危险性较大的安装和危险作业还应选派监护人在现场进行监护。

在维修工作开始前，应使机器处于"零点状态"，即：

（1）完全切断机器设备的动力源和压力系统介质的来源；

（2）把机器设备各部位的位能放到操作时的最低阈位；

（3）把储存在气体容器内的压力降到大气压力，并把动力源切断；

（4）排出机器管道、汽缸内的油、气及其他介质，使之不能推动机器工作；

（5）机器运动部分的功能，都应处于操作控制器的最低阈位；

（6）对机器中松动和仍能自由移动的构件加以固定；

（7）应防止由于机器移动而使原来的支撑材料产生移动；

（8）防止附近的外部能量引起机器维修部位的突然运动。

四、工作场所的环境要求

（1）工作场所的地面应平坦清洁，不应有坑、沟等不平处，不得有水渍油污，以防绊倒、滑倒。

（2）机械设备的周围，应留有符合相关标准规定的空间通道，工具、工件等要摆放整齐有序，废料及时清除。

（3）工作地点照明，除采用全面混合照明外，还应根据不同操作条件增设照明度足够的局部照明装置。照明的布置应避免产生工作现场的眩目。

（4）位于 2m 以上的工作点，应按登高作业安全要求，提供必要的防护设施和个人防护用品。

（5）工作场所存在不安全因素的部位，都要设置符合标准规定的安全标志和明显的指示牌。

（6）工作台、控制台和座椅尺寸要保证操作者能采取良好的劳动姿势，以减轻操作人员的疲劳。

（7）作业场所空气中的有害物质的量低于相关标准的规定。

好的工作环境可使人心情愉快，有利于提高工作热情和工作效率，有利于减少差错率，进而有利于减少事故的发生。

第六节　机械安全信息

信息可以指导使用者安全、合理、正确地使用机器。因此，熟悉并正确使用信息是确保机械安全的重要内容。

一、使用信息概述
1. 使用信息的作用及注意事项
（1）通过使用信息明确机器的预定用途。

（2）通过使用信息明确机器的使用方法，确保使用者按规定方法合理地使用机器。明确不按要求而采用其他方式操纵机器的潜在风险。

（3）通过使用信息明确机器的遗留风险，以便在使用阶段采用补救安全措施。遗留风险是指通过设计和采用安全防护技术都无效或不完全有效的那些风险。

（4）使用信息应贯穿机械使用的全过程。包括运输、交付试验运转（装配、安装和调整）、使用、维护、查找故障、维修和报废的所有过程。

（5）使用信息不能代替应该由设计来解决的安全问题，使用信息只起提醒和警告的作用，不能在实质意义上避免风险。

2. 安全信息的类别

（1）信号和警告装置。

（2）安全色和安全标志。

（3）随机文件。

二、信号和警告装置

信号和警告装置的功能是提醒注意，如显示机器启动、起重机开始运行；显示运行状态，如故障显示灯；危险事件的警告，如超速的报警、有毒物质泄漏的报警等。

信号和警告装置的类别有视觉信号、听觉信号和视听组合信号。

1. 视觉信号

视觉信号的特点是所占空间小、视距远、简单明了，可采用亮度高于背景的稳定光和闪烁光；警告信号宜采用闪光形式。

2. 听觉信号

听觉信号是利用人的听觉反应快，用声音传递信息，具有不受照明和物体障碍限制，强迫人们注意的特点。常见的听觉信号有蜂鸣器、铃、报警器等。听觉信号在发出 1s 内，应能被操作者识别；其声级应比背景噪声至少高 10dB（A）。

3. 视听组合信号

视听组合信号的特点是光、声信号共同作用，用以加强危险和紧急状态的警告功能。

三、安全色和安全标志

1. 标志

普通机械标志是用来说明机械或零部件的性能、规格和型号、技术参数的标牌。

（1）机器标志（标牌）。该标志必须具有以下内容：制造厂的名称与地址；所属系列或形式；系列编号或制造日期等。

（2）参数标志。如旋转件的限制最高转速；加工工件或工具的最大尺寸；可移动部分的质量（重量）；防护装置的调整数据（对可调防护装置）；检验频次等。

（3）认证标志。认证标志是指证明某机械符合有关标准要求，并得到认证机构确认的符号标记，例如"EC"符号。

（4）零件性能参数标记。对于机械上对安全有重要影响的、易损坏的零件（如钢丝绳、砂轮等），必须有性能参数标记。

2. 安全色

GB 2893—2008《安全色》规定了安全色、对比色的定义和含义。

安全色即传递安全信息的颜色，包括红、蓝、黄、绿四种颜色。红色传递禁止、停止、危险或提示消防设备、设施的信息。蓝色传递必须遵守规定的指令性信息。黄色传递注意、警告的信息。绿色传递安全的提示性信息。

对比色即使安全色更加醒目的反衬色,包括黑、白两种颜色。黑色用于安全标志的文字、图形符号和警告标志的几何边框。白色用于安全标志中红、蓝、绿的背景色,也可用于安全标志的文字和图形符号。

采用安全色和对比色传递安全信息或者使某个对象或地点变得醒目的标记称为安全标记。

安全色与对比色的相间条纹为等宽条纹,倾斜约 45°。红色与白色相间条纹表示禁止或提示消防设备、设施位置的安全标记。黄色与黑色相间条纹表示危险位置的安全标记。蓝色与白色相间条纹表示指令的安全标记,传递必须遵守规定的信息。绿色与白色相间条纹表示安全环境的安全标记。

3. 安全标志

GB 2894—2008《安全标志及其使用导则》规定了安全标志的定义、分类及其功能等。

(1) 安全标志的定义及用途 安全标志是由安全色、几何图形和图形符号构成,有时附以简短的文字警告说明,以表达特定安全信息为目的,并有规定的使用范围、颜色和形式。

安全标志的用途很广,如用于安全标志牌、交通标志牌、防护栏杆、机器上不准乱动的部位、紧急停止按钮、裸露齿轮的侧面、机械安全罩的内面、安全帽、起重机的吊钩滑轮架和支腿、行车道中线、坑池周围的警戒线、有碰撞可能的柱子或电线杆、梯子或楼梯的第一和最后的阶梯以及信号旗等。

(2) 安全标志的分类与功能 安全标志分为禁止标志、警告标志、指令标志和提示标志四类。

① 禁止标志,表示不准或制止人们的某种行动;其基本形式是带斜杠的圆形边框。

② 警告标志,使人们注意可能发生的危险;其基本形式是正三角形边框。

③ 指令标志,表示必须遵守,用来强制或限制人们的行为;其基本形式是圆形边框。

④ 提示标志,示意目标地点或方向;其基本形式是正方形边框。

(3) 安全标志应遵守的原则

① 醒目清晰:一目了然,易从复杂背景中识别;符号的细节、线条之间易于区分。

② 简单易辨:由尽可能少的关键要素构成,符号与符号之间易分辨,不致混淆。

③ 易懂易记:容易被人理解 (即使是外国人或不识字的人),牢记不忘。

(4) 标志应满足的要求

① 标志的设置位置。机械设备易发生危险的部位,必须有安全标志。标志牌应设置在醒目且与安全有关的地方,使人们看到后有足够的时间来注意它所表示的内容。不宜设在门、窗、架或可移动的物体上。

② 标志应清晰持久。直接印在机器上的信息标志应牢固,在机器的整个寿命期内都应保持颜色鲜明、清晰、持久。每年至少应检查一次,发现变形、破损或图形符号脱落及变色等影响效果的情况,应及时修整或更换。

四、随机文件

随机文件主要是指操作手册、使用说明书或其他文字说明 (例如保修单等)。

1. 随机文件应包括的信息

机械设备必须有使用说明书等技术文件,说明书内容包括:安装、搬运、储存、使用、维修和安全卫生等有关规定,应该在各个环节对遗留风险提出通知和警告,并给出对策、建议。

（1）机器的运输、搬运和储存的信息：机器的储存条件和搬运要求；尺寸、质量、重心位置；搬运操作说明，如起吊设备施力点及吊装方式等。

（2）机器自身安装和交付运行的信息：装配和安装条件；使用和维修需要的空间；允许的环境条件（如温度、湿度、振动、电磁辐射等）；机器与动力源的连接说明（尤其是对于防止电的过载）；机器及其附件清单；防护装置和安全装置的详细说明；电气装置的有关数据；全部应用范围（包括禁用范围）。

（3）职业安全卫生方面的信息：机器工作的负载图表（尤其是安全功能图解）；产生的噪声、振动数据和由机器发出的射线、气体、蒸气及粉尘等数据；所用的消防装置型式；环境保护信息；证明机器符合有关强制性安全标准要求的正式证明文件。

（4）机器使用操作的信息：手动操纵器的说明；对设定与调整的说明；停机的模式和方法（尤其是紧急停机）；关于由某种应用或使用某些附件可能产生特殊风险的信息，以及应用所需的特定安全防护装置的信息；有关禁用信息；对故障的识别与位置确定、修理和调整后再启动的说明；关于无法由设计者通过采用安全措施消除的风险信息；关于可能发射或泄漏有害物质的警告；有关使用个人防护用品和所需提供培训的说明；紧急状态应急对策的建议等。

（5）维修信息：检查的性质和频次；需要具有专门技术知识或特殊技能的维修人员或专家执行维修的说明；可由操作者进行维修的说明；提供便于维修人员执行维修任务（尤其是查找故障）的图样和图表；关于停止使用、拆卸和由于安全原因而报废的信息等。

2. 对随机文件的要求

（1）随机文件的载体。该载体一般是提供的纸质印刷品，亦可同时提供电子音像制品。文件要具有耐久性，能经受使用者频繁地拿取使用和翻看。

（2）使用语言。语言使用国家的官方语言；在少数民族地区使用的机器，其随机文件应使用民族语言书写，对多民族聚居的地区还应同时提供各民族语言的译文。

（3）多种信息形式。所提供的信息应尽可能做到图文并茂，注意给出相关的表图信息，插图和表格应按顺序编号。伴随的文字说明不应与插图和表格分离，采用字体的形式和大小应尽可能保证最好的清晰度，安全警告应使用相应的颜色、符号并加以强调，如急停手动操纵器用红色，以便引起注意并能迅速识别。

（4）针对性。使用信息必须明确地与特定型号的机器相联系，而不是泛指某一类机器。采用标准的术语和单位表达，对不常用的术语应给出明确的解释。

第二章 机械零件的失效与防护

零件是机械的最基本单元，机械的预期功能能否实现，零件至关重要。要保证机械的使用安全，就必须了解机械零件在工作中可能发生的各种失效形式。

发生于美国东部时间 1986 年 1 月 28 日上午 11 时 39 分（格林尼治标准时间 16 时 39 分）的美国挑战者号航天飞机灾难事故就是源于一个零件的失效。挑战者号航天飞机升空后，因其右侧固体火箭助推器（SRB）的 O 形环密封圈失效，毗邻的外部燃料舱在泄漏出的火焰的高温烧灼下结构失效，使高速飞行中的航天飞机在空气阻力的作用下于发射后的第 73s 解体，机上 7 名宇航员全部罹难。

机械零件丧失预定功能或预定功能指标降低到许用值以下而不能正常工作的现象，称为机械零件的失效。

机械零件失效是导致机器（机电设备）故障的主要原因。因此，了解和掌握机械零件的失效形式基本知识，以便制定对策，对于降低机器的故障率，提高生产率和安全性具有重要意义。

机械零件的失效形式多种多样，从不同角度有不同的划分方法。本章主要介绍磨损、变形、断裂、腐蚀等几种常见的机械零件的基本失效形式。

在实际工作中，机械零件的失效形式可能只有一种，也可能有多种。当存在多种失效形式时，应综合考虑，最后确定能同时保证各种失效形式都不发生的方案。

第一节 摩擦与磨损

两个相互接触的表面发生相对运动或具有相对运动趋势时，在接触表面间产生的阻止相对运动或相对运动趋势的现象称为摩擦。阻止相对运动或相对运动趋势的力称为摩擦力。

零件由于摩擦而导致其表面物质不断损失的现象即为磨损。摩擦是磨损的原因，磨损是摩擦的结果。因此，减少磨损需要从分析摩擦入手。

据统计，一般机器中 80% 的零件是因为磨损而报废的，大约 1/3～1/2 的能源是为克服摩擦而消耗的。摩擦会使机器效率降低、发热而升温，造成设备故障。因此研究摩擦与磨损意义重大。

一、摩擦分类

摩擦的分类方法很多，因依据不同，其分类方法也就不同。常见的分类方法有下列几种。

1. 按摩擦副的运动形式分类

可分为：滑动摩擦和滚动摩擦。

滑动摩擦即两接触表面间存在相对滑动时的摩擦。

滚动摩擦即两物体沿接触表面滚动时的摩擦。

摩擦系数：
$$f_滑 > f_滚$$

式中 $f_滑$——滑动摩擦系数；

$f_滚$——滚动摩擦系数。

2. 按摩擦副表面润滑状况分类

可分为：干摩擦、边界摩擦、液体摩擦和混合摩擦等。

干摩擦即指两物体接触表面无任何润滑介质存在时的摩擦。

边界摩擦是指两物体接触表面有一层具有润滑性能的极薄的边界膜存在时的摩擦。

液体摩擦是指两物体接触表面完全被润滑介质隔开状况下的摩擦（此时，物体表面相互脱离，仅存在润滑剂内部的摩擦）。

混合摩擦是指两接触表面同时存在着液体摩擦、边界摩擦和干摩擦的混合状态时的摩擦。混合摩擦一般是以半干摩擦和半液体摩擦的形式出现。

（1）半干摩擦　两接触表面同时存在着干摩擦和边界摩擦的混合摩擦。

（2）半液体摩擦　两接触表面同时存在着边界摩擦和液体摩擦的混合摩擦。

摩擦系数：

$$f_干 > f_边 > f_液$$

式中　$f_干$——干摩擦系数；

　　　$f_边$——边界摩擦系数；

　　　$f_液$——液体摩擦系数。

可见，润滑是减小摩擦与磨损的有效措施。因此，在机器设计阶段，润滑方案、润滑装置和密封措施的正确设计是首先要落实的。在使用过程中，正确维护，合理选择和实施润滑对机器安全运行至关重要（注：润滑剂主要分为润滑油和润滑脂两大类）。

润滑的目的在于减少两个接触面之间的摩擦与磨损，确保机器的正常运转。其作用具体体现在以下方面：

（1）减少摩擦力，提高机械效率，降低能耗；

（2）减轻摩擦与磨损，延长零件的使用寿命，同时有利于保持机器的运转精度；

（3）减少摩擦热的产生，油润滑还能起到散热冷却作用，有利于防止金属零件生产塑性变形和烧损事故的发生；

（4）油润滑具有冲掉磨屑和尘粒的作用，脂润滑具有防止粉尘进入摩擦接触面的作用；

（5）润滑具有防止腐蚀磨损和减少振动的作用。

二、摩擦的系统分析

机械零件表面的磨损方式主要决定于以下三个方面的因素：

（1）零件所处的运动学和动力学状态，零件表面的几何形貌和装配质量；

（2）零件所处的环境，主要包括温度、气氛的组成以及摩擦界面的润滑性质；

（3）零件的材料，包括材料的成分、组织或摩擦副材料的差别等。

三、主要磨损介绍

磨损按其表面物质损耗的不同机理可分为粘着磨损、腐蚀磨损、磨粒磨损、微动磨损以及疲劳磨损等多种形式。

（一）粘着磨损

1. 粘着磨损的定义和分类

机械摩擦副在摩擦过程中其接触面发生粘着作用时，当表面粘着强度高于基体材料强度，则随着接触表面的相对运动，较软金属粘附在较硬金属的表面上，即为粘着磨损。

粘着磨损根据产生条件不同，可分为热粘着磨损和冷粘着磨损。

产生条件：重载高速→热粘着磨损；重载→冷粘着磨损。

如汽车发动机的拉缸现象就是属于热粘着磨损。

2. 粘着磨损的影响因素

（1）（摩擦副）材料的影响。如脆性材料比塑性材料抗粘着磨损性能好；金属与非金属组成的摩擦副粘着倾向小；多相金属比单相金属粘着倾向小。因此互溶性强的材料不宜构成摩擦副，也应避免用同种金属构成摩擦副。

（2）润滑条件对粘着磨损有较大的影响。加强润滑是避免或减少粘着磨损最有效、最经济的方法。如采用液体润滑剂或固体润滑剂；对金属表面做氧化处理，使严重的粘着磨损转化为较轻微的磨损。

粘着磨损是一种危害严重的磨损，必然导致机械故障，甚至可能会引发破坏性的事故，因此是必须避免发生的一种磨损。

（二）腐蚀磨损

摩擦副在腐蚀性气氛或液体环境中进行摩擦时，摩擦表面会发生化学反应或电化学反应，并在一个或两个摩擦表面上生成反应产物，继续摩擦就会使生成物脱落，这种现象称为腐蚀磨损。

依据腐蚀介质的不同，腐蚀磨损主要有氧化磨损和特殊介质腐蚀磨损。前者危害轻微，后者与介质浓度有关。

1. 氧化磨损

除金、铂等少数金属外，大多数金属表面都被氧化膜覆盖着，纯净金属瞬间即与空气中的氧起反应而生成单分子层的氧化膜，且膜的厚度逐渐增长，增长的速度随时间以指数规律减小，当形成的氧化膜被磨掉以后，又很快形成新的氧化膜，可见氧化磨损是由氧化和机械磨损两个作用相继进行的过程。同时应指出的是，一般情况下氧化膜能使金属表面免于粘着，氧化磨损一般要比粘着磨损缓慢，因而可以说氧化磨损能起到保护摩擦副的作用。

由于大气中含有氧，所以氧化磨损是一种最常见的磨损形式，其特征是在金属的摩擦表面沿滑动方向形成匀细的磨痕。钢铁材料在低速滑动摩擦时，由于摩擦热的作用可能形成黑色 Fe_3O_4 磨屑和松脆的 FeO。

2. 特殊介质腐蚀磨损

在摩擦副与酸、碱、盐等特殊介质发生化学腐蚀的情况下而产生的磨损，称为特殊介质腐蚀磨损。其磨损机理与氧化磨损相似，但磨损率较大，磨损痕迹较深。金属表面也可能与某些特殊介质起作用而生成耐磨性较好的保护膜。

为了防止和减轻腐蚀磨损，可从表面处理工艺、润滑材料及添加剂的选择等方面采取措施。

发动机汽缸中活塞组件的磨损就是典型的特殊介质腐蚀磨损（实验表明：冷却水温度低于 60℃时，腐蚀磨损明显加剧；故实际冷却水温度控制在 60～90℃）。

特定条件下，人们以可控制的缓慢的腐蚀磨损代替严重的粘着磨损。

（三）磨粒磨损

硬质微粒进入摩擦表面之间时，由于产生切削和磨削作用，金属表面发生塑性变形而引起的磨损叫磨粒磨损。此处的硬质微粒主要是指非金属矿物和岩石，如二氧化硅、灰尘等。

按摩擦表面所受应力和冲击的大小分为凿削式磨粒磨损、高应力磨粒磨损和低应力磨粒磨损。

（1）凿削式磨粒磨损。这类磨损的特征是冲击力大，磨料以很大的冲击切入金属表面。金属表面受到很高的应力，造成表面宏观变形，并可从摩擦表面凿削下大颗粒的金属，在被磨损表面产生较深的沟槽和压痕。如挖掘机的斗齿、矿石破碎机锤头等零件表面的磨损即属此种磨损形式。

（2）高应力磨粒磨损。这类磨损的特点是应力高，磨料所受应力超过磨料的压溃强度。当磨粒夹在两摩擦表面之间时，局部产生很高的接触应力，磨料不断被碾碎。被碾碎的磨料颗粒呈多边形，擦伤金属，在摩擦表面留下沟槽和凹坑。如矿石粉碎机的颚板，轧碎机滚筒等表面的破坏。

（3）低应力磨粒磨损。这种磨损的特征是应力低，磨料作用于摩擦表面的应力不超过它本身的压溃强度。材料表面有擦伤并有微小的切削痕迹。如泥砂泵叶轮的磨损。

（四）微动磨损

（紧配合零件）两接触表面之间在外载荷作用下产生切向往复振动（振幅一般不超过0.1mm），由此发生的磨损现象称为微动磨损。

微动磨损危害在于使配合松动，引起接触面疲劳开裂。

通常微动磨损会伴随氧化反应，若氧化反应作用明显，则称为微动腐蚀磨损。

减轻微动磨损的措施主要有：消除或减弱接触表面之间的相对振动；选择适当的材料与表面工艺；采用固体润滑剂。

（五）疲劳磨损

疲劳磨损是循环接触应力周期性地作用在摩擦表面上，使表面材料疲劳而引起材料微粒脱落的现象。

在滚动摩擦面上，两摩擦面接触的地方产生了接触应力，表层发生弹性变形，在表层内部产生了较大的切应力（这个薄弱区域最易产生裂纹），由于接触应力的反复作用，在达到一定次数后，其表层内部的薄弱区域开始产生裂纹。同时，在表层外部也因接触应力的反复作用而塑性变形，材料表面硬化，最后产生裂纹。在裂纹形成的两个表面之间，由于润滑油在压力作用下的楔入，迫使裂纹加深并扩展，这种裂纹的扩展延伸，就造成了麻点剥落。如滚动轴承和齿轮传动的磨损就是属于疲劳磨损。

遭受滚动接触疲劳磨损的表面常出现深浅不同的针状痘、斑状凹坑或较大面积的剥落。所以又称其为点蚀或痘斑磨损。

第二节 变　形

机械零件和设备构件承受载荷就会产生某种程度的变形。金属材料的变形包括弹性变形和塑性变形。

弹性变形：金属在外载荷卸去后能够完全恢复原状的那部分变形。

塑性变形：金属在外载荷卸去后不能恢复原状的那部分变形。也称为永久变形。

过量的弹性变形和过量的塑性变形均可造成机械零件失效。过量的弹性变形是指在外载荷的作用下零件产生的弹性变形量超过许用值而使机器不能正常工作。比如机床主轴过大的弹性变形会降低机床的加工精度。过量的塑性变形则是指由于外载荷的作用而使零件产生的塑性变形量超过许用值。

一、材料力学性能

在外载荷作用下金属材料所表现出来的特性（主要指变形与应力之间的关系）称为其力学性能。金属材料的力学性能主要有强度、塑性、刚度、硬度和冲击韧性等。金属材料的力学性能一般都通过试验测定得到，其中尤以低碳钢的拉伸试验最为典型。

下面通过图 2-1 所示的低碳钢拉伸曲线来说明金属材料的部分力学性能。

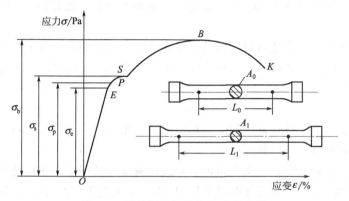

图 2-1　低碳钢的拉伸应力-应变曲线

1. 刚度与弹性

刚度是指金属材料抵抗弹性变形的能力。经加载、卸载过程后不产生永久变形的性能称为材料的弹性。工程上，有许多机械零件由于所产生的弹性变形过大使其不能正常工作，这种现象称为零件的刚度失效。比如机器中的转轴产生了一定的弯曲变形，使得轴上的齿轮、轴承等其他零件不能正常运转。图 2-1 所示曲线中，OEP 段的拉伸变形是弹性的。其中 OE 段为直线，表明载荷与变形成正比。图中 σ_p 为材料弹性极限，即材料在加载过程中未产生塑性变形的最大应力；σ_e 为材料比例极限，即材料在不偏离应力与应变正比关系条件下所能承受的最大应力。

刚度指标主要包括用来衡量材料变形的几种几何量，如材料的伸长（或缩短）量、位移量和转动角度等。不同的变形需用不同的几何量来表示，因此零件产生不同的变形，就要用不同的刚度指标来衡量。

2. 强度与塑性

强度是指金属材料抵抗永久变形和断裂的能力。金属材料在外载荷作用下产生最大的塑性变形但不发生断裂的性能称为材料的塑性。

在超过弹性极限后，材料进入塑性变形阶段。低碳钢材料在塑性变形阶段会出现一种不用增加载荷而变形却不断增加的现象，这种现象称为材料的屈服现象，如图 2-1 所示曲线，在 S 点附近呈现为一段近似水平直线，这表明材料此时处于屈服阶段。材料屈服时的应力 σ_s 称为屈服极限或屈服强度。当杆件出现塑性变形后，就会影响正常工作，因此屈服强度 σ_s 是塑性材料的重要强度指标之一。

经过屈服阶段后，若要使材料继续变形，就必须增加载荷，这种现象称为材料的强化。图 2-1 所示曲线的 SB 段即表示低碳钢在拉伸试验中的强化阶段。当材料在强化阶段的应力达到某一值 σ_b 时，材料的变形急剧增大，某一横截面的尺寸急剧收缩出现颈缩现象，此时试件丧失了承载能力，随即发生断裂。所以，σ_b 是材料被拉断前所能承受的最大应力。称为材料的抗拉极限或抗拉强度，也叫强度极限。抗拉强度 σ_b 反映了材料抵抗最大塑性变形的能力，是设计、分析和选材的重要指标。

由以上分析可知，低碳钢材料在拉伸试验过程中，一般要经过弹性变形、屈服、强化、颈缩断裂四个阶段。

工程上，将 σ_s 与 σ_b 的比值称为材料的屈强比。屈强比越小，则材料的可靠性越高，但是材料的屈强比太小，会使强度的有效利用率过低，增加工程结构的经济成本。

衡量金属材料强度的指标主要是屈服极限 σ_s 和强度极限 σ_b；而衡量材料塑性的指标主要是伸长率 δ 和断面收缩率 ψ。σ_s 和 σ_b 值越大，表示材料的强度越高；δ 和 ψ 值越大，表示材料的塑性越好。

材料的强度和塑性都是通过对材料进行拉伸试验来测定的。工程上按照 δ 的大小把材料分为两类：$\delta \geqslant 5\%$ 的为塑性材料，如钢、铅、铜、铝等；$\delta < 5\%$ 的为脆性材料，如铸铁、玻璃、陶瓷、宝石等。

3. 硬度

硬度是指材料表面抵抗局部变形或破坏的能力。硬度反映了金属材料的综合性能，它是衡量金属材料软硬程度的性能指标。

材料的硬度是通过硬度试验来测定的。金属材料常用的硬度有布氏硬度和洛氏硬度。布氏硬度以符号 HBW 表示，洛氏硬度以符号 HRA 或 HRB 或 HRC 表示，硬度值一般标于符号前。布氏硬度法测定的结果比较准确，但压痕较大，不宜用于检验成品零件或薄壁零件；洛氏硬度法测定对零件产生的压痕小且操作简便，可用于成品零件或薄壁零件的检验，但测定精度比布氏硬度低。除布氏硬度和洛氏硬度外，还有维氏硬度和肖氏硬度，维氏硬度以符号 HV 表示，主要用来测定薄材或表面薄层的硬度，肖氏硬度以符号 HS 表示，主要用来测定大而笨重的工件或大型钢材的硬度。

4. 冲击韧性

冲击韧性是指金属材料在塑性变形和断裂过程中吸收能量的能力，它是反映材料强度和塑性的综合指标，通常用冲击韧度 α_K 表示。α_K 越高，表示材料抵抗冲击载荷的能力越强。

二、弹性变形

1. 弹性变形模量

大多数金属材料在弹性变形线性阶段的应力与应变符合胡克定律。

即　拉伸时：
$$\sigma = E \times \varepsilon$$
　　剪切时：
$$\tau = G \times \gamma$$

式中　σ——拉应力；

ε——拉应变；

E——拉伸杨氏弹性模量（或称正弹性模量），表征材料抵抗正应变的能力；

τ——切应力；

γ——切应变；

G——切变弹性模量，表征材料抵抗切应变的能力。

当温度增高时，E 和 G 值都降低。在室温附近 E 和 G 值变化不大。

胡克定律告诉我们，在弹性变形线性阶段，材料产生的变形与所受载荷成正比例关系。

2. 刚度

在弹性变形范围内，零（构）件抵抗变形的能力称为刚度。因此，当零（构）件刚度不足时，会导致过量弹性变形而失效。

提高零（构）件刚度的对策：

(1) 选用拉伸杨氏弹性模量 E 高的材料；

(2) 增大零（构）件的截面积。

在空间受限的场合或要求刚度高而质量轻的场合，因加大截面积不可取，只有选用高弹性模量的材料才可以提高刚度，即比弹性模量（弹性模量与密度之比）要高。

由于合金材料对金属晶格常数的改变不大，故其合金化的 E 值变化不大。因此，在只要求增加抗变形刚度的场合，没必要选择合金，结构材料选择碳钢即可满足要求。

3. 弹性的不完整性

在应力作用下产生的应变，与应力间存在三个关系：线性、瞬时和唯一性。在实际中，三种关系往往不能同时满足，称为弹性的不完整性。下面重点介绍弹性后效现象。

弹性后效指的是材料在弹性范围内受某一不变载荷作用，其弹性变形随时间缓缓增长的现象。在去除载荷后，不能立即恢复而需要经过一段足够时间之后才能逐渐恢复原状。前者称为正弹性后效，后者称为负弹性后效。

弹性后效的影响因素：

（1）材料组织的不均匀性；

（2）温度（升高）；

（3）应力状态（切应力成分大时）。

材料越均匀，弹性后效越小。高熔点的材料，弹性后效极小。

弹性后效的危害：

（1）对仪表精度有着直接的影响；

（2）对零（构）件形状的稳定性的影响（如校直的零件会发生弯曲）。

三、塑性变形

如前所述，材料在外力作用下产生应力和应变（即变形）。当应力未超过材料的弹性极限时，产生的变形在外力去除后全部消除，材料恢复原状，这种变形是可逆的弹性变形。当应力超过材料的弹性极限，则产生的变形在外力去除后不能全部恢复，而残留一部分变形，材料不能恢复到原来的形状，这种残留的变形是不可逆的塑性变形。

在锻压、轧制、拔制等加工过程中，产生的弹性变形比塑性变形要小得多，通常忽略不计。这类利用塑性变形而使材料成型的加工方法，统称为塑性加工。

1. 塑性变形的机理

固态金属是由大量晶粒组成的多晶体，晶粒内的原子通常会排列成有规则的空间结构。由于多种原因，晶粒内的原子结构会存在各种缺陷。原子排列的线性参差称为位错。由于位错的存在，晶体在受力后原子容易沿位错线运动，降低晶体的变形抗力。通过位错运动的传递，原子在排列上发生滑移和孪晶。滑移是一部分晶粒沿原子排列最紧密的平面和方向滑动，很多原子平面的滑移形成滑移带，很多滑移带集合起来就成为可见的变形。孪晶是晶粒一部分相对于一定的晶面沿一定方向相对移动，这个晶面称为孪晶面。原子移动的距离和孪晶面的距离成正比。两个孪晶面之间的原子排列方向改变，形成孪晶带。滑移和孪晶是低温时晶粒内塑性变形的两种基本方式。多晶体的晶粒边界是相邻晶粒原子结构的过渡区。晶粒越细，单位体积中的晶界面积越大，有利于晶间的移动和转动。某些金属在特定的细晶结构条件下，通过晶粒边界变形可以发生高达 300%～3000% 的伸长率而不破裂。

2. 金属塑性变形的危害

（1）金属零件产生塑性变形，会破坏金属零件间的配合性质，从而产生诸多不利的后果，如阻力增加、磨损加剧、密封失效、产生噪声等。

（2）会降低金属的耐腐蚀性。

（3）会破坏金属晶体的各向同性，产生加工硬化现象。加工硬化能提高金属的硬度、强度和变形抗力，同时降低塑性，使以后的冷态变形困难。

（4）产生内应力。塑性变形在金属体内的分布是不均匀的，所以外力去除后，各部分的弹性恢复也不会完全一样，这就使金属体内各部分之间产生相互平衡的内应力，即残余应力。残余应力降低零件的尺寸稳定性，增大应力腐蚀的倾向。

3. 机械零件产生塑性变形的原因

（1）承受过大的载荷。当所受应力超过材料的弹性极限时，零件将产生塑性变形。

（2）温度升高，材料屈服极限降低。

（3）存在内应力。

（4）金属结构内部存在缺陷。如位错、空位等是引起塑性变形的内因。

第三节　断　　裂

断裂是机器零件失效的最危险形式，零件断裂后，不仅完全丧失功能，还容易造成人身伤害事故和财产损失。由于现代机器设计趋向于高压、高温、高功率、高应力，使得零件断裂问题更为突出。在工程史上由于关键零件、构件断裂造成灾难性事故是屡见不鲜的。

断裂是指局部裂缝发展到临界裂缝尺寸，剩余截面不能继续承受外界载荷时而发生的完全破坏现象。

断裂虽然是在瞬间发生，但却是经历一个过程，即裂纹的产生、发展、断裂过程。

根据断口宏观形态和载荷性质，断裂有如下分类。

1. 根据金属材料断裂前塑性变形量的大小分类

可分为延性断裂和脆性断裂两大类。

延性断裂：伴随明显塑性变形而形成延性断口（断裂面与拉应力垂直或倾斜，其上具有细小的凹凸，呈纤维状）的断裂。延性断裂一般包括纯剪切变形断裂、韧窝断裂、蠕变断裂等。

注：断口即断裂分离处的自然表面，它显示了零件的薄弱环节或最大应力部位。

延性断裂的断裂过程是：金属材料在载荷作用下，首先发生弹性变形。当载荷继续增加到某一数值，材料即发生屈服，产生塑性变形。继续加大载荷，金属将进一步变形，继而发生断裂口或微空隙。这些断裂口或微空隙一经形成，便在随后的加载过程中逐步汇合起来，形成宏观裂纹。宏观裂纹发展到一定尺寸后，扩展而导致最后断裂。

延性断裂的裂口呈纤维状，色泽灰暗，边缘有剪切唇，裂口附近有宏观的塑性变形。

脆性断裂：是指应力低于材料的设计应力和没有显著塑性变形情况下，金属结构发生瞬时、突然破坏的断裂（裂纹扩展速度可达 $1500\sim2000\mathrm{m/s}$）。

脆性断裂的裂口平整，与正应力垂直，没有可以觉察到的塑性变形，断口有金属光泽。

通常，脆性断裂前也会发生微量塑性变形，一般规定光滑拉伸试样的断面收缩率小于 5% 为脆性断裂，大于 5% 为延性断裂。

2. 按载荷性质分类

可分为静载荷断裂（如拉伸断裂、扭转断裂、剪切断裂）、冲击断裂、疲劳断裂等。

3. 根据环境条件不同分类

可分为低温冷脆断裂、高温蠕变断裂、应力腐蚀断裂和氢脆断裂等。

以下将介绍几种常见的金属零件的断裂形式。

一、疲劳断裂

疲劳断裂是最常见的断裂形式。据有关资料介绍，疲劳断裂占断裂总数的一半以上。

1. 疲劳断裂的定义及特点

机械零件的疲劳断裂是指机械零件在交变应力作用下而引起的脆性断裂。按载荷的大小及频率的高低可分为高频低应力疲劳和低频高应力疲劳。

高频低应力疲劳是指零件所受应力远低于材料的屈服极限，断裂前的应力交变周次一般超过 $10^4 \sim 10^7$ 次。

低频高应力疲劳是指零件所受应力接近或超过材料的屈服极限，断裂前的应力交变周次一般少于 10^5 次。

疲劳断裂具有突发性、高度局部性以及对各种缺陷的敏感性的特点。

2. 疲劳断裂的机理

(1) 疲劳裂纹的产生。疲劳裂纹发源于应力集中部位，多处于材料表面（当材料内部具有较严重的缺陷时除外）。

(2) 疲劳裂纹的扩展。随裂纹变大，剩余截面在不断减小。

(3) 断裂。随剩余截面的不断减小，所受应力不断增加，直至最后发生瞬时过载断裂。

典型的疲劳断口可按其发展过程分为疲劳源、疲劳扩展区和瞬时断裂区。

二、应力腐蚀断裂（破裂）（SCC）

1. 应力腐蚀断裂的定义及特征

金属在拉应力和特定的腐蚀环境共同作用下发生的脆性断裂称为应力腐蚀断裂。

需要指出，这种共同作用所造成的金属力学性能的劣化远比单个因素分别作用的算术叠加严重得多；应力腐蚀断裂在拉应力作用下才发生，而在压应力下则不会发生；通常没有预兆，因此具有很大的危险性。

主要特征如下：

① 应力腐蚀断裂是时间的函数。拉伸应力越大，则断裂所需时间越短；断裂所需应力一般都低于材料的屈服强度。当应力低于某一临界值时，则无论多长时间也不会发生应力腐蚀断裂。

这种应力包括外加载荷产生的应力、残余应力、腐蚀产物的楔形应力等。

② 腐蚀介质是特定的，只有某些金属-介质的组合（见表 2-1）情况下，才会发生应力腐蚀断裂。若无应力，金属在其特定腐蚀介质中的腐蚀速度是微小的。

表 2-1 发生应力腐蚀断裂的典型体系——金属与特定腐蚀介质的组合

金属材料	腐蚀介质	金属材料	腐蚀介质
低碳钢	$Ca(NO_3)_2$, NH_4NO_3, NaOH	黄铜	NH_4^+
低合金结构钢	NaOH	高强度铝合金	海水
高强度钢	雨水，海水，H_2S 溶液	钛合金(6Al-4V)	液态 N_2O_4
奥氏体不锈钢	热浓的 Cl^- 溶液		

注：表中除液态 N_2O_4 外，其他均是水溶液。

③ 断裂速度在纯腐蚀及纯力学破坏之间，断口一般为脆断型。

④ 凡属应力腐蚀断裂（开裂）其断口均呈现脆性断裂的形貌，即便是具有很高延性的金属也是如此。断口的宏观特征是裂纹源及扩展区因受腐蚀作用而呈灰褐色，突然脆断区常

有放射性花纹或人字纹。

⑤ 发生应力腐蚀断裂时，环境中腐蚀介质的浓度往往很低。但值得注意的是，虽然整个腐蚀环境的介质浓度很低，但在凹坑或缝隙中介质浓度则可能很高。

2. 对应力腐蚀断裂的抑制

对应力腐蚀断裂的抑制可从材料、应力和腐蚀三个方面选择抑制措施。

（1）材料抑制　在应力腐蚀体系中，材料的屈服强度（σ_s）愈高，零（构）件反而愈不安全。因此应控制屈服强度（σ_s）。如用于含 H_2S 的油气田的钢管，为了抑制应力腐蚀断裂，硬度一般控制在 22HRC 以下；在沸腾的 42% $MgCl_2$ 水溶液中，常用的 Cr18%-Ni8% 奥氏体不锈钢的应力腐蚀敏感性最大，增镍降铬，都可降低这种敏感性。

（2）应力抑制　降低拉伸应力，可降低应力腐蚀断裂敏感性。例如，冷加工后的黄铜件、奥氏体不锈钢的焊件，通过消除残余应力的退火处理，可以避免应力腐蚀断裂。

（3）腐蚀抑制　改进设计，防止腐蚀介质的富集，是一项有效的措施。

三、氢脆（HE）

1. 氢脆概述

氢脆（HE）又称氢致开裂或氢损伤，是一种由于金属材料中氢引起的材料塑性下降、开裂或损伤的现象。所谓"损伤"，是指材料的力学性能下降。在氢脆情况下会发生"滞后破坏"，因为这种破坏需要经历一定时间才发生。

氢的来源有"内含"的及"外来"的两种：前者指材料在冶炼及随后的机械制造（如焊接、酸洗、电镀等）过程中所吸收的氢；而后者是指材料在致氢环境的使用过程中所吸收的氢。

例如，高温高压氢气对于结构钢的损伤和氢腐蚀，已公认是由下列反应的产物甲烷的压力引起的：

$$Fe_3C + 2H_2 \longrightarrow 3Fe + CH_4$$

当材料内的甲烷的压力增加到钢的蠕变断裂强度不再能抵抗时，便会引起沿晶的开裂。因此，加入能形成稳定碳化物的合金元素，如铬、钼、钒、铌、钨等，它们或者固溶于 Fe_3C，增加 Fe_3C 的稳定性，或者形成合金碳化物，降低 Fe_3C 的含量；且这些合金元素都能有效地提高钢的蠕变断裂强度。

2. 降低或抑制金属材料内含氢的措施

降低或抑制金属材料内含氢的措施可归纳为以下两个方面。

（1）降低氢含量　冶炼时采用干料，或进一步采用真空处理或真空冶炼；焊接时采用低氢焊条；酸洗及电镀时，选用缓蚀剂或采取降低引入氢量的工艺。

（2）排氢处理　合金结构钢锻件的冷却要缓慢；合金结构钢焊接时，一般采用焊前预热、焊后烘烤的措施，以利排氢。对氢脆敏感的高强度钢及高合金铁素体钢，酸洗及电镀后，必须烘烤足够长的时间去氢。

四、蠕变断裂

1. 蠕变断裂的产生条件

室温条件下，金属零构件即使长期保持在屈服极限以下的应力，也不会产生塑性变形，也就是说应力-应变关系不会因载荷作用时间的长短而发生变化。但是，在较高温度下，特别是当温度达到材料熔点的 1/3～1/2 时，即使是应力在屈服极限以下，也会产生塑性变形，且时间愈长，变形量愈大，直至断裂。通常碳素钢超过 300～350℃、合金钢在 400～450℃

以上时就可以发生蠕变，而对于一些低熔点金属如铅、锡等，则在室温下就可以发生蠕变。这种发生在高温下的塑性变形就称为蠕变。

金属零（构）件在长时间的恒温恒应力作用下缓慢产生塑性变形的现象称为蠕变。零件由于蠕变而引起的断裂称为蠕变断裂。

许多断裂事故表明，某些高温零件如汽轮机高温螺栓、锅炉管道和导汽管等，长期经高温应力作用会产生蠕变脆性断裂。

蠕变与塑性变形不同，塑性变形通常在应力超过弹性极限之后才出现，而蠕变只要应力的作用时间相当长，它在应力小于弹性极限时也能出现。

2. 蠕变断裂的发展过程

蠕变随时间的延续大致分 3 个阶段：

① 初始蠕变阶段。此阶段应变随时间延续而增加，但增加的速度逐渐减慢。

② 稳态蠕变阶段。此阶段应变随时间延续而匀速增加，这个阶段较长。

③ 加速蠕变阶段。此阶段应变随时间延续而加速增加，直达破裂点（见图 2-2 中的 d 点）。

应力越大，蠕变的总时间越短；应力越小，蠕变的总时间越长。但是每种材料都有一个最小应力值，应力低于该值时不论经历多长时间也不断裂，或者说蠕变时间无限长，这个应力值称为材料的长期强度。

随着高压技术迅速发展，蠕变试验已成为高温

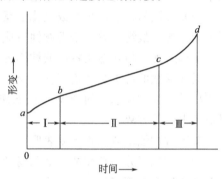

图 2-2　典型的蠕变曲线

金属材料必须进行的主要性能试验之一。在蠕变试验中，形变与时间的关系用蠕变曲线（图 2-2）来表示。

3. 改善蠕变的措施

改善蠕变可采取的措施有：

(1) 高温工作的零件要采用蠕变小的材料制造，如耐热钢等；

(2) 对有蠕变的零件进行冷却或隔热；

(3) 防止零件向可能损害设备功能或造成拆卸困难的方向蠕变。

第四节　腐　　蚀

金属材料在环境作用下引起的破坏或变质称为腐蚀。

不同的金属材料在相同的环境下腐蚀程度不同，即具有不同的耐腐蚀性。所谓耐腐蚀性，是指金属材料抵抗周围介质腐蚀破坏作用的能力。耐腐蚀性由金属材料的成分、化学性能、组织形态等决定。如在钢中加入可以形成保护膜的铬、镍、铝、钛，以及改变电极电位的铜等元素，可以提高耐腐蚀性。

一、腐蚀的分类

1. 按腐蚀作用机理分类

可分为化学腐蚀和电化腐蚀两大类。

化学腐蚀是指金属与周围介质直接发生化学作用而引起的腐蚀。它包括气体腐蚀和金属

在非电解质中的腐蚀两种形式。其特点是：腐蚀过程不产生电流；而且腐蚀产物沉积在金属表面。

电化学腐蚀是指金属与酸、碱、盐等电解质溶液接触时发生电化学作用而引起的腐蚀。它的特点是腐蚀过程中有电流产生，其腐蚀产物不覆盖在作为阳极的金属表面上，而是在距离阳极金属的一定距离处。

2. 按腐蚀的形貌分类

可分为全面腐蚀和局部腐蚀两类。

全面腐蚀又称均匀腐蚀，也称整体腐蚀，是指与环境相接触的材料表面均因腐蚀而受到损耗的腐蚀。腐蚀发生在金属表面的全部或大部。多数情况下，金属表面会生成保护性的腐蚀产物膜，使腐蚀变慢。有些金属，如钢铁在盐酸中，不产生膜而迅速溶解。通常用平均腐蚀率（即材料厚度每年损失若干毫米）来衡量均匀腐蚀的程度。

全面腐蚀的特点：化学或电化学反应在全部暴露的表面或大部分表面上均匀地进行，金属逐渐变薄，最终失效。全面腐蚀造成金属大量损失，但这种腐蚀危险性较小。

局部腐蚀是指在金属零件或结构的特定区域或部位上发生的腐蚀。

局部腐蚀的特点是其危害性比全面腐蚀严重得多，我国的统计分析表明，局部腐蚀约占化工机械腐蚀破坏总数的70%。局部腐蚀因其不易被发现而具有突发性和灾难性，易引起爆炸、火灾等事故。

美国对腐蚀事故调查结果表明，全面腐蚀占22%，局部腐蚀占78%。

局部腐蚀可分为点腐蚀、缝隙腐蚀、电偶腐蚀、晶间腐蚀、选择性腐蚀、磨损腐蚀、应力腐蚀和氢腐蚀等多种腐蚀形式。

（1）点腐蚀：发生在金属表面极为局部的区域内，造成洞穴或坑点并向内部扩展，甚至造成穿孔。

（2）缝隙腐蚀：腐蚀发生在缝隙处或邻近缝隙的区域。

（3）电偶腐蚀：当一种不太活泼的金属（阴极）和一种比较活泼的金属（阳极）在同一环境中相接触时，组成电偶并引起电流的流动，从而造成电偶腐蚀。

（4）晶间腐蚀：晶间腐蚀是在晶粒或晶体本身未受到明显侵蚀的情况下，发生在金属或合金晶界处的一种选择性腐蚀。

（5）应力腐蚀：是指在拉应力和特定腐蚀介质共存时引起的失效。

（6）选择性腐蚀：也称分金腐蚀或脱合金腐蚀。这种形式的腐蚀是指合金中某一组分由于腐蚀作用而被脱除。

（7）磨损腐蚀：磨损腐蚀是金属受到液流或气流（有无固定悬浮物均包括在内）的磨损与腐蚀共同作用而产生的破坏。

（8）氢腐蚀：由于化学或电化学反应（包括腐蚀反应）所产生的原子态氢扩散到金属内部引起的各种破坏，包括氢鼓泡、氢脆和氢蚀三种形态。

（9）腐蚀疲劳：是指在交变应力和腐蚀介质的共同作用下造成的失效。

3. 按腐蚀环境分类

按腐蚀环境分类，可分为大气腐蚀、水腐蚀、土壤腐蚀以及化学介质腐蚀等多种形式。

二、金属腐蚀防护技术

为了减少金属腐蚀，除了正确选择耐腐蚀材料，综合采用以下防腐技术是获得良好效果的重要方法。

（一）金属表面覆盖层保护

在金属表面上施用覆盖层，是普遍采用的防止金属腐蚀的重要方法。金属表面覆盖层保护主要是通过隔离金属材料与腐蚀介质来实现防腐的目的。主要有金属覆盖层保护和非金属覆盖层保护两大类。

为获得良好的防腐蚀效果，保护覆盖层必须满足以下基本要求：

（1）结构紧密，完整无孔，不透腐蚀介质；

（2）与基体金属有良好的结合力；

（3）具有高硬度和高耐磨性；

（4）分布均匀。

1. 金属覆盖层

金属覆盖层有电镀、喷镀、渗镀、双金属和金属衬里等。其中双金属和金属衬里的作用基本相同，都是使用耐蚀金属把腐蚀介质与底层金属隔开，以防止底层金属腐蚀。双金属为金属复合材料，如钢-不锈钢、铝-高强度合金铝等，钢、铝为底层金属，不锈钢、高强度合金铝则为覆盖层；用热轧法制成的复合钢板、复合铝板、复合钢管等，其耐蚀性与覆盖金属相同。金属衬里一般是把金属衬在底层金属（一般为普通钢）上，常用的有铅衬里、不锈钢衬里、铝衬里、钛衬里等。金属复合板和金属覆盖保护层，一般都是完整无孔的，有一定厚度，只要加工质量有保证，可起到应有的耐蚀作用。

通常所说的金属覆盖层，一般是指电镀层或喷镀层等。而这类覆盖层多数是有孔的，且很薄。即使喷镀层较厚，但仍是多孔的。因此对这类覆盖层必须考虑它们在腐蚀介质中的电化学反应，才能起到应有的防腐效果。

（1）金属覆盖层的电化学作用对防腐的影响　由于电镀、喷镀这一类覆盖层难于做到完整无孔，因此腐蚀介质就会渗入孔隙中，在一定条件下，相比金属基体电位，如果覆盖层的电位为负，就是阳极覆盖层；反之，为阴极覆盖层。所以电化学作用对覆盖层的保护性能有重大影响。

一般来说，阴极覆盖层如有孔隙，相比基体金属，由于覆盖层的电位更正，就会由于电池作用加速基体金属的腐蚀。因此阴极覆盖层要求孔隙越少越好，最好是无孔的；Ni、Cu、Pb、Sn覆盖层对钢而言一般都是阴极覆盖层。而阳极覆盖层不但能将基体金属与腐蚀介质隔离，还由于它的电位比基体金属更负，在腐蚀介质中阳极覆盖层遭受腐蚀，基体金属受到保护。Zn、Al对碳钢而言是阳极性覆盖层，而且覆盖层越厚，使用寿命越长。

（2）金属喷镀保护层　金属喷镀是用压缩空气将熔融状态的金属雾化成微粒、喷射在预处理合格的工件表面上，形成金属覆盖层。这种覆盖层是金属微粒相互重叠而成的多孔层，作为防腐保护层，必须考虑镀层金属与基体金属之间的电位关系。

金属喷涂的工艺和设备都比较简单，可以喷镀多种金属和合金。最常用的是气喷镀和电喷镀两种。气喷镀就是用乙炔-氧焰将金属丝熔化，再用压缩空气将熔融金属喷镀在工件上。主要设备为气喷枪。电喷镀是用直流电使两根金属丝间产生电弧，将金属丝熔化，用压缩空气使之雾化，并喷镀在工件上。其主要设备为电喷枪。

等离子喷镀是利用高温等离子流熔化难熔金属和某些金属氧化物，在一定压力的气体吹送下，以极大的速度从喷嘴中喷出，在工件表面上形成喷镀层。

喷 Al 保护层对高温 SO_2、和 SO_3 等耐蚀性能很好，是普遍用于石油储罐、污水罐的内镀层。由于喷 Al 层是多孔的，可在镀层上刷涂料，涂料易于渗入孔隙中去，一方面将孔隙封闭，同时还提高了 Al 镀层和金属基体的结合力。喷 Al 加涂料的防腐层，在合成氨工业中获得了广泛应用。如压缩机高压段套管式水冷器、水洗塔、碳铵生产中的碳化塔等都采用这种保护层，效果很好。

（3）渗镀保护层　渗镀就是利用热处理的方法，将某种元素渗入（扩散）基体金属的表面层内，以改变其表面层的化学成分，使之合金化，故渗镀又叫表面合金化，也叫化学热处理。防腐方面应用较多的是渗 Al。渗 Al 钢的制造方法很多，常用方法是在钢表面喷 Al 后，再按一定的操作工艺，在高温下热处理，使 Al 元素向钢表层扩散形成渗 Al 层。渗 Al 钢常用于抗高温氧化，对 H_2S、SO_2、CO_2 有较好的耐腐蚀性。

（4）电镀保护层　电镀是利用直流电的作用，从电解液中析出金属，并在工件阴极表面沉积一层金属覆盖层。电镀层具有纯度高、与基体金属结合牢固的优点。常见的有 Zn、Cd、Cu、Sn、Ni、Cr、Ni-P 电镀层等。电镀层一般很薄且有孔隙，因此不宜用于强腐蚀介质中，多用于防止大气、水和某些弱腐蚀介质的防腐层。其中最常用的是镀 Zn，如镀 Zn 板、镀 Zn 管等。镀 Cr、镀 Ni 常作为装饰性防护层，用于防止大气腐蚀。

2. 非金属覆盖层

把非金属耐蚀材料砌、衬、涂在一般结构材料（钢、铸铁、混凝土等）的表面，以防止化学介质的腐蚀，是应用最广泛的一种防腐措施。

非金属耐蚀材料包括耐酸瓷板、耐酸砖、铸石、天然石材、不透性石墨、橡胶、玻璃钢、塑料、搪瓷、涂料等众多种类。

（1）砖板衬里　砖板材料包括耐酸瓷板、耐酸砖、铸石、天然石材、不透性石墨等。砖板衬里是把上述材料衬砌于钢铁或混凝土设备内部，以防止腐蚀。砖板衬里技术包括材料、黏结剂、衬里结构的选择和施工技术等一系列问题。

① 材料的选择。所有硅酸盐材料的耐酸性都很好，耐酸砖、板和铸石能耐硝酸、盐酸和硫酸。铸石耐酸、耐碱也耐酸碱交替影响，吸水率小，当材料吸水率要求严格时应选铸石，但铸石的热稳定性不如耐酸瓷板。防止含氟介质腐蚀或需要有一定传热能力时，应选石墨材料。

② 黏结剂的选择。黏结剂的性能关系到衬里的质量，常用的有水玻璃耐酸胶泥和树脂胶泥等。水玻璃耐酸胶泥是以水玻璃为黏结剂，氟硅酸钠作硬化剂，加入一定量的填料制成。填料一般为辉绿岩粉、石英粉、石墨粉等。这种胶泥耐浓硝酸、浓硫酸性能好，但它是多孔材料，抗渗透性不好，耐稀酸和耐水性不好。树脂胶泥的抗渗透性和黏结强度较好，其中环氧胶泥的黏结强度最好，酚醛、呋喃胶泥比较脆，黏结强度比环氧胶泥差。但酚醛胶泥的耐酸性高于环氧胶泥，呋喃胶泥的耐碱性高于环氧胶泥，酚醛胶泥的耐碱性最差，改性胶泥改善了上述缺点，如在非氧化性稀酸中，多采用环氧-酚醛或环氧-呋喃改性胶泥作黏结剂。环氧-呋喃胶泥可用于酸、碱交替的设备。

③ 衬里结构的选择。砖板衬里层的破坏，多出现在接缝处。所以砖板衬里的设备要有防渗层。防渗层多采用玻璃钢、软聚氯乙烯板等。

（2）橡胶衬里　橡胶衬里就是把各种牌号的生胶板按一定的工艺要求衬贴在设备表面，再经硫化而制成的保护层。常用材料有软橡胶、硬橡胶、半硬橡胶。

除腐蚀不太严重的设备衬单层外，一般都衬两层胶板。在有磨损和温度变化时可用硬橡胶板作底层，软橡胶板作面层。在腐蚀严重又有磨损的情况下，可用两层半硬橡胶板。如果条件特别苛刻，两层橡胶难以适应时，可考虑衬 3 层，其结构可按具体情况选用。用作砖板衬里的防渗层时，可衬 1~2 层硬或半硬橡胶板，或者衬 1 层硬的或半硬的胶板作底层，再用软胶板作面层。上述胶板的厚度均为 2~3mm。

（3）玻璃钢衬里 玻璃钢衬里，就是用合成树脂作黏结剂，把玻璃纤维制品逐层铺贴在设备的内表面上。经固化处理，形成具有一定机械强度、耐温性能和化学稳定性的整体结构。常用的玻璃钢衬里有环氧、酚醛、呋喃和聚酯玻璃钢等。

玻璃钢的线膨胀系数比钢大，当温度变化时产生热变形应力。固化时树脂由液态变为固态，体积要收缩，产生剪切应力。如果衬层热变形或收缩时产生的剪切应力大于衬层与基体的结合力，衬层和基体可能有脱壳现象。因此玻璃钢衬里的关键是正确选择玻璃钢的结构，防止衬层和基体脱壳。

环氧玻璃钢与钢的线膨胀系数较接近，而且环氧树脂与钢的黏结力较大，所以，底层应采用环氧玻璃钢。如面层是酚醛玻璃钢，中间层应选用环氧-酚醛玻璃钢；如面层是呋喃玻璃钢，中间层应选用环氧-呋喃玻璃钢，以保证底层和面层有良好的结合力。

现在应用玻璃钢制造整体结构比较广泛。如玻璃钢制造的容器、槽车、塔器、鼓风机、泵、管道、阀门等。

（4）塑料衬里 通过喷涂或挂衬，把塑料粘贴在设备表面上，形成覆盖层，用以保护设备。

塑料喷涂分悬浮液喷涂、火焰喷涂和静电喷涂等。悬浮液喷涂，是用喷枪把塑料悬浮液（或乳液）喷涂在金属表面上，在一定温度下熔融塑化，使其粘贴在金属表面上，形成一个完整的塑料覆盖层，如聚三氟氯乙烯、聚苯硫醚、聚乙烯涂层等。

挂衬法是用机械方法（如用支撑环或紧固件）把塑料薄板挂衬在设备的内表面，并把搭接缝焊牢形成一个完整的塑料覆盖层。在防腐方面应用较多的是软聚氯乙烯和聚乙烯薄板衬里。聚四氟乙烯薄板衬里可用作罐体、塔器、管道的衬里，它具有优良的耐蚀性和较高的热稳定性。

（5）搪玻璃和衬玻璃 搪玻璃又叫耐酸搪瓷，它是将含硅量较高的玻璃质釉涂在碳钢和铸铁设备、管道的表面经过灼烧而成的。它比日用搪瓷具有较高的物理、力学性能和耐腐蚀性。

衬玻璃是在高温情况下把玻璃管道贴衬在钢管或铸铁管道内制成衬玻璃管道。

搪、衬玻璃设备适用于既耐腐蚀、又需要传热的设备。其外壳虽系钢制，但玻璃本身仍属脆性材料，使用不当容易损坏，玻璃热稳定性较差，不能经受急剧的温度变化和局部过热。

（6）涂料覆盖层 涂料又称为油漆，是一种高分子合成材料。

涂料作为金属的覆盖层，广泛地应用于化工机械设备、管道等的防护。常用刷涂法和喷涂法施工。一般施工工艺为：处理工件表面，涂底漆、面漆。涂料施工应严格遵守各种涂料的施工工艺规定，以保证涂料覆盖层的耐久性和耐蚀性。通常用于钢铁的底漆主要有铁红醇酸、铁红过氯乙烯、沥青等底漆。对于不同的化学介质可参照表 2-2 选用面漆。

表 2-2 防腐涂料面漆选择表

涂层类别	涂料品种
耐酸涂层	聚氨酯漆、环氧漆、酚醛漆、橡胶漆、氯磺化聚乙烯漆、过氯乙烯漆、沥青漆
耐碱涂层	聚氨酯漆、环氧漆、过氯乙烯漆、橡胶漆、沥青漆
耐油涂层	环氧漆、过氯乙烯漆、氨基漆、硝基漆
耐水涂层	聚氨酯漆、橡胶漆、有机硅漆、过氯乙烯漆
耐大气涂层	过氯乙烯漆、硝基漆、醇酸漆、乙烯漆、油性漆
耐溶剂涂层	聚氨酯漆、环氧漆、乙烯漆

（二）电化学保护

电化学保护是指根据电化学腐蚀原理，依靠外部电流的流入改变金属的电位，从而降低金属腐蚀速度的一种金属材料保护技术。

在同一腐蚀环境中，活性较大（活泼金属）的是阳极，较小的是阴极。例如在海水中，锌与低碳钢间如构成电解电池，锌就是阳极，钢就是阴极；但如果钢与不锈钢形成电解电池时，钢又变为阳极，不锈钢是阴极。所谓阴极，实际上是使电解液中的阳离子获得电子而还原的一个电极。因此，利用外加直流电源使它获得电子补充，也属于阴极保护方法。

按照金属电位变动的趋向，电化学保护分为阴极保护和阳极保护两大类。

1. 阴极保护

通过降低金属电位而达到保护目的的，称为阴极保护。根据保护电流的来源，阴极保护有外加电流法和牺牲阳极法。

外加电流法是由外部直流电源提供保护电流，电源的负极连接保护对象，正极连接辅助阳极，通过电解质环境构成电流回路。外加电流法阴极保护见图 2-3 所示。辅助阳极绝大多数是金属阳极，氧化物电极也可使用。按消耗程度区分，有可溶性阳极如碳钢、铸铁、铝；有难溶性阳极如铅银合金、石墨；有不溶性阳极如镀铂钛、钛等。

牺牲阳极法是依靠电位低于保护对象的金属（牺牲阳极）自身消耗来提供保护电流，保护对象直接与牺牲阳极连接，在电解质环境中构成保护电流回路。牺牲阳极法阴极保护见图 2-4 所示。常用的牺牲阳极材料有锌及锌合金，镁及镁合金，铝合金等。

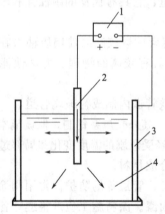

图 2-3 外加电流法阴极保护示意图

1—直接电源；2—辅助阳极；
3—被保护设备；4—腐蚀介质

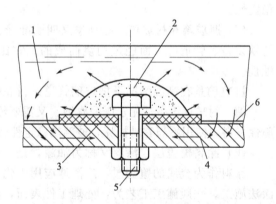

图 2-4 牺牲阳极法阴极保护示意图

1—腐蚀介质；2—牺牲阳极；3—绝缘垫；
4—被保护设备；5—连接螺钉；6—屏蔽层

阴极保护广泛用于保护地下管道、通信或电力电缆、闸门、船舶和海上平台等以及与土壤或海水等接触面积很大的工件，若与覆盖层保护相结合则更为经济。

牺牲阳极法阴极保护是应用最早的一种电化学保护技术。这种方法简便，便于实施，只要将牺牲阳极连接在被保护金属结构上构成电池即可，造价低廉。设计合理时，可获得良好的保护效果。且维护简便，平时不需要专人管理，只需定期检测，所以易于推广应用。

2. 阳极保护

当某种金属浸入电解质溶液时，金属表面与溶液之间就会建立起一个电位，腐蚀电化学中把这个电位称为自然腐蚀电位。不同的金属在一定溶液中的电位是不同的。而同一种金属的不同部位，由于存在着电化学中的不均一性而产生一定的电位差值，正是这种电位差值导致了金属在电解质溶液中的电化学腐蚀。

向浸在电解质溶液中的金属施加直流电，金属的自然腐蚀电位会发生变化，这个现象称为极化。所通电流为正电流时，金属作为阳极其电位向正方向变化的过程称作阳极极化；反之，通过的电流为负电流时，金属作为阳极其电位向负方向变化的过程称为阴极极化。具有钝性倾向的金属在进行阳极极化时，如果电流达到足够的数值，在金属表面上能够生成一层具有很高耐蚀性能的钝化膜而使电流减少，金属表面呈钝态。继续施较小的电流就可以维持这种钝化状态，钝态金属表面溶解量很小从而防止了金属的腐蚀，这就是阳极保护的基本原理。

通过提高可钝化金属的电位使其进入钝态而达到保护目的的，称为阳极保护。阳极保护是利用阳极极化电流使金属处于稳定的钝态，其保护系统类似于外加电流阴极保护系统，只是极化电流的方向相反。只有具有活化-钝化转变的腐蚀体系才能采用阳极保护技术。阳极保护主要用于保护钢、不锈钢和钛等在浓硫酸和磷酸等强介质中的腐蚀，例如浓硫酸储罐、氨水储槽的保护等。

（三）腐蚀介质处理

对腐蚀介质进行处理，目的在于改变介质的腐蚀性质，降低或消除介质对金属的腐蚀作用。

1. 消除或减少介质中的有害成分

这是一项非常重要的防腐措施。例如污水处理站除去水中的氧可减缓腐蚀。工业锅炉的给水，要求除去溶解氧、氯根、钙、镁离子等有害成分，以防止腐蚀和结垢。

酸性气体中，当水分含量大于 0.02% 时，Cl_2、CO_2、SO_2、H_2S、HCl（气态）等酸性气体可使钢铁设备严重腐蚀，若用干燥法除去水分，则可防止腐蚀。

2. 缓蚀剂保护

在腐蚀介质中加入少量的某种物质，能使金属的腐蚀速度大大降低，这种物质称为缓蚀剂或腐蚀抑制剂。

对缓蚀剂的要求是用量要少、缓蚀效率要高。缓蚀剂的保护效果与腐蚀环境（介质、流速、浓度及温度）有密切关系。缓蚀剂具有严格的选择性，不存在一种万能的缓蚀剂。

在腐蚀环境中投加少量的缓蚀剂可使整个系统得到保护，如凡是与腐蚀介质接触的设备、管道、阀门、机器、仪表均可受到保护，这是任何其他防护措施所不可比拟的。而且缓蚀效果不受设备形状的影响，工艺简单、使用方便、投资少、收效大，所以在石油、化工生产中应用比较广泛。

例如，原油通常与含有 H_2S、CO_2 等气体和浓的盐类的水溶液一起开采出来，对油管腐蚀严重。常用的缓蚀剂有脂肪酸胺类、铬酸盐、硅酸盐、含氮杂环化合物、松香胺等。

三、常见腐蚀及其防护

1. 电偶腐蚀

电偶腐蚀是很常见的一类腐蚀形态，下面一个例子就涉及电偶腐蚀。一个海洋生物学家小组进行贻贝（我国的北方称之为海红）试验，将 12 个装贻贝的笼子用钢丝绳悬挂在灯船下面。笼子放入海洋中选定的位置，经过了几个星期，科学家们回来时发现只有绳子悬在那里，笼子已掉到海底。原来固定笼子的方法是将钢丝绳穿过一个孔洞，再将末端折转过来，做成一个圈，再绑扎起来。不幸的是，他们选用的绑扎材料是铝丝。结果铝发生电偶腐蚀，当铝丝溶解断，穿过孔洞的钢丝绳圈脱开，笼子就丢失了。这是一个典型的电偶腐蚀破坏事例，它使科学家们的试验计划夭折。

电偶腐蚀是指两种或两种以上具有不同电位的金属接触时形成的腐蚀，又称不同金属的接触腐蚀。耐蚀性较差的金属（电位较低）接触后成为阳极，腐蚀加速；耐蚀性较高的金属（电位较高）则变成阴极受到保护，腐蚀减轻或甚至停止。电偶腐蚀速度比腐蚀金属材料单独存在时大大增加。

（1）电偶腐蚀特征　腐蚀主要发生在两种不同金属的边线附近，而在远离边缘的区域，腐蚀程度轻。

（2）电偶腐蚀产生的条件

① 同时存在两种不同电位的金属。

② 有电解质溶液存在。

③ 两种金属通过导线连接或直接接触。

（3）控制措施

① 选材设计时，尽量避免异种材料或合金相互接触，选用"电偶序"相距较近（腐蚀电位相差小）的金属材料组合是相对安全的。

用"电偶序"来分析电偶腐蚀应用很广。但必须指出：金属的腐蚀电位随溶液不同而不同，即在不同的电解质溶液中有不同的电偶序，海水中的电偶序只适用于海洋环境；腐蚀电位可能随时间变化。

将一种金属部件镀上和另一种金属电位相近的金属镀层，比如连接铝合金部件的钢螺纹镀镉；或者在两种金属部件之间插入电位介于其间的第三种金属过渡件，也可以达到减少腐蚀电位差的作用。

② 选用容易更换的阳极部件，或加厚以延长寿命。

③ 避免大阴极、小阳极面积比的组合；因为阴极/阳极面积比越大，阳极金属的电偶腐蚀效应越大。所以紧固件对被连接部件应是阴极性的；焊缝对母材应是阴极性的；尺寸较小的重要部件对设备其他部分应当是阴极性的。在考虑面积比时需注意：阳极面积应是真实暴露表面积，如当阳极表面有涂层时，真实暴露面积只是涂层孔隙中暴露出的面积。

④ 异种材料连接处或接触面采用绝缘措施；绝缘是最有效的措施，凡可以使用的场合均应当采用。即用绝缘材料（如垫片、套管、胶泥、涂料等）把异种金属隔离开，切断腐蚀电流的通路，达到减小甚至消除腐蚀的目的。

如果可能，将电偶对结合处与腐蚀环境隔离开，也是一种有效的方法；比如结合部位表面用涂料覆盖，用胶泥封闭。在气相腐蚀环境情况，保持结合部位干燥清洁，防止积液和腐蚀产物堆积，均可达到防腐的目的。

⑤ 添加缓蚀剂。如果有对两种金属都有很高缓蚀效率的复合缓蚀剂，可以使用缓蚀剂保护控制电偶腐蚀。缓蚀剂使电极反应受到抑制，电偶腐蚀也就减轻了。

2. 缝隙腐蚀

在腐蚀介质中的金属构件，由于金属与金属或金属与非金属之间存在特别小的缝隙，造成缝内介质处于滞流状态而导致发生的一种局部腐蚀形态称为缝隙腐蚀。最敏感的缝隙宽度为 $0.025 \sim 0.1mm$ 范围。

缝隙腐蚀机理是氧的浓差电池与闭塞电池（即存在特有的微缝的金属构件中缝内外组成的电池）自催化效应共同作用的结果。

在中性介质中，腐蚀刚开始时，氧去极化反应在构件各处（缝内、缝外）均匀进行。因滞流关系，氧只能以扩散方式向缝内传递，缝内的氧消耗后难以得到补充，缝内、外构成氧浓差电池，缝内缺氧为阳极。而随着阴、阳极分区，腐蚀继续进行，二次腐蚀产物在缝口形成，造成了闭塞条件，此时缝内外组成的电池称为闭塞电池。它的形成标志着腐蚀进入新的发展阶段。

（1）缝隙腐蚀特征

① 可发生在所有金属与合金上，特别是靠钝化而耐蚀的金属及合金。

② 介质可以是任何侵蚀性溶液，酸性或中性，充气的中性氯化物介质中最易发生。

③ 对同一金属而言，缝隙腐蚀比点蚀更易发生。

（2）缝隙腐蚀的产生条件

① 金属结构的连接，铆接、焊接、螺纹连接等。

② 金属与非金属的连接。

③ 金属表面的沉积物。

（3）缝隙腐蚀控制措施

① 合理设计和施工，避免缝隙和死角的存在。

② 正确选材。

③ 采用电化学保护。

④ 选用适当的缓蚀剂。

3. 腐蚀疲劳

材料或零件在交变应力和腐蚀介质的共同作用下造成的失效叫做腐蚀疲劳。

需注意的是，腐蚀疲劳和应力疲劳不同，虽然两者都是应力和腐蚀介质的联合作用，但作用的应力是不同的，应力腐蚀指的是静应力，而且是指拉应力，因此也叫静疲劳。而腐蚀疲劳则强调的是交变应力。

（1）腐蚀疲劳的特征　腐蚀疲劳和应力腐蚀相比，主要有以下不同点：

① 应力腐蚀是在特定的材料与介质组合下才发生的，而腐蚀疲劳却没有这个限制，它在任何介质中均会出现。

② 对应力腐蚀来说，存在一临界应力强度，这是材料固有的性能，当外加应力强度小于临界应力强度时，材料不会发生应力腐蚀裂纹扩展。而腐蚀疲劳，即使外加应力强度小于临界应力强度，疲劳裂纹仍旧会扩展。

③ 应力腐蚀破坏时，只有一两个主裂纹，主裂纹上有分支小裂纹；而腐蚀疲劳裂纹源有多处，裂纹没有分支。

④ 在一定的介质中，应力腐蚀裂纹尖端的溶液酸度是较高的，总是高于整体环境的平均值。而腐蚀疲劳在交变应力作用下，裂纹不断地张开与闭合，促使介质的流动，所以裂纹尖端溶液的酸度与周围环境的平均值差别不大。

注：腐蚀疲劳对加载频率十分敏感，频率越低，疲劳强度与寿命也越低。

（2）防止腐蚀疲劳的措施

① 表面强化。如喷丸、感应加热淬火、氮化等方法，对提高腐蚀疲劳强度仍然是有效的。

② 表面镀层或喷涂。

③ 氧化物保护层对提高腐蚀疲劳抗力也是有利的。

④ 对高强度材料的使用要谨慎。

第五节　材质对失效的影响及其控制措施

在很多情况下，本章前四节介绍的各种金属零件的失效均与金属材料的内在质量相关。因此，了解金属材料的内在质量的影响因素对于预防失效是十分必要的。

一、金属材料的内在质量对失效的影响

1. 金属材料化学成分对失效的影响

合金成分不在规定标准内，某一成分偏高或偏低均会影响材料的性能。合金中不利元素过多，如不锈钢中含碳量高，虽提高了强度，但降低了韧性、疲劳强度及耐腐蚀性。现代的研究已经发现，钢中存在 P、S、As、Sb、Sn、Bi、Pb 等微量杂质元素时，由于它们富集于原奥氏体晶界，使晶界性能降低，断裂容易沿晶界进行，导致钢材脆化。钢中有利的必要的元素过少，如不锈钢中的钛元素过少，易造成晶间腐蚀；黄铜中含锌太少，会使其强度和耐腐蚀性达不到要求；镍基高温合金中铬含量过少会使合金的高温强度降低。由于合金的化学成分不合格而导致机械产品早期失效的事故常有发生。

此外，合金中化学成分的不均匀分布或某种有害元素的偏聚也是导致产品失效的重要因素。

2. 金属材料热加工缺陷及对失效的影响

（1）铸造加工缺陷　金属构件在铸造过程中，由于合金原料繁杂、工艺工程复杂等因素导致缺陷较多，成品率较低，一般合格率只有 70%～85%。常见的主要缺陷有：缩孔、气孔、针孔、疏松、冷隔、缩裂、热裂、冷裂、夹渣、脱碳等。

铸件缺陷不仅直接破坏了铸件金属的连续性，成为应力集中源和破断源，直接导致铸件在使用过程中失效；如果铸件形状复杂、厚薄悬殊或浇注系统设计不当，就会产生较大的铸造应力，更加容易导致失效。例如，夹杂对铸件质量有明显影响，对塑性、冲击韧性影响很大，尤其是使材料疲劳性能降低，疲劳源也常发生在金属夹杂物处，夹杂越呈尖角形，造成的局部应力集中越大，越容易出现裂缝而导致铸件在使用中失效。

因此，对安全有重大影响的关键部件如起重机的吊钩等均应禁止用铸造方法制造。

（2）锻造加工缺陷　金属构件在锻造过程中，因模具设计、设备选择、工艺规程、操作或加热不当等导致锻件形状不完整、流线不顺、金属间结合力削弱以及其他影响构件使用安全和寿命的种种缺陷，如分层、折叠、氧化膜、过热、模锻件软点、过烧、裂缝、龟裂、脱碳、增碳等。

锻造缺陷不仅直接破坏了锻件金属的连续性，成为应力集中源和破断源直接导致锻件在使用过程中失效。而且锻造组织缺陷如锻造过热、过烧、渗硫、渗铜、脱碳等均会降低锻件抗失效性能。

（3）焊接加工缺陷　金属构件在焊接过程中，因原材料不符合要求、结构设计不当、接头准备不仔细、焊接工艺不合理或焊工操作技术不佳等而导致焊接应力与变形，并使焊接接头产生各种缺陷，如焊缝外形尺寸不符合要求、咬边、焊瘤、气孔、夹渣、未焊透和裂缝等。

焊接缺陷不仅直接破坏了焊件金属的连续性，还会成为应力集中源和破断源直接导致焊件在使用过程中失效。尤其是未焊透和裂缝的危害性最大。未焊透在焊接接头中相当于一个裂缝，很可能在使用过程中扩展成更大的裂缝，导致结构破坏失效。气孔、夹渣在腐蚀性介

质中常常使构件腐蚀速度加快，甚至穿孔泄漏。焊接应力、裂纹又往往是应力腐蚀的诱因。

（4）热处理加工缺陷　金属零件热处理时，由于各部不均匀的塑性变形以及比容的不同，产生热处理应力；热处理应力是裂缝产生的根源，同时也使零件的疲劳强度和冲击韧性下降。

金属件热处理产生的缺陷有氧化脱碳、残余奥氏体、过热、过烧、淬火软点、淬火硬度不足、回火脆、石墨化脆性、球化不良、盐浴炉内被腐蚀、过失效、粗大马氏体、渗碳层网状组织或渗碳层贫碳和脱碳等。

热处理缺陷直接影响金属零件热处理效果、影响性能分布不均匀或使性能不符合要求；同时各种应力还有可能诱发各种热处理裂缝产生，并带入零件制造或使用过程中，最终导致使用过程中的失效。

（5）表面处理缺陷　金属构件表面处理加工方法包括表面装饰和表面防护两大类。由于金属表面处理要在一定的温度和带有腐蚀性的化学溶液内进行，容易产生缺陷。常用表面处理方法有电镀、化学镀、磷化、钢铁发黑处理等。

电镀层主要缺陷：镀层粗糙、发脆，镀层结合力差，起泡、脱落、镀层起麻点或毛刺，镀层硬度不符合要求，镀层龟裂或出现腐蚀等。

化学镀镍缺陷：镀层粗糙和脱落、镀层上有暗色粉末、镀层起泡或针孔过多等。

磷化膜缺陷：膜厚达不到要求，膜层不均匀、有斑点、膜层附着力差、粗糙等。

钢铁发黑膜的主要缺陷：膜层牢固性差、易脱落，膜层致密性差、不耐腐蚀，膜层针孔过多等。

表面处理缺陷降低了金属零件表面抗腐蚀性能；降低了金属零件表面完整性，造成局部损伤，成为破断失效源。例如，镀铬层表面网状裂缝往往成为疲劳源，导致机械早期疲劳失效等。

3. 金属材料冷加工缺陷对失效的影响

（1）切削加工缺陷　金属构件切削加工时，由于刀具的几何形状、零件硬度和切削量、工件和冷却条件等因素影响，往往会产生表面粗糙的刀痕、鳞刺、机械碰伤和加工引起的冷硬现象与残余应力等缺陷，或加工精度不符合要求。

金属构件切削加工缺陷对机械使用性能有着重要的影响。在刀具不锋利或形状不正确，切削参数不正确或冷却液使用不当等情况下，加工高强度钢、钛合金零件等其表面会产生异常纹理。这些纹理实际上是许多微小裂纹，疲劳试验表明，它就是疲劳源，导致疲劳寿命下降，仅为正常件寿命的1/4。

表面粗糙度对构件摩擦与磨损、接触刚度、配合性质、结合面的密封性、耐腐蚀性和疲劳强度均有影响。

具有微观几何形状误差的两个表面只能在轮廓的峰顶发生接触，若表面间有相对运动，则峰顶间的接触作用会对运动产生摩擦阻力，同时使零件产生磨损。一般而言，表面越粗糙，则摩擦阻力越大，零件的磨损也越快。

接触刚度影响零件的工作精度和抗振性。表面粗糙使表面间只有部分面积接触，因此，表面越粗糙，受力后的局部变形越大，接触刚度就越低。

表面粗糙度会影响配合性质的稳定性。如滑动轴承的间隙配合，会因表面微观不平度的峰尖在工作过程中很快磨掉而使间隙增大，由于表面粗糙度的高度和基本尺寸的大小无关，因此配合的尺寸越小，这种影响越严重。对于过渡配合，表面粗糙度有使配合变松的影响，对于过盈配合，装配表面轮廓的峰顶被挤平，将使有效过盈减小，降低连接强度。

粗糙的表面还可导致密封性能降低。

（2）磨削加工缺陷　金属构件在磨削加工过程中，砂轮和工件的接触区将产生磨削热，大部分传入工件，使构件表层内的材料组织结构发生变化，并产生磨削加工缺陷，如烧伤、表面残余应力、磨削裂纹、点剥落及点蚀坑等。

例如磨削烧伤是轴承在磨削加工中最常见的缺陷，使轴承表面组织变坏，破坏了表面完整性，加速了轴承在运转时产生疲劳与磨损，降低了使用寿命，导致早期失效。

较薄的板片状构件，则常因磨削表面应力而产生变形或在构件深层出现拉应力，使疲劳寿命显著降低而导致疲劳失效。

（3）其他冷加工缺陷　金属构件在冲压、拉伸过程中会出现破裂、拉穿、波浪形、折皱、横向裂口等缺陷。

管型件在弯曲或扩口的加工中会出现裂缝、收口裂缝等缺陷。

二、控制措施

1. 合理选材

针对具体工作条件及可能的失效形式，合理选材是防止失效的第一步。

（1）用于抗脆性断裂失效的构件，选择具有高的断裂韧性和低的塑性-脆性转变温度的材料。

（2）用于抗疲劳断裂失效的构件，选择具有高的疲劳强度和低的裂纹扩展速度的材料。

（3）用于抗应力腐蚀破断失效的单构件，选择具有高的应力腐蚀临界应力强度因子的材料。

2. 合理结构设计

（1）构件截面变化处应有较大的过渡圆角或过渡段，使其得到平滑过渡的应力流线。

（2）螺纹和齿轮应避免尖角，螺杆和内螺纹根部尽可能适当加厚。

（3）光轴装配其他零件时，为避免摩擦引起的应变集中，其配合部分应局部加粗。

（4）薄壁件上有孔的部位可适当加厚，孔离边缘要有足够距离。

3. 合理加工与安装

（1）严格按工艺规程进行加工和质量控制。

（2）安装时尽量减少应力集中，以减少应力裂纹。

（3）不同金属连接时要有绝缘措施，以防腐蚀。

4. 合理使用、维护与保养

（1）按操作规程使用。

（2）加强养护和维修。

（3）减少环境引起的失效因素。

（4）定时监控失效预兆，做到及早发现，及时处理。

第三章 金属加工机械安全

第一节 金属冷加工机械安全技术

金属冷加工主要包括车、铣、刨、磨、钻等切削加工。最显著的特点就是使用的装夹工具，且被切削的工件或刀具间具有速度较高的相对运动。因此，如果设备防护不好，操作者不遵守操作规程，则很容易造成人身伤害。

切削加工分为钳工和机械加工（简称机工）两大部分。钳工一般是指工人手持工具对工件进行的切削加工，主要内容有划线、錾削、锯切、锉削、刮削、研磨、钻孔、扩孔、攻螺纹、套螺纹、机械装配和修理等；机械加工是指工人操纵机床进行的切削加工，主要加工方法有车削、钻削、镗削、磨削、铣削等。

一、金属切削机床及切削安全概述

（一）金属切削机床简介

金属切削机床是利用切削工具将料坯或工件上的多余材料切除，以获得所需几何形状、尺寸精度和表面质量的机械零件的加工机器。金属切削机床在工业中起着工作母机的作用，其应用范围非常广泛。

机床的运动可分为主运动和进给运动。主运动是切削金属最基本的运动，它促使刀具和工件之间产生相对运动，使刀具接近工件；进给运动使刀具与工件之间产生附加的相对运动，加上主运动，即可实现连续地切削，得到所需几何形状及精度要求的加工表面。根据机床型号编制方法（GB 15957—1994），机床分为十一大类，见表3-1。

表 3-1　机床分类及其代号

类别	车床	钻床	镗床	磨　　床			齿轮加工机床	螺纹加工机床	铣床	刨插床	拉床	锯床	其他机床
代号	C	Z	T	M	2M	3M	Y	S	X	B	L	G	Q
读音	车	钻	镗	磨	二磨	三磨	牙	丝	铣	刨	拉	锯	其

（二）金属切削加工中的危险因素

切削加工过程会产生大量切屑。切屑可能对操作者造成伤害，如崩碎切屑可能崩溅伤人；带状切屑连绵不断地缠在工件上，会造成伤害事故及损坏已加工的表面，因此必须采取断屑措施。

金属切削过程主要的危险源有：机器传动部件外露时，无可靠有效的防护装置；机床执行部件，如夹卡工具、夹具或卡具脱落、松动，砂轮的缺陷；各类限位与联锁装置或操作手柄不可靠；机床的电器部件出现故障；机床操作过程中的违章作业；工、卡、刀具放置不当；加工超长料时伸出机床尾端的危险件等。

1. 机床设备危险因素

（1）静止状态的危险因素。包括切削刀具的刀刃；特别突出的一些机械部分，如卧式铣床立柱后方突出的悬梁。

（2）直线运动的危险因素。包括纵向运动部分，如外圆磨床的往复工作台；横向运动部分，如升降台铣床的工作台；直线运动的刀具，如带锯床的带锯条。

（3）回转运动的危险因素。包括单纯回转运动部分，如齿轮、轴、车削的工件；回转运动的突起部分，如手轮的手柄；回转运动的刀具，如各种铣刀、圆锯片等。

（4）组合运动危险因素。包括直线运动与回转运动的组合，如皮带与皮带轮、齿条与齿轮的啮合部位；回转运动与回转运动的组合，如相互啮合的齿轮的啮合部位。

（5）飞出物引发的击伤危险。飞出的刀具、工件或切屑都具有很大的动能，容易对人体造成伤害。

2. 不安全行为引发的危险

由于操作人员违反安全操作规程而发生的事故很多，如未戴防护帽而使长发卷入丝杠；未穿工作服使领带或过宽松的衣袖被卷入机械传动部分；戴手套作业被旋转钻头或切屑与手一起被卷入危险部位；在机床运转时，用手调整机床或测量工件，把手肘支撑在机床上，用手触摸机床的旋转部分。

【事故案例】 违规操作被缠绞拽掉两指事故

（1）事故经过 某机械厂车工孙某正在加工一批轴类零件，因为零件比较脏，孙某戴着帆布手套进行操作。这批零件光洁度要求较高，为达到要求，孙某每加工完一件就要用砂布包轴用手握住并左右推行的方法在转机中对轴进行打磨。一次打磨中，右手套被卡盘缠绞，孙某本能地把手往回抽，但两指被拽掉，手腕骨折。

（2）原因分析 因为怕脏孙某违反安全操作规程戴手套操作转动设备，在转机中，又采用较危险的手握砂布包轴打磨法，因长时间打磨零件多次，反复熟练操作中渐渐掉以轻心，戴手套握砂布的手过于靠近转动的卡盘，造成伤害事故。

（三）金属切削安全要求

金属切削机械应满足以下安全要求。

（1）防护罩、屏、栏等应完备、可靠。产生磨屑、切屑和冷却液等飞溅物可能触及人体或造成设备与环境污染的部位，易伤人的机床运动部位（如龙门刨床两端）、伸出通道的超长工件（应设围栏与标识）、机床周围的减振沟、电缆沟、地下油槽、切削坑部位等均应安装相应可靠的防护罩、屏、栏等安全防护装置，并且保证防护装置能够有效、可靠地对危险部位进行防护。

（2）防止夹具与卡具松动与脱落的装置应完好。夹具与卡具结构布局应合理，零部件连接部位应完好可靠，与卡具配套的夹具应紧密协调；易松动的连接部位应有防松脱装置（如安全销、对顶螺母、安全爪、锁紧块）；各锁紧手柄齐全有效（如车床等刀架或尾座锁紧均不能再摇动）。

（3）砂轮有可靠的安全防护装置。砂轮高速旋转可能因破裂而对操作者造成伤害，因此，切削加工所有使用的砂轮都必须安装可靠的防护装置，以便砂轮破碎时将其碎片罩住。

（4）机床应根据操作情况设置安全装置，如超负荷限制装置（超载时自动松开或停车）、行程限位装置（运动部件到预定位置能自动停车或返回）、顺序动作联锁装置（在一个动作未完前，下一个动作不能进行）、意外事故联锁装置（在突然断电时，补偿机构能立即启用或进行机床停车）、紧急制动装置（避免在机床旋转时装卸工件；当发生突然事故时，能及时停止机床运转）、信号报警装置以及光电保护装置等。

（5）操纵杆不得因振动或零件磨损而脱位，操纵手柄应挡位分明，与标示符号图文一致；快速手轮在自动快速进给时能及时脱开；卡爪灵活，卡盘或扳手自由空隙较小且不打滑。

（6）机床本体的各种电气配电线路或配电柜，机床总开关及各电气部件、机构的电气线路等应符合规范。

（7）机床的局部或移动照明必须采用36V或24V安全电压。不论何种电压的照明电源线，均不许只接一根相线后利用床身载流导电。

（8）机床附近应备有专用的排屑器，清除切屑时应使用接屑钩、毛刷或专门的工具，严禁用手直接清除切屑。

（9）严格按操作规程进行操作。

二、车床安全技术

车床是金属切削加工中应用最广泛的一类机床，在一般机加工车间，车床约占机床总数的50%左右。车床是以主轴带动工件旋转作为主运动，刀架带动刀具移动作为进给运动来完成工件与刀具之间的相对运动。

根据车床主轴回转中心线的状态不同，车床分为卧式车床与立式车床两大类。其中卧式车床应用最为广泛。C6132型卧式车床结构如图3-1所示。

1. 车床组成

（1）床身　床身是车床的基础，用来支撑和连接各主要部件并保证各部件之间有严格、正确的相对位置。床身的上面有内、外两组平行的导轨。外侧的导轨用于

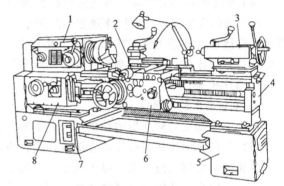

图3-1　C6132型卧式车床
1—主轴箱；2—滑板；3—尾座；4—床身；5—右
床腿；6—溜板箱；7—左床腿；8—进给箱

大滑板的运动导向和定位，内侧的导轨用于尾座的移动导向和定位。床身的左右两端分别支撑在左右床腿上，床腿固定在地基上。

（2）主轴变速箱　主轴箱用于支撑主轴，并使之以不同转速旋转。主轴是空心结构，以便穿过长棒料。主轴右端有外螺纹，用以连接卡盘、拨盘等附件，内有锥孔，用于安装顶尖。

变速箱安装在左床腿内腔中。车床主轴由电动机直接驱动齿轮变速机构，经带传动到主轴箱内，再经变速机构变速，使主轴获得不同的转速。大多数车床的主轴箱和变速箱是合为一体的，称为主轴变速。C6132型车床的主轴箱和变速箱是分开的，称为分离驱动，可减小主轴振动，提高零件的加工精度。

（3）进给箱　进给箱固定在主轴箱下部的床身侧面，用于传递进给运动。改变进给箱外面的手柄位置，可使丝杠或光杆获得不同的转速。

（4）刀架　刀架用来装夹刀具，刀架能够带动刀具作多个方向的进给运动。刀架为多层结构，从下往上分别是床鞍、中滑板、转盘、小滑板和方刀架。方刀架装在小滑板上，小滑板装在中滑板上，床鞍可带动车刀沿床身上的导轨作纵向移动，用来车外圆、镗内孔等；中滑板可以带动车刀沿床鞍上的导轨作横向运动，用来加工端面、切断面、切槽等。小滑板可相对中滑板改变角度后带动刀具斜进给，用来车削内外短锥面。

（5）尾座　尾座装在车身内侧的导轨上，可以沿导轨移动到所需位置，其上可安装顶尖，支撑长工件的后端以加工长圆柱体，也可以安装孔加工刀具加工孔。尾座可横向作少量

的调整，用于加工小锥度的外锥面。

（6）溜板箱　溜板箱与床鞍（纵向滑板）连在一起，它将光杆或丝杠传来的旋转运动通过齿轮、齿条机构（或丝杠、螺母机构）带动刀架上的刀具作直线进给运动。

2. 车削加工危险分析

车削加工的常见危险是由切屑、车床的部件以及工件造成的伤害。

（1）工件、手用工具及夹具、量具放置不当（如卡盘扳手插在卡盘孔内），易造成扳手飞落、工件弹落等伤害事故。

（2）工件及装夹附件没有夹紧，易造成工件飞出伤害事故。

（3）车床周围布局不合理、卫生条件不好、切屑堆放不当等，也易造成剐蹭等伤害事故。

（4）车床保险装置失灵、缺乏定期检修维护等，造成机床事故而引发的伤害。

（5）操作人员违反安全操作规程引起的危险。如未戴防护帽而使长发卷入丝杠；未正确穿戴工作服使衣袖卷入机械转动部位；戴手套作业被旋转钻头或切屑与手绕在一起卷入机器危险部位；车床运转过程中测量工件、用纱布打磨工件毛刺或用手清除切屑等，都易造成手与运动部件相撞。

3. 车削加工的主要安全措施

根据车削加工危险分析的结果，应采取的主要安全措施如下：

（1）为防止崩碎切屑对操作者造成伤害，应在车床上安装活动式透明防护挡板；借助气流或乳化液对切屑进行冲洗，也可改变切屑的射出方向。

（2）为防止车削加工时暴露在外的旋转部分，如装夹工件的拨盘、卡盘、鸡心夹等附件旋转时，其突出部分会钩住操作者衣服或将手卷入转动部分造成的伤害事故，应使用防护罩式安全装置将危险部位罩住。例如，采用安全拨盘等。

（3）为操作人员提供符合相关规范要求的作业环境和劳动防护用品。避免由于机床局部照明不足或灯光刺眼，不利操作者观测，而产生的误操作；教育操作人员正确穿戴劳动防护用品。

（4）加强车床的维护保养，确保设备处于安全的工作状态。防止缺乏定期检修保养、安全装置失灵等引起的伤害事故。

（5）加强安全培训与安全检查，确保严格执行安全操作规程，以杜绝诸如车床运转中用手清除切屑、测量工件或用纱布打磨工件毛刺、工件及装夹附件没有夹紧就开机工作等不安全行为的发生。

三、钻床安全技术

钻床是孔加工的主要机床，主要用于钻孔、扩孔、铰孔及攻螺纹。在车床上钻孔时，工件旋转，刀具作进给运动。而在钻床上加工时，工件不动，刀具作旋转运动，同时沿轴向移动作进给运动。主要类型有台式钻床、立式钻床、摇臂钻床、深孔钻床等。下面重点介绍摇臂钻床（见图3-2）。

1. 摇臂钻床组成

摇臂钻床是一种摇臂能沿立柱上下移动同时可绕立柱

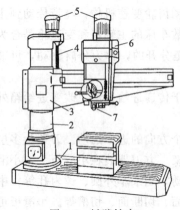

图 3-2　摇臂钻床

1—底座；2—立柱；3—摇臂；

4—丝杠；5—电动机；

6—主轴箱；7—主轴

旋转 360°，主轴箱还能在摇臂上作横向移动的钻床，由底座、立柱、摇臂、丝杠、主轴箱、主轴等构成。工件固定在底座 1（见图 3-2）的工作台上，主轴 7 的旋转和轴向进给运动由电动机通过主轴箱 6 实现。主轴箱 6 可在摇臂 3 的导轨上横向移动，摇臂借助电动机 5 及丝杠 4 的传动，可沿立柱 2 上下移动，这样可方便地将刀具调整到所需的工作位置。

摇臂钻床适用于大型工件、复杂工件及多孔工件上孔的加工。

2. 钻削加工危险分析

钻床加工的主要危险来自旋转的主轴、钻头、钻夹以及随钻头一体旋转的长螺旋形切屑。

（1）旋转的钻头、钻夹及切屑易卷住操作者的衣服、手套和头发，会造成严重的伤害事故。

（2）若工件装夹不牢，在切削力作用下，工件松动歪斜，甚至随钻头一起旋转而伤人。

（3）切削中用手清除切屑、用手触摸钻头、主轴等而造成伤害事故。

（4）卸下钻头时，用力过猛过大，钻头突然落下而造成砸伤脚的伤害事故。

3. 钻削加工主要安全措施

根据钻削加工危险分析的结果，应采取的主要安全措施如下：

（1）转动的主轴、钻头四周设置圆形可伸缩式防护网。

（2）各运动部件设置性能可靠的锁紧装置，台钻的中间工作台、立钻的回转工作台、摇臂钻的摇臂及主轴箱等，钻孔前都应确保锁紧。

（3）使用摇臂钻床时，在横臂回转范围内不准站人，禁止堆放障碍物；钻孔前横臂必须紧固。

（4）钻深孔时要经常抬起钻头排屑，以防止钻头被切屑挤死而折断；工作结束时，应将横臂降到最低位置，主轴箱靠近立柱，以防伤人。

（5）正确穿戴劳动防护用品。落实诸如袖口扎紧、长发挽入工作帽内、操作人员严禁戴手套等项要求。

【事故案例】 某年 4 月 23 日，陕西一煤机厂职工吴某正在摇臂钻床上进行钻孔作业。测量零件时，吴某没有关停钻床，只是把摇臂推到一边，就用戴手套的手去搬动工件，这时，飞速旋转的钻头猛地绞住了吴某的手套，强大的力量拽着吴某的手臂往钻头上缠绕。吴某一边喊叫，一边拼命挣扎，等其他工友听到喊声关掉钻床，吴某的手套、工作服已被撕烂，右手小拇指被绞断。

四、磨床安全技术

磨床是以磨料磨具（如砂轮、油石、研磨料）为工具对工件进行微量切削加工的机床。磨削加工的应用范围很广，能完成外圆、内孔、平面以及齿轮、螺纹等成型表面的精加工，也可进行粗加工、切割加工的作业。磨床可分为万能外圆磨床、普通外圆磨床、内圆磨床、平面磨床、工具磨床以及专用磨床等。下面简单介绍 M1432A 型万能外圆磨床（见图 3-3）。

1. 磨床组成

床身 1（见图 3-3）用来装夹各部件，上部装有工作台和砂轮架，内部装置液压传动系统。床身上的纵向导轨供工作台移动用，横向导轨供砂轮移动用。工作台 2 靠液压驱动，沿床身的纵向导轨作直线往复运动，使工作台实现纵向进给。头架 3 上有主轴，主轴端部可以装夹顶尖、拨盘或卡盘，以便装夹工件；头架可在水平面内偏转一定的角度。尾架 7 的套筒

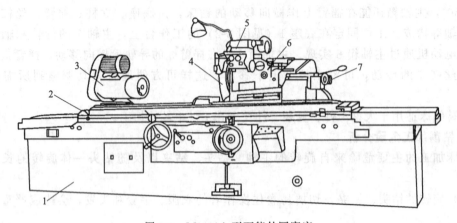

图 3-3　M1432A 型万能外圆磨床

1—床身；2—工作台；3—头架；4—砂轮；5—内圆磨头；6—砂轮架；7—尾架

内有顶件，用来支撑工件的另一端。砂轮架 6 用来装夹砂轮，并有单独电动机，通过皮带传动带动砂轮高速旋转。砂轮旋转运动是磨削加工的主运动。

2. 磨削加工的特点

从安全卫生角度分析，磨削加工具有以下几个特点。

（1）磨具的运动速度高　普通磨削速度可达 30～35m/s；高速磨削可达 45～60m/s，甚至更高。它是一般金属切削刀具速度的十几倍到几十倍。

（2）磨具的非均质结构　磨具是由磨粒、结合剂和孔隙三要素组成的复合结构，其结构强度大大低于由单一均匀材质组成的一般金属切削刀具。

（3）磨削的高热现象　磨具的高速运动、磨削加工的多刃性和微刃性，使磨削区产生大量的磨削热，这不仅容易烧伤工件，而且高温还可使磨具本身发生物理、化学变化，降低磨具强度。

（4）磨具的自砺作用　在磨削过程中，随磨粒的钝化使磨削力增大。在磨削力作用下，或磨粒自身脆裂部分脱落露出尖锐部分；或整个钝粒脱落露出锋利的新磨粒，这种现象称为磨具的自砺作用。磨具的自砺作用，以及为保持磨具的正确形状而进行的修整，都会产生大量磨削粉尘。

3. 磨削加工危险分析

由于磨具的特殊结构和磨削的特殊加工方式，存在的危险有害因素会危及操作者的安全和身体健康。

（1）机械伤害　磨床的运动零部件若不加防护或防护不当，夹持不牢的加工件甩出，操作者与高速旋转的磨具触碰，均可造成伤害事故。磨具的运动速度高以及非均质结构的特点决定了砂轮破裂的可能性。当砂轮以高于砂轮的安全圆周线速度旋转时，发生因离心力作用而破裂的概率就非常大。砂轮一旦破裂而无防护措施，则高速运动的碎块飞出就可能造成严重的事故。因此，砂轮的安全圆周线速度就是一个非常重要的参数。事实上，砂轮的强度就是以砂轮的安全圆周线速度作为标志，它表明当砂轮以不超过该速度旋转时，不会因离心力作用而使砂轮破坏。

（2）噪声危害　磨床属于高噪声机械，磨削噪声来自多因素的综合作用，除了磨削机械自身的传动系统噪声、干式磨削的排风系统噪声和湿式磨削的冷却系统噪声外，磨削加工的切削比能大、速度高是产生磨削噪声的主要原因。在进行粗磨、切割、抛光和薄板磨削作业，以及使用风动砂轮机时，噪声更大，有时甚至高达 115dB（A）以上。噪声会对操作者听力造成损伤，严重者导致噪声聋。

（3）粉尘危害　磨削加工是微量切削，切屑细小，加上磨具的自砺作用，会产生大量的微细粉尘。据测定，干式磨削产生的粉尘中小于 $5\mu m$ 的颗粒平均占 90.3%，很容易被吸入到人体肺部。长期大量吸入磨削粉尘会导致肺组织纤维化，引发尘肺病。

（4）磨削液危害　湿式磨削采用磨削液以改善磨削的散热条件，对防止工件表面烧伤和裂纹，冲洗磨屑，减少摩擦，降低粉尘有很重要的作用。但有些种类的磨削液及其添加剂对人体有不良影响，长期接触可引起皮炎；油基磨削液的雾化会使操作环境恶化，损伤人的呼吸器官。

此外，研磨用的易燃稀释剂、油基磨削液及其雾化、磨削时产生的火花，特别是磨削镁合金，上述物质及作业过程均可导致火灾的危险性增大，必须高度重视。

机械伤害危险主要存在于操作区，而粉尘、噪声等危害还会影响磨床周围的环境。在所有危害中，磨具破坏砂轮碎块飞甩打击伤人，是磨削机械最严重的伤害事故。因此，砂轮的安全是磨削加工防护的重点。

4. 磨削加工主要安全措施

（1）砂轮破碎导致碎片高速飞出伤人，后果严重，构成磨削事故的主要危险源。砂轮的安全仅靠砂轮自身的强度和砂轮卡盘一定限度的保护作用还远不够，必须设置具有足够强度、开口角度合理的砂轮防护罩。只有安装符合要求的砂轮防护罩的磨床才能使用。

砂轮防护罩的功能是在不影响加工作业情况下，将人员与运动砂轮隔离，并当砂轮破坏时，有效地罩住砂轮碎片，保障人员安全。在正常磨削时，防护罩还可在一定程度上限制磨屑、粉尘的扩散范围，阻挡磨屑火花或磨削液飞溅。

砂轮防护罩一般由圆周构件和两侧面构件组成，将包括砂轮、砂轮卡盘、砂轮主轴端部在内的整个砂轮装置罩住。防护罩有一定形状的开口，开口位置和开口角度的设置，在充分考虑操作人员安全的前提下，应满足不同磨削加工的需要。防护罩应满足以下安全技术要求。

① 材料和壁厚。防护罩必须有抗砂轮碎片冲击的足够强度，所用材料的抗拉强度不得低于 415MPa。防护罩材料优先选用压延钢板，钢板壁厚尺寸一般总是圆周构件厚度 $A \geqslant$ 侧面构件厚度 B（见表 3-2）；可锻铸铁的相应壁厚尺寸是压延钢板的 2 倍；灰铸铁的相应壁厚尺寸是压延钢板的 4 倍。高速砂轮防护罩内壁应装备吸能缓冲材料层（如聚氨酯塑料、橡胶等），以减弱砂轮碎片对罩壳的冲击。

表 3-2　固定式砂轮防护罩壁厚尺寸　　　　　　　　mm

砂轮速度 m·s⁻¹	砂轮防护罩壁厚 \ 砂轮直径	≤150 A	≤150 B	>150~200 A	>150~200 B	>200~300 A	>200~300 B	>300~400 A	>300~400 B	>400~500 A	>400~500 B	>500~600 A	>500~600 B	>600~750 A	>600~750 B	>750~900 A	>750~900 B	>900~1250 A	>900~1250 B
≤35	≤50	2	2	2.5	2	3	2.5	4	3	5	4	6	5	7	5	8	5	9	6
≤35	>50~100	3	2	4	2.5	5	3	5	4	6	5	7	6	8	6	9	6	10	7
≤35	>100~160	4	3	5	3	6	4	7	5	8	6	9	6	10	7	11	7	12	8
>35~50	≤50	3	2	4	2.5	5	3	6	5	7	6	8	6	9	7	11	7	12	8
>35~50	>50~100	5	3	6	4	7	4	8	6	9	7	10	7	11	8	12	8	14	9
>35~50	>100~160	6	4	7	4	8	5	9	6	10	7	11	8	12	9	14	9	16	10

续表

砂轮速度 m·s⁻¹ / 防护罩壁厚 / 砂轮直径	≤150		>150~200		>200~300		>300~400		>400~500		>500~600		>600~750		>750~900		>900~1250	
	A	B	A	B	A	B	A	B	A	B	A	B	A	B	A	B	A	B
>50~63 ≤50	4	3	5	3	6	4	7	5	8	6	10	7	12	8	14	9	16	10
>50~100	6	4	7	5	8	6	10	6	10	7	12	8	14	9	15	10	18	12
>100~160	7	5	8	6	10	7	12	8	12	8	14	9	15	10	18	12	20	14
>160~200	10	7	12	8	14	9	15	10	15	10	18	12	20	14	22	14	24	16
>200~250	14	9	15	10	16	12	18	12	18	12	22	14	24	16	26	18	28	20
>250~400	15	10	18	12	20	14	22	14	24	16	26	18	28	20	30	22	32	22
>400~500	18	12	20	15	24	16	24	16	28	18	30	20	32	22	34	24	36	25
>63~80 ≤50	5	3	7	5	8	5	10	7	11	8	13	10	15	10	18	12	20	14
>50~100	7	5	8	6	10	7	12	8	14	10	15	10	18	12	20	14	24	16
>100~160	10	7	12	8	13	10	15	10	16	10	18	12	20	14	22	15	25	18
>160~200	12	8	14	10	16	12	18	12	18	14	22	15	24	16	26	18	28	20
>200~250	14	10	16	12	18	13	20	15	20	15	22	18	25	18	28	20	30	22
>250~400	18	13	20	14	24	16	28	18	28	20	30	22	32	24	34	24	36	26
>400~500	20	15	22	16	25	18	28	20	30	22	32	24	34	25	36	26	40	28

② 最大安全开口尺寸限制。最大安全开口尺寸的限制分为总开口度和中心水平线以上部分开口度两个要求。总开口度愈小，砂轮破碎时的冲击域就愈小；水平线上部开口度愈小，对人体重要部位（如头、胸部）伤害的概率就愈小，防护罩的安全性能愈易于实现。常用砂轮防护罩的最大允许开口度见图 3-4。

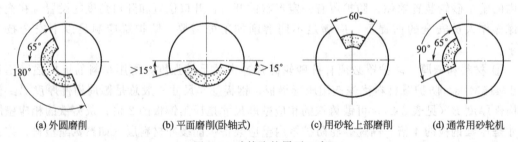

(a) 外圆磨削　　(b) 平面磨削(卧轴式)　　(c) 用砂轮上部磨削　　(d) 通常用砂轮机

图 3-4　砂轮防护罩开口度

③ 防护罩与砂轮的安全间隙。砂轮与防护罩之间的距离是保证防护罩任何部位不得与砂轮装置各运动部件接触，防护罩开口边缘与砂轮卡盘外侧面间隙应小于 15mm。

手工磨削砂轮机的防护板和工件托架与砂轮的间隙应可调。防护板与砂轮圆周表面间隙应小于 6mm。托架台面与砂轮主轴中心线等高，托架与砂轮圆周表面间隙应小于 3mm（见图 3-5）。

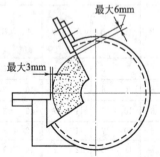

图 3-5　砂轮防护罩结构简图

(2) 在磁力吸盘上装键、薄臂环、垫圈等小尺寸的工件时，四周应加长条形挡铁围栏，以防因磁力小，工件在磨削力作用下挤碎砂轮或工件飞出伤人。

(3) 设置局部通风除尘净化系统，以减小磨削粉尘对作业环境的污染和对操作人员的危害。

（4）针对磨削加工产生的噪声，可通过选用低噪声的油泵和降低油泵电机的转速，使用低噪声的溢流阀及浸油型电磁阀等措施降低噪声。

（5）加强个人安全卫生防护。在干式磨削作业中，操作者应采用佩戴护目镜、固定防护屏等措施保护眼睛；对于移动式砂轮作业不便使用通风设施时，应避免长时间操作，并配备防尘口罩等个人防尘呼吸用品；对于存在重金属污染的磨削加工，应配备防护服、完善的洗涤设备和必要的医疗保健。

五、铣床安全技术

铣床是以作旋转运动的多刃刀对作直线运动的金属工件进行铣削加工的机床。通常铣削的主运动是铣刀的旋转运动。可用来加工水平面、阶梯面、沟槽及各种成型面，其生产率比刨床高。

铣床的主要类型有卧式铣床、立式铣床、龙门铣床等。下面介绍万能卧式铣床。

1. 卧式铣床组成

卧式铣床是一种主轴水平布置的升降台铣床（见图3-6）。床身1用来固定和支撑铣床上所有的部件。主轴4用以安装铣刀并带动铣刀运动。横梁5上面装有吊架，用来支撑刀杆外伸的一端，以增加刀杆的刚度。纵向工作台8用来安装工件或夹具，并可沿转台上面的水平导轨作纵向移动。转台9的作用是能将纵向工作台在水平面内扳转一定角度，以便铣削螺旋槽等。横向工作台10位于升降台11上面的水平导轨上，可带动纵向工作台作横向移动。升降台11可沿床身的垂直导轨上下移动，以调整工作台面到铣刀的距离。

2. 铣床加工危险分析

高速旋转的铣刀和铣削中产生的振动及飞屑是主要的不安全因素。

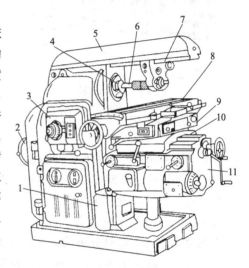

图3-6　X6132万能卧式铣床
1—床身；2—电动机；3—主轴变速结构；
4—主轴；5—横梁；6—刀杆；7—吊
梁；8—纵向工作台；9—转台；
10—横向工作台；11—升降台

（1）铣床运转时，用手清除切屑，调整冷却液，测量工件等，均可能使手触到旋转的刀具而受到伤害。

（2）操作人员操作时没有带护目镜，被飞溅切屑伤眼，或手套、衣服袖口被旋转的刀具卷进而造成严重伤害事故。

（3）工件夹紧不牢，铣削中松动，用手去调整或紧固工件，工件在铣削中飞出，可造成伤害事故。

（4）在快速自动进给时，手轮离合器没有打开，可造成手轮飞转打人事故。

（5）铣削为多刃切削，铣床运转时产生的振动和噪声对操作人员的健康产生不良影响。

3. 铣床加工主要安全措施

（1）为防止铣刀伤手事故发生，可在旋转的铣刀上安装活动式防护罩。

（2）为减小铣床的振动，多数铣床的主轴都装有飞轮。对卧式铣床，可在铣床悬梁上采用防振装置。在悬梁的空腔内，充满和黏稠油混合在一起的大小不同的钢球，可起到很好的减振作用。

（3）高速铣削时，在切屑飞出的方向必须安装合适的防护网或防护板，可防止飞屑烫人事故。

（4）操作者作业时要戴防护眼镜，铣削铸铁零件时要戴口罩。

六、刨床安全技术

刨床就是在刀具与金属工件的相对直线往复运动中，实现刨削加工的机床，用于加工各种平面和各种沟槽。主要类型有牛头刨床、龙门刨床。

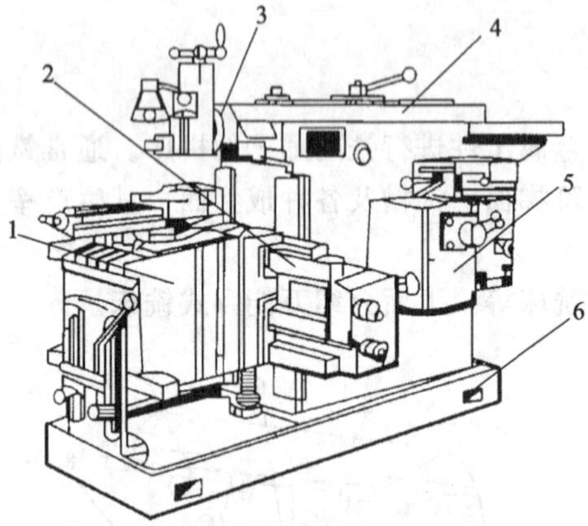

1. 牛头刨床组成

牛头刨床的结构如图3-7所示，工件安装在工作台1上，工作台1在滑座2上作横向进给运动，进给是间歇运动。底座6上装有床身5，滑枕4上带着刀架3作往复运动。滑座2可在床身上升降，以适应加工不同高度的工件。

2. 刨床加工危险分析

（1）直线往复运动部件（如牛头刨床滑枕、龙门刨床工作台）发生飞车而导致的撞击、夹挤等伤害事故。

（2）工件未固定牢靠而移动，甚至滑出而导致的伤害事故。

图 3-7　牛头刨床

1—工作台；2—滑座；3—刀架；
4—滑枕；5—床身；6—底座

（3）飞出的切屑导致的伤眼事故。

（4）装拆工件、调整刀具、测量和检查工件操作不当，或操作时站在牛头刨床的正前方等，导致被刀具、滑枕伤害的事故。

3. 刨床加工主要安全措施

根据对刨床加工危险分析的结果，为保证刨削加工中的安全，可采取以下安全措施：

（1）为防止高速切削时，刨床工作台飞出造成伤害事故，应设置限位开关、液压缓冲器或刀具切削缓冲器。

（2）开车前，横梁、工作台位置必须提前调整好，以防开车后工件与滑轨或横梁相撞。

（3）工件、刀具和夹具装夹要牢靠，以防切削中产生工件"移动"，甚至滑出以及刀具损坏或折断，造成设备或人身事故。

（4）机床运转中，不允许装卸工件、调整刀具、测量及检查工件，以防止被刀具、滑枕撞击。

（5）牛头刨床工作台或龙门刨床刀架座快速移动时，应将手柄取下或脱开离合器，以免手柄快速转动或飞出伤人。

（6）在龙门刨床上设置固定式或可调式防护栏杆，以防止工作台撞击操作者或将操作者压向墙壁或其他固定物。

第二节　金属热加工安全技术

金属热加工一般是指铸造、锻造、焊接和热处理等金属加工工艺。其特点是生产过程中常伴随着高温、有害气体、粉尘和噪声等，劳动条件恶劣。因此，在热加工工伤事故中，烫伤、喷溅和砸碰等伤害占到较高比例。

一、铸造安全技术

铸造是通过制造铸型，熔炼金属，再把金属熔液注入铸型，经凝固和冷却，从而获得所需铸件的成型方法。它可以生产出外形从几毫米到几十米、质量从几克到几百吨、结构从简单到复杂的各种铸件。铸造生产中的铸型是用来容纳金属熔液，使金属液按照它的型腔形状凝固成型，从而获得与其型腔形状一致的铸件。常用的铸型，按造型材料的不同可分为砂型和金属型，常用的铸造方法有砂型铸造和特种铸造两大类。其中，特种铸造中又包括熔模铸造、金属型铸造、压力铸造、低压铸造、离心铸造等多种铸造方法。砂型铸造是应用最广泛的一种铸造方法。

铸造生产过程包括制作木模型、配砂、制芯、造型、合箱、炉料准备、金属熔化、浇注、落砂及清砂等工序。

（一）铸造生产特点及危险分析

1. 铸造生产特点

（1）手工劳动量大，劳动条件差。如砂型铸造中的大部分工序要靠手工劳动完成。

（2）高温、粉尘以及噪声危害严重。如冲天炉化铁、铁水浇注等都存在高温危害，操作不慎就有被铁水烫伤的可能。配砂、落砂及清砂等工序粉尘危害都很严重。造型机的强烈振动和风动工具的高频率撞击声等可构成严重的噪声危害。

（3）材料用量大，易造成伤害事故。

（4）烟尘和有害气体污染严重。铸铁熔化、有色金属熔化过程中产生大量粉尘及一氧化碳等有害气体。

2. 铸造生产中危险分析

（1）由于工作环境恶劣，所以易发生砸碰伤、坍塌及触电事故。

（2）在运输和加工过程中，作业区会产生大量粉尘，落砂清理过程中的粉尘更多。在铸钢清砂中含有危害较大的矽尘，如果排尘措施不得力，往往会使工人患粉尘沉着症甚至铸工尘肺，严重影响工人健康，其中的铸工尘肺是国家职业病目录所列职业病之一。

（3）在金属熔化工序中，冲天炉、电炉产生的烟气中含有大量对人体有害的一氧化碳，在烘烤砂型或泥芯时也有一氧化碳气体排出。国家规定，（海拔 2000m 以下的非高原地区）生产厂房内一氧化碳的时间加权平均容许浓度为 $20mg/m^3$。一氧化碳气体极易引发急性中毒事故。

（4）利用焦炭熔化金属以及铸型、浇包、砂芯干燥和浇注过程中会产生二氧化硫气体，易引起呼吸道疾病。

（5）铸造车间使用的振实造型机、铸件打箱时使用的振动器，以及在铸件清理工序中，利用风动工具清铲毛刺，利用滚筒清理铸件等过程都会产生很大的噪声和振动。

（6）在熔化、浇注、落砂工序中都会散发出大量的热量。在夏季，车间温度会达到 40℃甚至更高，对工作人员健康或工作极为不利。特殊的工作环境也容易造成烫伤事故。

（7）易发生火灾和爆炸。

（二）铸造主要安全技术措施

依据铸造生产的特点及危险分析的结果，可知铸造车间存在较多的危险有害因素。为实现安全生产，必须从多方面采取安全技术措施。

1. 工艺要求

（1）为控制作业场所空气中粉尘的浓度，凡产生粉尘污染的定型铸造设备（如混砂机、筛砂机、带式运输机等）应配置密闭罩；型砂准备及砂的处理应密闭化、机械化。输送散料状干物料的带式运输机应设封闭罩。混砂宜采用带称量装置的密闭混砂机。炉料准备的称量、送料及加料应采用机械化装置。

（2）改进各种加热炉窑的结构、燃料和燃烧方法，以减少烟尘污染。回用热砂应进行降温去灰处理。

（3）工艺操作在工艺允许的条件下，应采用湿法作业。落砂、打磨、切割等操作条件较差的场合，宜采用机械手遥控隔离作业。

2. 建筑要求

铸造车间除设计有局部通风净化装置外，还应利用天窗排风。熔化、浇注区以及落砂、清理区应设避风天窗。

3. 通风除尘

（1）炉窑。

① 电弧炉。排烟宜采用炉外排烟、炉内排烟、炉内外结合排烟。通风除尘系统的设计参数应按冶炼氧化期最大烟气量考虑。电弧炉的烟气净化设备宜采用干式高效除尘器，如袋式除尘器、电除尘器，不宜采用湿式除尘器。

② 冲天炉。冲天炉的排烟净化宜采用机械排烟净化设备，包括高效旋风除尘器、颗粒层除尘器、电除尘器。

（2）破碎与碾磨设备。颚式破碎机上部直接给料且落差小于1m时，可只做密闭罩而不排风。不论上部有无排风，当下部落差大于等于1m时，下部均应设置排风密封罩。球墨机的旋转滚筒应设在全密闭罩内。

（3）砂处理设备、筛选设备、输送设备及制芯、造型、落砂及清理、铸件表面清理等均应采取通风除尘措施。

【铸造事故案例】 2007年8月19日，某集团所属铝母线铸造分厂发生铝水外溢伤害事故，事故造成16人死亡，59人受伤（其中13人重伤）。这次事故发生的主要原因是：铝母线铸造分厂一台混合炉在铸母线过程中，由于职工操作不当，导致出铝口内衬脱落，致使30t高温铝液流出炉外，进入铸造机下的循环水箱释放大量热能，并引发剧烈爆炸。

二、锻造安全技术

锻造是在加压设备及工（模）具的作用下，对金属坯料施加压力，使其产生塑性变形，以获得具有一定形状、尺寸和质量的锻件的加工方法。它可以通过一次或多次加压，使处于热态或冷态的金属和合金产生塑性变形。一般加工过程包括：切割下料、加热、锻造、热处理、清理、检验等。除少数具有良好塑性的金属可在常温下锻造外，大多数金属都应加热后锻造成型。将金属加热，能降低其变形抗力，提高其塑性，并使内部组织均匀，以便达到用较小的锻造力获得较大的塑性变形而不破裂的目的。

锻造分自由锻和模锻两类。

自由锻是利用冲击力或压力使加热后的金属坯料在上下砧之间产生变形，从而得到一定形状及尺寸的加工方法。自由锻的锻件大小几乎不受限制，对于大型锻件，自由锻是唯一可行的加工方法。通常适用于单件及小批量生产。

模锻是将加热后的金属放在固定于模锻设备上的锻模内，锻造成型的加工方法。受模锻设备的影响，模锻件的重量不能太大，特别适合于小型锻件的大批量生产。在国防工业和机械制造业中，模锻比自由锻应用更为广泛。

（一）锻造生产特点及危险分析

从职业安全卫生角度分析，锻造生产有如下特点及危害。

1. 高温

通常是在金属坯料加热至 $800\sim1200℃$ 左右的高温下进行锻造加工，且存在大量的手工作业，容易发生烫伤和灼伤事故。由于锻造车间温度较高，且劳动强度也较大，会出现高温中暑现象。

轻度的高温中暑常出现出汗、口渴、全身无力、头晕、注意力不集中等症状；严重时会发生恶心、呕吐、血压下降、脉搏细弱而快，甚至出现昏迷或痉挛等症状。

2. 热辐射

操作人员长期在强辐射热的环境中工作，如防护不当，将不可避免受到热辐射伤害，特别是红外线辐射引起的伤害。

红外线辐射引起的典型伤害是白内障，为高温工件放射的红外线所致的眼晶状体损伤。职业性白内障是国家职业病目录所列职业病之一。

3. 高动能

（1）机械伤害。锻造加工时锻锤高速锤击坯料，操作人员同时又在快速翻转和移动工具和坯料，如操作或调整不当，会造成工件被打飞、模具损坏而飞出伤人。

（2）噪声和振动。锻锤高速锤击坯料时，将伴随强烈的噪声和振动。坯料拔长时，两端通常会翘起，弯料再送进锻锤后，锤击时两端抖动而容易将掌钳的手腕振伤。加工过程的巨大能量会使得作业现场的地基振动，同时会导致现场作业人员的全身振动。

振动（特别是局部振动）会对人体造成如下危害：

① 导致末梢神经、末梢循环、末梢运动机能障碍，出现发作性白指、手麻、手痛等症状。

② 导致中枢神经系统机能障碍，出现神经衰弱、手掌足底多汗等症状。

③ 导致骨关节及肌肉发生病变。出现如骨刺、颈椎增生、腰椎增生、肌肉萎缩等症状，还可能引起肌膜炎、腱鞘炎等病变。

④ 导致其他系统症状。心血管系统可能出现心慌、胸闷、心律不齐、血压升高等症状，消化系统可能出现腹痛、消化不良、食欲不佳等症状。

手臂振动病是国家职业病目录所列职业病之一。

4. 作业环境差

加热各种坯料的加热炉因燃料的燃烧而散发出大量烟尘和有毒有害气体，严重污染和恶化了作业环境，使劳动条件变差。

（二）锻造主要安全技术措施及操作安全要求

锻造安全技术总的来讲包括锻锤使用安全技术、锻工操作安全技术以及锻造车间作业环境的安全要求等。锻锤应采用操作机或机械手操作，防止热锻件氧化皮等飞出伤人；操作人员与气锤司机座前应设置隔离防护罩，防止烫伤并隔热。

为保证作业人员的安全健康，应采取必要的技术措施，操作人员应遵守安全操作要求。

（1）在离合器和制动系统中，应当有安全保险装置，以便发生故障时能立即停车。

（2）严格控制加热炉的温度和坯料的加热时间，避免产生过热或过烧现象，防止锻锤因打击过热或过烧的金属可能发生锻件破裂而飞出伤人，另外在可能飞出的方向加防护挡板。

（3）在锻造加工、调换模具或局部进行检修时，具有防止锻锤突然跌落造成伤害事故的保护措施，例如可以安装支架式支撑装置。用脚踏板启动的锻锤，为防止非操作人员或偶然落下物触碰脚踏板造成意外启动，要在脚踏板的上部或两侧设置防护罩。

（4）掌钳工操作时，不得将手指放在两钳柄之间，更不能把钳柄抵住腹部或其他部位，以防钳子突然飞出造成的伤害。使用吊车传送大件时，挂链和吊钩应用保险装置钩牢，防止脱落。

（5）严禁用手或脚直接去清除砧面上或模膛里的氧化皮，当用压缩空气吹扫氧化皮时，对面不得站人。严禁将身体任何部位进入锤头下方。

（6）加热炉要具备良好的通风除尘设施，以便将粉尘、炉烟以及热空气排至室外。

（7）车间主要通道应保持畅通，不得将热锻件或工具放在通道上。锻件应堆放在指定的地方，并且不宜堆放过高。

（8）采取有效措施消减噪声和振动。

（9）提供符合标准要求的个人防护用品，如安全帽、隔热工作服、护目镜、耳塞、耳罩等。

三、焊接安全技术

焊接是通过加热或加压，或两者并用，并且用（或不用）填充材料，使焊件达到原子结合的一种加工方法。焊接主要用来连接金属，常用于金属结构件的生产。焊接方法种类很多，常用的有熔融焊、压力焊、钎焊。机械制造业中常用的是属于熔融焊的电焊、气焊与电渣焊，其中尤以电焊应用最广。

（一）电焊的危险分析及主要安全技术措施

电焊又分为电阻焊与电弧焊两类。电阻焊是利用大的低压电流通过被焊件时，在电阻最大的接头处（被焊接部位）引起强烈发热，使金属局部熔化，同时机械加压而形成的连接；电弧焊是利用电焊机的低压电流，通过电焊条（为一个电极）与被焊件（为另一个电极）间形成的电路，在两极间引起电弧来熔融被焊接部分的金属和焊条，使熔融的金属混合并填充接缝而形成的。

1. 电焊的危险分析

所有电焊工艺共同的主要危险是触电。电焊发生触电的危险性主要有以下几方面。

（1）焊机电源线的电压比较高（220/380V），人体一旦触及，就会造成触电事故。

（2）焊机的空载电压虽然不高（60～90V），但已超过安全电压，在潮湿、水下和阴雨天等条件下，一旦接触同样有可能使触电者伤亡。

在电焊过程中，操作者触及空载电压的机会较多（如更换焊条、清理工件和调节焊接电流等），事实上，电焊的触电伤亡事故，大多是由于触及空载电压造成的。

（3）电焊机和电缆在工作过程中由于腐蚀及机械性损伤等，容易造成绝缘层的老化、变质、硬化龟裂或破损，从而因漏电引发触电事故。

（4）在锅炉、船舱或管道、金属容器内进行电焊操作时，由于作业空间狭小、金属电导率大或潮湿等原因，触电危险性较大。

（5）焊接时，人体直接受到弧光辐射（主要是紫外线和红外线的过度照射）时，可造成眼睛和皮肤的损伤。

如手工电弧焊的电弧温度高达6000℃以上，在此温度下产生强烈的电焊弧光，主要是强烈的可见光和不可见的紫外线和红外线。

电焊弧光产生的短波紫外线，能引起暴露者角膜炎和角膜溃疡，即电光性眼炎，是国家职业病目录所列职业病之一。而中波紫外线可引起暴露皮肤的强烈刺激，长期接触会患电光性皮炎。电光性眼炎和电光性皮炎均是国家职业病目录所列职业病。电焊弧光产生红外线可导致职业性白内障。

（6）电流的热效应可引起电气火灾或爆炸，以及灼烫等工伤事故。

（7）电弧焊时，会产生大量的电焊烟尘。电焊烟尘是由于高温使焊药、焊条芯和被焊接材料熔化蒸发，逸散在空气中氧化冷凝而形成的颗粒极细的气溶胶。电焊烟尘可因使用的焊条不同有所差异。以使用 T422 焊条焊接为例，电焊烟尘成分主要为氧化铁，还有二氧化锰、非结晶型二氧化硅、氟化物、氮氧化物、臭氧、一氧化碳等；使用 507 焊条时，除上述成分外，还有氧化铬、氧化镍等。这些电焊烟尘会导致多种危害。主要包括电焊工尘肺、电焊烟热以及锰中毒等。

电焊工尘肺系工人长期吸入高浓度电焊烟尘而引起的慢性肺纤维组织增生为主的损害性疾病。电焊工尘肺是一种混合性尘肺。电焊工尘肺发病缓慢，发病工龄一般在 10 年以上，范围在 15～20 年，最短发病工龄为 4 年左右。临床症状轻微，在 X 线胸片上已有明确征象时，可无明显自觉症状和体征。随着病情进展，特别是并发肺气肿、支气管扩张或支气管炎时，可出现相应临床症状，如气短、咳嗽、胸闷、胸痛等。电焊工尘肺早期肺功能常属正常范围。并发肺气肿等疾病时，肺功能才相应地减低。病程一般进展缓慢，少数病例在脱离焊接作业后，病情可逐渐减轻。在长期从事接触高浓度焊烟作业时，少数病例也可发生叁期尘肺。总体而言，电焊工尘肺，一般发展缓慢，不影响寿命，主要控制并发症及合并症。

电焊烟热也称焊工热，是金属烟热的一种，由吸入金属氧化物所致的以骤起体温升高和血液白细胞计数增多为主要表现的全身性疾病，常在接触金属氧化物烟后 6～12h 即可发病，有头晕、乏力、胸闷、气急、肌肉关节酸痛，以后发热，白细胞增多，重症者有畏寒、寒战的症状。电焊烟热在使用低氢型碱性焊条焊接时，电焊烟热较为常见。

此外，在通风不良场所如船舱、锅炉或密闭容器内施焊，长期吸入含锰的烟尘可发生锰中毒。

电焊工尘肺、电焊烟热（金属烟热）以及锰中毒均是国家职业病目录所列职业病。

2. 电焊的主要安全技术措施

电焊安全技术措施主要包括电焊设备安全、电焊工具安全以及职业危害防护三个方面。

（1）电焊设备安全技术措施　交流焊机、旋转式直流弧焊机和焊接整流器等是电焊作业的主要设备，应采取下列安全技术措施：

① 焊机有保护性接地或接零；

② 弧焊机有空载自动断电保护；

③ 严格遵守电焊设备使用安全规程。

（2）电焊工具安全　焊钳、焊枪和焊接电缆是电焊作业的主要工具，应符合其相应的安全要求。

① 电焊钳与焊接电缆应连接可靠。

② 电焊钳及焊接电缆的绝缘符合要求。

（3）职业危害防护措施

① 提供并正确使用镶有护目镜片防护面罩，保护眼睛及面部不受伤害。

② 提供并正确穿戴防护服、防护手套、防护鞋等防护用品，保护皮肤不受伤害。

③ 作业现场确保通风良好，必要时提供局部排风净化装置，尽可能选择使用尘毒危害少的焊条，尽可能降低作业现场空气中的尘毒浓度；提供并正确佩戴防尘、防毒口罩、防毒

面具等个人防护用品。

④ 在属于高处作业的作业现场，提供并正确使用防坠落防护装置。

【电焊作业事故案例】 某机械厂结构车间，招聘了一名电焊辅助工，未进行安全生产教育和培训，即安排至车间跟随一名有证焊工进行焊接辅助作业。一天下雨，该名辅助工穿的布鞋已全部潮湿，当其到生产车间用右手合电焊机电闸，左手扶焊机一瞬间，即大叫一声倒在地上，送医院抢救无效死亡。

该名辅助工因未进行安全生产教育和培训，缺少对电焊作业危险性的认识，在电焊机接地失灵，机壳带电，自身未穿绝缘鞋的情况下进行送电，造成了触电事故的发生。

（二）气焊与气割的危险分析及安全技术措施

气焊是利用可燃气体与氧气混合燃烧的火焰加热金属的一种熔化焊，常用可燃气体为乙炔气；气割是利用可燃气体与氧气混合燃烧的预热火焰，将金属加热至燃烧点，并在氧气射流中剧烈燃烧而将金属分开的加工方法，气割过程实际上是被切割金属在纯氧中的燃烧过程，而不是熔化过程，常用可燃气体为乙炔或液化石油气。

火灾和爆炸是气焊和气割的主要危险，此外还有尘毒危害。

气焊与气割所用的乙炔、氧气、液化石油气等都属于可燃易爆的危险品，主要设备乙炔发生器、氧气瓶和液化石油气瓶都属于压力容器。在补焊燃料容器（如塔、气柜、桶、箱和罐等）与管道时，还会遇到其他一些可燃气体、蒸气。由于气焊与气割操作中需要与危险物品和压力容器接触，同时又使用明火，当焊接设备或安全装置有缺陷，或违反操作规程操作时，就极易构成火灾和爆炸的条件，发生火灾、爆炸事故。

总之，气焊与气割应从乙炔的燃爆特性、液化石油气的危险性以及压缩纯氧的危险性等方面加强安全操作技能训练与现场安全管理，相关的安全技术措施详见本教材第六章第二节压力容器部分。

尘毒危害的防护措施同上。

（三）其他焊接的危险分析与安全技术措施

焊接种类众多，均具有危险有害因素多的特点。对于因作业环境、地点的不同而形成的附加危险应引起高度重视。

（1）登高焊割作业 焊接工作人员在离地面2m或2m以上地点进行焊接与切割操作时，即称为登高焊割作业。这种作业必须采取安全防护措施以防止发生高处坠落、火灾、触电和物体打击等事故。

（2）水下焊割作业 水下作业条件特殊，在水下进行电焊和气割时危险性很大，必须采取特殊的安全防护措施，以免发生爆炸、灼烫及窒息、触电、物体打击等事故。须严格执行相关规范要求。

（3）置换焊补作业 置换焊补为焊补前实行严格的惰性介质置换，使可燃物含量远小于下限的焊补方法。这种操作方法中存在爆炸着火的危险性，而且常容易发生恶性事故。须严格执行相关规范要求。

四、热处理安全技术

1. 金属热处理工艺概述

热处理是将金属放在一定的介质中加热到适宜的温度，并在此温度中保持一定时间后，又以不同速度冷却的工艺方法。通过热处理，使金属工件具有较高的强度、硬度、韧性及耐磨性等良好的力学性能和较长的工作寿命。热处理一般不改变工件的形状和整体的化学成分，而只是通过改变工件内部的显微组织，或改变工件表面的化学成分，赋予金属某些特殊性质。

热处理过程一般可分为三个步骤：加热、保温、冷却。加热可采用液体燃料、气体燃料或电加热，也可通过熔融的盐或金属加热。为了避免金属在空气中发生氧化及脱碳现象，金属通常是在保护性气氛（气态介质）、熔融盐中或真空中加热的。

热处理工艺一般可分为整体热处理、表面热处理和化学热处理。

（1）整体热处理　整体热处理是对工件整体加热，然后以适当的速度冷却，以改变其整体力学性能的金属热处理工艺。钢铁整体热处理大致有退火、正火、淬火和回火四种基本工艺。

退火是将工件加热到适当温度，保温适当的时间，然后随炉冷却的热处理工艺，目的是使金属内部组织达到或接近平衡状态，消除工件的内部应力，改善工件的加工性能。

正火是将工件加热到适宜的温度，保温足够的时间，然后出炉在空气中冷却的热处理工艺，正火的效果同退火相似，得到的组织更细，常用于改善工件的切削性能。

淬火是将工件加热到适当温度，保温适当的时间，然后出炉在水、油或其他无机盐溶液、有机水溶液等淬冷介质中快速冷却的热处理工艺。淬火后钢件变硬，但同时变脆。

回火是将淬火后的钢件在低于650℃的某一适当温度进行较长时间的保温，再出炉冷却的热处理工艺，回火可降低钢件的脆性。

淬火与回火关系密切，常常配合使用，缺一不可。

（2）表面热处理　表面热处理是通过对钢件表面的加热、冷却而改变表层力学性能的金属热处理工艺。它不改变零件内部的组织和性能。广泛用于既要求表层具有高的耐磨性、抗疲劳强度和较大的冲击载荷，又要求整体具有良好的塑性和韧性的零件，如曲轴、凸轮轴、传动齿轮等。表面淬火是表面热处理的主要内容，其目的是获得高硬度的表面层和有利的内应力分布，以提高工件的耐磨性能和抗疲劳性能。

表面淬火可通过不同的热源对工件进行快速加热，当零件表层温度达到临界点以上（此时工件心部温度处于临界点以下）时迅速予以冷却，这样工件表层得到了淬硬组织而内部仍保持原来的组织。为了达到只加热工件表层的目的，要求所用热源具有较高的能量密度。根据加热方法不同，表面淬火可分为感应加热（高频、中频、工频）表面淬火、火焰加热表面淬火、电接触加热表面淬火、电解液加热表面淬火、激光加热表面淬火、电子束表面淬火等。工业上应用最多的为感应加热和火焰加热表面淬火。

（3）化学热处理　化学热处理将工件置于含有活性元素的介质中加热和保温，使介质中的活性原子渗入工件表层或形成某种化合物的覆盖层，以改变表层的组织和化学成分，从而使零件的表面具有特殊的力学或物理化学性能。通常在进行化学渗的前后均需采用其他合适的热处理，以便最大限度地发挥渗层的潜力，并达到工件内部与表层在组织结构、性能等方面的最佳配合。根据渗入元素的不同，化学热处理可分为渗碳、渗氮、渗硼、渗硅、渗硫、渗铝、渗铬、渗锌、碳氮共渗、铝铬共渗等。如渗碳就是将碳元素渗入工件表层，从而提高表层的含碳量（淬火后能获得极高的硬度）的热处理工艺。

热处理工件的退火、正火、淬火、渗碳等热处理工序都是在高温下进行的，而且要用品种繁多的辅助材料，如酸、碱、金属盐、氰盐等。这些辅料有的是具有强烈腐蚀性和毒性的物质，有的是易燃、易爆物质，有的物质在热处理过程中会产生有毒、有害气体。

2. 热处理的主要危险与危害分析

（1）有毒物、有害气体和粉尘的危害。例如氯化钡作加热介质，温度可达1300℃，氯化钡会大量蒸发；氮化工艺过程中会有大量氮气排放等。

（2）发生火灾或爆炸的危险。热处理过程中经常使用的甲醇、乙醇、丙烷、柴油、汽油都是易燃易爆物。

（3）烫伤、烧伤的危险。由于材质和设备表面温度高，可造成烫伤与烧伤。操作温度很高的等离子、电子射线、光学的和其他类型的炉子可引起眼烧伤。

（4）热辐射的危害。热处理工艺的高温，使炉前操作工人必然受到高温的热辐射的危害。

（5）触电。热处理车间用电量很大，电气设备也比较多，稍有不慎就有发生触电的危险。

3. 热处理的安全防护措施

如前所述，热处理过程中，存在众多的危险、有害因素，因此必须采取有效的安全防护措施。

（1）对工作场所布置的安全要求。安装一般箱式热处理炉的车间，主要通道应留在中间，宽度应不小于2~3m。一般情况下，小型炉之间的间距为0.8~1.2m；中型炉为1.2~1.5m。为防止火灾，储油槽一般应设在车间外面的地下室或地坑内；高频、中频感应淬火机房应单独设置，并远离油烟、灰尘和振动较大的地方。氰化间、喷砂间等有毒、有害的设备，应隔离布置并设防护装置。

（2）对工艺设备和操作人员的安全要求。对使用的各种加热炉，如电炉、油炉、煤气炉、可控气氛炉、盐浴炉、感应加热炉等在使用前应认真检查各部分是否完好、正常，操作人员必须熟悉热处理工艺规程和使用的设备；在进行油中淬火操作时，应采取冷却措施，将淬火油槽的温度控制在80℃以下。大型油槽应设置事故回油池，为了保持油的清洁和防止火灾，油槽应装设槽盖。热处理车间操作人员必须熟悉热处理工艺规程及使用的设备；工作前，操作人员必须按规定穿戴好防护用品。

（3）热处理装置用的电气装置，在工作前必须认真检查，工作中应认真维护。调节变压器的二次电压，必须切断电源，应确认接触良好后再合上电源开关。

（4）工件或工具严禁与电极接触，以免造成短路烧坏变压器。

（5）应设置局部净化系统，将一氧化碳、氮氧化合物、氯和氟化物、烃类等有害物质进行收集与净化。

第三节　冲压机械安全技术

金属压力加工，是指金属材料在外力作用下产生塑性变形，从而得到具有一定形状、尺寸和力学性能的原材料、毛坯或零件的加工方法。金属压力加工的基本方法除了锻造和冲压之外，还有轧制、挤压、拉拔等。锻造主要用来制作力学性能要求较高的各种机械零件的毛坯或成品；冲压则主要用来制取各类薄板结构零件。

冲压又称板料冲压，是利用外力使板料产生分离或塑性变形，以获得一定形状、尺寸和性能的加工方法，如图3-8所示。

用于冲压的材料，一般为塑性良好的各种低碳钢板、铜板、铝板等。有些非金属板料，如木板、皮革、硬橡胶、有

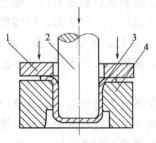

图 3-8　板料冲压示意图
1—压板；2—凸模；
3—坯料；4—凹模

机玻璃板、硬纸板等也可用于冲压。

冲压件有自重轻、刚性大、强度好、成本低、生产率高、外形美观、互换性能好、一般不再需机械加工等优点。一般用于大批量的零件生产和制造。

冲压是通过冲床、模具等设备和工具对板料施加压力实现的。冲压的基本工序为分离工序（如剪切、落料、冲孔等）和成型工序（如弯曲、拉深、翻边等）两大类。

冲压通常是在常温下进行的。

一、冲压机械概述

1. 冲压机械的类型

利用金属模具将钢材或坯料进行分离或变形加工的机械统称为冲压机械。其特点是：类型多，品种多，工序简单，速度快，绝大多数是通过压力，以间断的往复运动方式进行工作的，往复运动一次就完成一个工序或一个零件。

目前广泛使用的冲压机械有下列几种。

（1）开式压力机　开式压力机为通用冲压设备。其床身是C形，工作台三面敞开，便于操作。小型冲压机多为开式，压力在100tf（1tf＝9.80665×10³N）以下，滑块行程每分钟为45～120次，最高可达每分钟200次，多为刚性离合器，不容易做到任意点停车。

（2）闭式压力机　压力在100tf以上（100～300tf为中型冲压机，300tf以上为大型冲压机）。闭式压力机的两侧是封闭的，只有前后两个敞开操作面。机身变形较小，精度较高，属于多人操作机械。此类冲压机械的滑块行程每分钟8～20次，滑块一般可以在任意点停止，比较容易实现安全防护。

（3）剪板机　机械传动剪板机有上传动和下传动两种。用脚踏或按钮操纵器进行单次或连续剪切。

（4）弯板机　大多数弯板机只以低挡速工作，用来将薄板压弯成型。

（5）多工位自动压力机　可在同一工作台上按一定顺序自动连续完成多道工序，是一种高效率自动化工作的冲压设备。它装有自动送料装置及工位间自动传送工件装置。可采用摩擦式离合器和制动器，并设有液压超载保护装置。

2. 冲床组成及工作原理

冲床又称曲柄压力机。按其结构可分为单柱式和双柱式两种。

（1）组成　冲床一般由以下几部分组成。

① 机身　机身主要由床身、底座和工作台三部分组成，工作台上的垫板用来安装固定下模。机身多为铸铁材料，大型压力机常用钢板焊接而成。前者阻尼系数高，对减少振动和噪声有利；后者强度、刚度较高，但设计不当会产生较大的振动和噪声。

② 动力传动系统　动力传动系统主要包括电动机、传动装置（齿轮传动或带传动）以及飞轮，其中电动机和飞轮为动力部件。飞轮安装在传动轴或主轴上，可以使负荷不均匀的压力机能量得到充分利用，压力机空载行程时，靠飞轮自身转动惯量把动能积蓄起来，当压力机与工件相互受力最大的瞬间，飞轮释放积蓄的能量供给压力机，不仅减小电动机的功率消耗，而且均衡了压力机负荷，减少了振动。

③ 工作机构　工作机构即曲柄连杆机构，由曲柄、连杆和滑块组成。其作用是将电动机的旋转运动，转变为滑块沿固定在机身上导轨的往复直线运动。

④ 操纵系统　操纵系统包括离合器、制动器和操纵机构。离合器和制动器既是保证压

力机正常工作的传动部件，又是保证作业安全的安全装置。

（2）工作原理 开式双柱可倾斜式冲床的外形和传动示意图如图3-9所示。电动机1通过小带轮2和大带轮3带动小齿轮4转动，再通过小齿轮4带动大齿轮5转动。当踩下脚踏板17时，离合器6闭合，大齿轮5带动曲轴7再通过连杆9带动滑块10，作上下往复运动（上下往复运动一次称一个行程）。冲模的上模装在滑块上，随滑块上下运动，上、下模结合一次，即完成一次冲压工序；松开脚踏板时，离合器解开，大齿轮5即在曲柄上空转，借助制动器8的作用，曲柄就停在上极限位置，以便下一次冲压。冲床可单行程工作，也可实现连续工作。

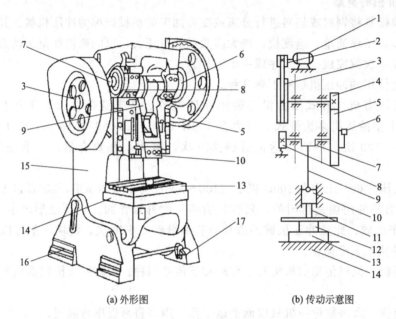

(a) 外形图　　　　　　(b) 传动示意图

图 3-9　开式双柱可倾斜式冲床

1—电动机；2—小带轮；3—大带轮；4—小齿轮；5—大齿轮；6—离合器；7—曲轴；8—制动器；9—连杆；
10—滑块；11—上模；12—下模；13—垫板；14—工作台；15—床身；16—底座；17—脚踏板

（3）冲床的主要技术参数

① 公称压力 冲床工作时，滑块上所允许的最大作用力，常用 kN 表示。

② 滑块行程 曲柄旋转时，滑块从最上位置到最下位置所走过的距离（mm）。

③ 封闭高度 滑块在行程达到最下位置时，其下表面到工作台面的距离（mm）。冲床的封闭高度应与冲模的高度相适应。冲床连杆的长度一般都是可调的，调节连杆的长度即可对冲床的封闭高度进行调整。

（4）冲床操作的注意事项 为实现安全作业，冲床操作时须注意以下事项：

① 冲压工艺所需的冲剪力要低于冲床的公称压力；

② 开机前，应锁紧一切调节和紧固螺栓，以免模具等松动而造成设备、模具损坏和人身伤害事故；

③ 装拆或调整模具应停机进行。

3. 剪板机（剪床）组成及工作原理

剪板机是用来将板料剪成一定宽度的条料，以供冲压使用。

剪板机的外形及传动原理如图3-10所示。电动机1带动带轮轴2转动，通过齿轮传动

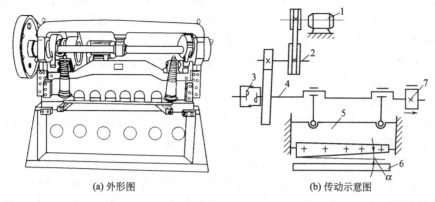

(a) 外形图　　　　　　　　　(b) 传动示意图

图 3-10　剪板机结构示意图

1—电动机；2—带轮轴；3—牙签式离合器；4—曲轴；5—滑块；6—工作台；7—制动器

及牙签式离合器 3 带动曲轴 4 传动，使装有上刀片的滑块 5 上下运动，完成剪切动作。6 是工作台，其上装有下刀片。制动器 7 与离合器配合，可使滑块停在最高位置。

使用剪板机前，应根据板料厚度和材质调整好上下刃口的间隙，通常板材厚度越大，材质越硬，则应取的间隙就越大。剪切的板料厚度应小于或等于剪床允许剪裁的最大厚度。先初步调整好宽度尺寸，然后开机。先用同种废料试剪，检查切边质量，如毛刺太大，则再精调间隙，接着检查板条宽度，准确调整好锁紧定尺，方可开机正式剪切生产。

二、压力加工的危险有害因素

从职业安全卫生角度上看，压力加工的危险有害因素主要是噪声、振动对操作者和作业环境的危害，以及机械危险对操作者的伤害，其中以机械伤害的危险性最大。

1. 噪声危害

压力加工属于工业高噪声生产工艺之一。其噪声主要是机械噪声，噪声来自传动零部件的摩擦、冲击、振动，离合器结合时的撞击；工件被冲压时的噪声，以及工件及边角余料撞击地面或料箱的噪声等。目前主要保护措施，一是给传动系统加防护罩，可使噪声级下降 5~8dB；二是作业人员佩戴听力护具，例如耳塞、耳罩等耳部防护用品，可以大大减少噪声对听觉的危害。

2. 机械振动危害

机械振动主要来自冲压工件的冲击作用，尤其是手持工件操作时，手和臂受振更甚。人体受到的影响表现在心理上和生理上，振动对人体生理的危害如前所述，长时间处于振动环境中，人就会感到不舒服，甚至感到厌烦，注意力难以集中，操作动作的准确性下降。冲击振动还会导致设备的材料疲劳，连接松动，并使周围其他设备的精度降低。

3. 机械伤害

在冲压作业过程中，使人员受到冲头的挤压、剪切而受到伤害的事故称为冲压事故。冲压事故发生频率高、后果严重，是压力加工最严重的危害。机械伤害还包括与其他运动零件的接触伤害、冲压工件的飞击伤害等。

三、冲压事故分析

1. 冲压事故的形成机制

在压力加工过程中，上模具安装在压力机滑块上并随之运动，被加工材料放置于固定在压力机工作台的下模具上，通过上模具相对于下模具作垂直往复直线运动，完成对加工材料冲压。滑块每上下往复运动一次，实现一个行程。当滑块向上移动离开下模时，操作者可以伸手进入模口区，进行出料、清理废料、送料、定料等作业；当滑块向下运动进行冲压时，如果人手尚未离开模口区，或是在即将冲压瞬间手伸入模口区，随着冲模闭合，手就会受到夹挤、剪切，发生冲压事故。

简而言之，冲压事故就是操作者身体在危险时间（滑块的下行程）进入危险空间［在滑块上所安装的模具（包括附属装置）对工作面在行程方向上的投影所包含的空间区域，即上、下模具之间形成的模口区］而发生的夹挤、剪切事故。

当冲压设备存在缺陷或元件故障而处于非正常状态时，例如存在刚性离合器的键断裂、操纵器的杆件、销钉或弹簧折断，牵引电磁铁或中间继电器的触点粘连不能动作，行程开关失效，制动钢带断裂等故障，都会造成滑块运动失控而形成连冲，引发人身伤害事故。

2. 冲压事故的发生规律

绝大多数冲压事故是发生在冲压作业的正常操作过程中。统计数字表明，因送取料而发生的约占38%，由于校正加工件而发生的约占20%，因清理边角加工余料或其他异物的占14%，多人操作不协调或模具安装调整操作不当的占21%，因机械故障引起的仅占7%。

从受伤部位看，多发生在手部（右手稍多），其次是面部和脚（工件或加工余料的崩伤或砸伤），很少发生在其他部位。

从后果上看，死亡事件少，而局部永久残疾率高。

剪切机械的危险主要也是在加工部位，即剪床的切刀部位。此处一旦出现伤害事故，操作者的手臂极易致残。

3. 冲压事故的原因分析

冲压事故的原因主要有：

（1）冲压操作简单，动作单一。单调重复的作业极易使操作者产生厌倦情绪，产生心理学疲劳。

（2）作业频率高。操作者需要配合冲压频率，手频繁地进出模口区操作，每班操作次数可达上百次，甚至上千次，精力和体力都消耗很大，容易出现生理性疲劳。

（3）冲压机械噪声和振动大。恶劣的作业环境对操作者生理和心理产生不良影响。

（4）设备原因。模具结构设计不合理；机器本身故障造成连冲或不能及时停车等。

（5）人的手脚配合不一致，或多人操作彼此动作不协调。

（6）缺乏具有良好防护性能的安全防护装置。

（7）违反安全操作规程，在压力机滑块下行的过程中，手进入危险区域。

从上面分析可见，由于冲压作业特点和环境因素等方面的原因，会导致操作者的操作意识水平下降、精力不集中，引起动作不协调，使误操作的出现概率大增。大型压力机因操作人数增加，危险性则相应增大。通过技术培训和安全教育，使操作者加强安全意识和提高操作技能，固然对防止事故发生有积极的作用。但防止冲压事故单从操作者方面去考虑，即要求操作者在整个作业期间一直保持高度注意力和准确协调的动作来实现安全是苛刻的，也是难以保证的。因此，必须从安全技术措施上，在压力机的设计、制造与使用等诸环节全面加强控制，特别是装配具有良好防护性能的安全防护装置，才能最大限度地减少冲压事故。

【冲压事故案例】 事故经过：2000年3月16日18时30分许，某冲压厂冲二车间冲压工李某某（女，21岁），在上班期间独自一人操作250t冲床加工冲压工件。在操作过程中，忽视安全，严重违反安全规程，在压力机滑块下行 2/3 的过程中，右手进入模具危险区矫正工件定位，致使其右手被压伤，造成右手拇指脱套伤，食指、中指各一节和无名指、小指全部离断。

事故分析：造成这起事故的直接原因，是李某某在冲压过程中严重违章操作。按照操作规程规定，"滑块运动时，不准将手伸入模具空间矫正或取、放工件"。造成事故的间接原因，一是规章制度不完善，现有的工艺制度中安全防范措施内容不细，未明确到每种模具的取、送料方式，增大了职工在操作时的随意性；二是安全管理及职工遵章守纪、按章操作的教育未落实到实处，对职工的习惯性违章未采取强有力的措施，未严格执行工艺要求及安全措施。

四、实现冲压安全的对策

（1）采用手用工具送取料，避免人的手臂伸入模口区。

（2）提高送、取料的机械化和自动化水平，代替人工送、取料。

（3）在操作区采用安全防护装置，保障滑块的下行程期间，人手处于危险模口区之外。

前两项措施，对于减少冲压人身事故无疑是有效的。但它们有局限性，只能保证正常操作的安全，而不能保证意外情况，即人手伸进危险区时的安全。解决此种意外情况的根本措施就是在操作区装配安全防护装置。

五、过载保护装置

压力机工作过程中，由于材料、模具的问题，或设备、操作问题，可能会出现超载，采用过载保护装置是防止超载的非常重要的技术措施。

压塌式过载保护装置一般装入滑块部件中，结构简单，是一种破坏式保护装置。其原理就是人为地在传动链中制造一个机械薄弱环节，当压力机过载时，这个薄弱环节首先破坏，切断传动路线，从而保护主要零部件受力部免受损坏。常用的这类保护装置是压塌块。

过载保护的其他保护装置还有安全栓、紧急停止按钮等。

六、冲压机械的安全防护装置

冲压机械的安全防护装置，是指在滑块下行时，设法将危险区与操作者的手隔开，或用强制的方法将操作者的手拨出危险区，以保安全。为使操作者在冲压生产中得到安全保障，并实现最大生产率，首先应提高压力机本身的安全性和可靠性，根据使用的设备、模具和工件形状，合理选择安全装置，尽可能以机械化、自动化上下料来代替手工劳动。常用的防护装置如下。

（一）防护罩、防护栅栏等防护装置

防护罩、防护栅栏等防护装置的防护功能是将操作者与危险区隔离，使人体无法进入危险区而免受伤害。

1. 防护罩、防护栅栏等防护装置的种类

防护罩、防护栅栏等防护装置主要有固定式、活动式（含联锁式）两大类。

（1）固定式　防护罩、防护栅栏等防护装置固定在机身上，在滑块运行的全行程期间，防护装置都打不开，将人体隔离在危险之外。防护装置的特定位置设有送料口，便于原料和加工件进出。固定式防护罩见图 3-11 所示。这种防护罩一般固定在压力机床的工作台上模或下模上，其正面一般设有用透明材料（如有机玻璃）制作的视窗，以便操作者观察冲压状

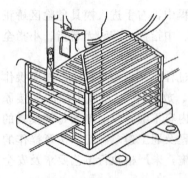

图 3-11 固定式防护罩

况。在防护罩上，需要预留进出加工件用的开口，其开口尺寸应满足下文表 3-3 的要求（开口尺寸即表 3-3 中防护装置最大间隙）。

（2）活动式 活动式防护装置在滑块运行期间，保护操作者的人身安全。主要由框架、活动体及联锁机构组成。活动体的关闭动力可以来自压力机的滑块或连杆，也可以与离合器的控制线路联锁。这样保证滑块在下行程期间，活动体关闭实施保护，并且由于联锁机构作用，使活动体不能随意打开，只有在滑块回程期间，活动体打开，才可以出料和进行下一次的冲压准备工作。在活动体的开启期间，由于电气与机械的联锁，滑块不能动作，只有活动体就位起作用，滑块才能启动。

2. 防护罩、防护栅栏等防护装置必须满足的安全要求

（1）安全距离和开口尺寸。防护装置保证安全的关键尺寸是：料口的开口尺寸、栅栏垂直间距和安全距离。确定这些尺寸必须考虑人体测量参数和危险区的可进入性等因素，其相互关系见图 3-12 所示，防护装置最大间隙见表 3-3。

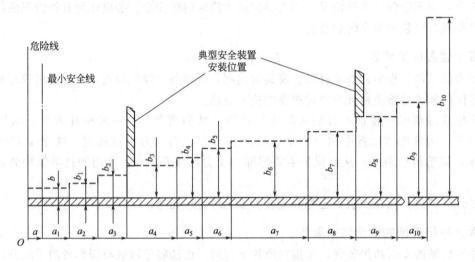

图 3-12 防护装置的安装位置和安全开口尺寸

a—危险线至防护装置安装位置间的距离；b—防护装置的安全开口尺寸

表 3-3 防护装置最大间隙　　　　　　　　　　mm

防护装置到危险区域距离	防护装置最大间隙	防护装置到危险区域距离	防护装置最大间隙
13～38	6	189～316	32
38～63	9	316～392	38
63～88	13	392～443	47
88～139	16	443～800	54
139～164	19	≥800	153
164～189	22		

安全装置与危险线的安全距离 a、栅栏垂直间隙和送料口的安全尺寸 b，二者的关系是 b 增大，a 必须相应增加。第一典型位置是考虑人的手指；第二典型位置是考虑人的手掌、手

臂的尺寸和可能伸进的距离，以保证人的手和手臂通过料口和栅栏间隙伸入时，不受到伤害。

防护装置安装位置与危险线的安全距离 a 应考虑在压力机工作期间，防护装置不与压力机的任何活动部件接触，不妨碍物料加工。

(2) 防护装置应设置可靠。安装紧固，不用专门工具不能拆除。

(二) 双手操作式安全装置

双手操作式安全装置的保护原理，是将滑块的下行程运动与对双手动作的限制联系起来，即强制操作者必须用双手同时启动按压操纵器，离合器才结合，使滑块向下运动，从而避免双手进入危险区而受伤。按操纵器的形式不同，分为双手按钮式和双手手柄式。图3-13为双手按钮式安全装置原理示意图。

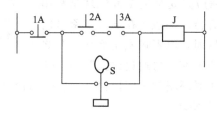

图 3-13　双手按钮式安全装置原理示意图

双手操作式安全装置应满足以下安全要求。

1. 双手操作原则

双手必须同时操作，离合器才能结合；只要一只手瞬间离开操作器，滑块就会停止下行程或超过下死点。为实现双手的同时操作，必须对两个操纵器的安装距离提出要求，以防止一只手操纵两个操纵器的情况出现。两个操纵器的安装距离是指两个操纵器的内边距离。最小内边距离应大于 250mm，最大内边距离应小于 600mm。

2. 重新启动原则

双手操作式安全装置必须保证在滑块运行期间中断控制又需要恢复时，或单行程操作在滑块达到上死点需要再次开始下一次行程时，只有双手全部松开操纵器，然后重新用双手再次启动，滑块才运行。

3. 防止意外触动的原则

为防止按钮被意外触动引起压力机误动作，按钮应装在开关箱内，不得凸出箱体表面，手柄应采取相应的措施防止误启动。

必须说明，双手操作式安全装置只能保护使用该装置的操作者，但不能保护其他人员的安全。

多人同时操作的双手操作式安全装置的动作原理与单人操作的基本相同，不再赘述。

(三) 检测式安全装置

1. 检测式安全装置的种类及其保护原理

检测式安全装置是一种安全性能好、敏感度高、比较先进的压力机安全装置，有光线式、人体感应式等种类。

(1) 光线式　光线式安全装置一般是在压力机上设置投光器和受光器，在两者之间形成光幕，将危险区包围。当人体某部位进入危险区时，使光线受阻，光电信号转变为电信号，经过放大，由于安全装置的线路与滑块运行的控制线路联锁，电路可以迅速被切断，滑块停止运动或不能启动，从而保障安全。

光线式的光可采用一般的可见光，也可采用红外线等。光线式安全装置由于动作灵敏，结构简单，容易调整维修，特别对操作者无视觉干扰，不影响生产率，因而得到广泛应用。

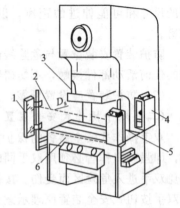

图 3-14 所示为光线反射式安全装置示意图。它由控制器（电气控制箱）、传感器、反射板、传输线四部分组成。发光单元、受光单元都在同一传感器内，发光单元发出的光通过反射板反射回受光单元，从而形成保护光幕的光电保护装置。发光器可采用可见光，光轴调整、检查都较方便。

图 3-14　光线反射式安全装置
1—反射板；2—光幕；3—滑块；4—控制器；5—传感器；6—工作台垫板

（2）人体感应式　人体感应式安全装置其原理是利用敏感元件构成一定电容的电容器，一般放在通过危险区的必经之路上，当手伸入危险区时，电容量发生变化，与之相连的振荡器振幅减弱或停止振荡，再通过放大器和继电器的作用，使压力机停止运动或不能启动。感应式安全装置由于对环境的适应性稍差，故应用较少。

2. 检测式安全装置的安全要求

检测式安全装置必须满足以下安全要求，以实现其安全功能。

（1）保护范围。保护范围一般由保护幕确定。保护幕必须是由保护长度和保护高度构成的矩形，不得采用三角形和梯形。保护幕应能覆盖整个危险区域。

（2）自保功能（重新启动原则）。自保功能是指在保护幕被破坏，滑块停止运动后，即使人体撤出，危险区保护幕恢复完整，滑块也不能立即恢复运行，必须按动"恢复"按钮，滑块才能再次启动。

（3）不保护功能。不保护功能是指滑块回程时装置不起作用，在此期间即使保护幕被破坏，滑块也不停止运行，以利操作者的手出入操作。

（4）自检功能。自检功能是当安全装置自身出现任何故障时，应能立即发出信号，使滑块处于停止状态，并不能再启动。所有其他非接触式安全保护控制装置在工作中发生故障时，都应能自动控制工作部件停止运动，并应具有在故障排除以前，不能恢复运行的自保功能。

（5）响应时间与安全距离。响应时间是指从保护幕被破坏到安全装置的输出接点断开压力机控制线路的时间。这是标志装置安全性能的主要指标之一，直接影响装置的安装距离。压力机检测式安全装置的响应时间不得超过 0.02s。

安全距离是指保护幕到模口危险区的最短距离。安全距离的数值与压力机离合器的结构形式相关。

（6）抗干扰性。光线式安全装置应具有抗光线干扰的可靠性，在小于 100W 的照明条件下，该装置应能正常可靠地工作。感应式安全装置应能适应人体和气候的变化，正常可靠地工作。

使用时要考虑安全装置对周围环境的适应范围（包括海拔高度、环境温度、空气相对湿度以及光照等），若超出范围，检测式安全装置的灵敏性及可靠性都无法保证，反而是不安全的。

安全保护控制装置一般不应被用于操纵机器。

检测式安全装置属于电子产品，精密度较高，它的生产一定要有主管部门的监督，并经国家指定的技术检验部门，按有关的安全标准鉴定，取得许可证后，才能生产。

（四）其他安全防护装置

其他安全防护装置还有翻板式安全装置、推手式及拉手式安全装置、脚踏防护板等。

图 3-15 所示为一种翻板式防护装置。其特点是：当压力机滑块向下运动时，安装在滑块上的齿条下行，驱动齿轮逆时针方向转动，同时带动翻板转动到垂直位置，将手推出冲模外。翻板可用有机玻璃制作，也可用开小缝的金属材料制成。

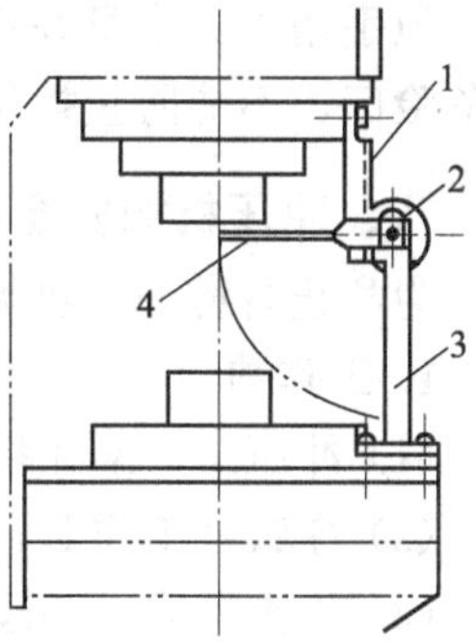

图 3-15　翻板式防护装置
1—齿条；2—齿轮；
3—立柱；4—翻板

七、冲压手用工具

冲压事故率最高的时段发生在送、取料阶段，对于依靠手工送、取料的冲压机械，解决这一问题的一个廉价、简便的方法就是利用手用工具。手用工具的作用是以工具代手，避免操作者手伸进模口区的危险。

在冲压操作过程中，采用安全的手用工具完成送料、定位、取件及清理边角料等操作，有利于防止手指发生伤害事故。

1. 手用工具的种类

常用的手用冲压安全工具包括：

（1）专用夹钳。在大量生产同类零件时，可根据零件的具体形状和尺寸，设计专用夹钳，使之能夹持方便、稳定，适用于中等重量及大小的零件。

（2）弹性夹钳。适用于重量轻、体积小、壁薄的小零件生产，可根据零件形状、尺寸，设计合适的机构。利用夹钳的弹性夹持零件非常灵活、方便。

（3）磁力吸盘。适用于钢质薄片型较小零件，由于零件有较平的吸取处，操作方便。

（4）气动卡钳。适用于较大的、形状也较复杂零件，可根据工件的形状和卡持的部位设计卡钳的结构。这种卡钳能减轻手部的用力和劳动强度。

2. 手用工具在使用中的注意事项

（1）在手用工具完全撤出模具闭合区后，方可进行冲压，否则可能发生损坏模具和伤人事故。使用安全手用工具也不是绝对安全的。

（2）操作过程中要始终坚持使用，不可断断续续。

（3）手用工具尽可能用轻金属及非金属材料制作，防止操作不当，发生损坏冲压设备及模具的事故。

3. 手用工具设计或选用注意事项

（1）符合安全人机工程学要求　手用工具的手柄形状要适于操作者的手把持，并能阻止用力时手的移动，避免因使用工具不当而受到伤害。

（2）结构简单、方便使用　手用工具的工作部位应与所夹持坯料的形状相符，以利夹持可靠、迅速取送、准确入模。

（3）不会对模具造成损伤　手用工具应尽量采用软质材料制作，以防意外情况下，工具未及时退出模口而模具又闭合时，造成压力机过载。

（4）符合手持电动工具的安全要求　手持电动工具应采用安全电压，并保证绝缘符合相关标准的要求。

需要强调指出，在正常操作时，坚持使用手用工具对降低冲压事故确实能起到一定作用，但手用工具本身并不具备安全装置的基本功能，因而不是安全装置。它只能代替人手伸进危险区，不能防止操作者的手意外伸进危险区。采用手用工具还必须同时使用安全装置。

八、冲压机械安全操作技术

为防止各种冲压机械的伤害事故，操作时必须遵守以下规则。

1. 工作前

（1）冲压工只准在指定的压力机上工作。

（2）穿戴好工作服，上衣塞入裤内，袖口扎紧，头发拢入帽内。

（3）检查照明，整理工作地点使其适于工作，把工作地点上的一切边料、成品及材料移开。

（4）检查并确认压力机上的一切防护罩及安全防护装置齐全有效。

（5）仔细检查冲模，清理压力机上的一切多余物件。

（6）使离合器在不工作时处于分离位置，确定这种情况后才可接通电动机。

（7）在开动压力机前，必须检查并确认压力机及模具正常，然后方可开机试运转。检查压力机离合器、制动器按钮、脚踏板、拉杆是否灵活好用。尤其是制动系统是否可靠，确认正常后方可生产。

（8）按规定润滑压力机。

2. 工作中

（1）精神集中，随时注意滑块运行方向，以免滑块运行时，手误放入冲模内。

（2）按照工艺规程操作，严禁用楔嵌入按钮、脚踏开关、拉杆中。

（3）在生产中发现异常情况时，应停止工作并立即报告。

（4）压力机每次结合，更换工件时，一定要把脚从踏板上移开，或把手移开杠杆。

（5）看管多轴压力机时，在连杆停在上极限点之前，不准将工件移动。

（6）不准拆除任何的安全防护装置。

（7）在下列情况下，要停车并把脚踏板移到空挡或锁住踏板：

① 暂时离开；

② 发现压力机工作有不正常现象；

③ 由于停电导致电动机停止。

3. 工作结束后

（1）关掉电动机，直到压力机全部停车。

（2）整理工作地点，清理压力机工作台，给压力机加油。

（3）揩净压力机及冲模，并在冲模和滑块的导板上涂油。

（4）检查压力机、防护装置和防护罩是否完好，并告知接班者在工作时需要注意的问题。

（5）工作完毕，把脚踏板移到空挡，或把踏板锁住。

第四章 特种设备安全概述

第一节 特种设备及其事故概述

一、特种设备及其事故概况

特种设备是指在生产和生活中广泛使用的锅炉、压力容器、电梯、起重机械等承压类和机电类设备和设施。特种设备是一个国家经济水平的代表,是国民经济的重要基础装备。我国现有特种设备生产企业 5 万多家,已经形成从设计、制造、检测到安装、改造、修理等完整的产业链,年产值达 1.3 万亿元。特种设备具有在高温、高压、高空、高速条件下运行的特点,世界各国对这类设备、设施均实行特殊监管,以保障安全。

我国于 2003 年制定并于 2009 年修订的特种设备安全监察条例,对于规范特种设备的生产、经营、使用、检验、检测,加强特种设备安全管理,保障人民群众生命和财产安全,发挥了重要的作用。

改革开放以来,全国使用的各类特种设备每年以超过 10% 的速度增长,并呈现大型化、高速化的趋势。据国家质检总局统计,截至 2011 年,在用的主要特种设备有:锅炉 62 万台、压力容器 252 万台、电梯 201 万台、起重机械 172 万台、气瓶 1.36 亿只、大型游乐设施 1.64 万套和近百万公里的压力管道等。我国特种设备的重大、特大事故时有发生,据估算,事故发生率是发达国家的 4~6 倍,损失严重。"十一五"期间,全国共发生较大以上事故 1538 起,死亡 1601 人,受伤 1744 人。近年来我国的几个大城市相继发生多起电梯和自动扶梯事故,造成极大的社会影响。2009~2011 年特种设备事故情况见表 4-1。

表 4-1 2009~2011 年特种设备事故情况

年份	事故起数	死亡人数	受伤人数	万台设备死亡人数
2009 年	380	315	402	0.76
2010 年	296	310	247	0.67
2011 年	275	300	332	0.595

由表 4-1 可知,在特种设备总量持续增加的情况下,事故起数、死亡人数以及万台设备死亡人数均呈现下降趋势。

二、特种设备事故分析

1. 2011 年特种设备事故分析

在 2011 年发生的 275 起特种设备事故中,主要呈现以下特点。

① 承压类和机电类特种设备事故分别呈现了不同的事故类型特点。锅炉、压力容器、压力管道等承压类的事故特征主要是爆炸或泄漏着火。起重机械、电梯等机电类事故的特征主要为倒塌、坠落、撞击和剪切等。

② 在各类事故中,起重机械事故总数最多,主要发生在建设工地、仓储物流和冶金、机械制造行业,分别占 1/3,建设工地的起重机械事故特征主要是倒塌,仓储物流和冶金、

机械制造行业事故多为撞击、挤压和坠落；起重机械事故原因主要是作业现场管理不到位。电梯事故多发生在安装、维修保养等作业过程，主要原因是使用管理不当和作业人员违章操作。场内机动车辆事故主要发生在仓储物流和冶金、机械制造行业的使用环节，多数为叉车。

③ 从事故发生环节来看，全年统计范围事故中，发生在使用环节的事故占 79.62%；充装、储运环节的事故占 6.64%；安装环节的事故占 6.16%；维修改造环节的事故占 7.11%；检验环节事故占 0.5%。因此，使用环节安全主体责任的不落实是造成事故的重要原因之一。

2. 2010 年特种设备事故分析

在 2010 年发生的 296 起特种设备事故中，主要呈现以下特点。

① 起重机械、电梯、场（厂）内专用机动车辆事故占比较高。其中起重机械事故 79 起，电梯事故 44 起，场（厂）内专用机动车辆事故 34 起，上述 3 类设备事故数量占事故总数的 53%。

② 起重机械事故主要发生在机械、冶金、建材、造船等制造业和建筑业、物流业；电梯事故主要发生在建筑安装、商场、宾馆、居民住宅；场（厂）内专用机动车辆事故主要发生在冶金、建材制造业和物流业。

③ 事故主要发生在使用环节，共有 201 起，占事故总起数的 68%；安装（拆卸）环节事故 26 起，占事故总起数的 9%；因安全附件失效或安全装置损坏引发的事故 17 起，占事故总起数的 5.5%，其中主要是锅炉、压力容器、压力管道、电梯和起重机械安全装置失效或者损坏的问题；维修、调试、改造环节事故 8 起，占事故总起数的 3%；气瓶充装运输存储环节事故 8 起，占事故总起数的 3%。

④ 事故原因之管理层面。违章作业仍是造成事故的主要原因，约占 73%，具体表现为作业人员违章操作、操作不当甚至无证作业、维护缺失、管理不善等；因设备制造、安装以及运行过程中产生的质量安全缺陷导致的事故约占 19%；因非法行为导致的事故约占 5%，具体表现为非法制造、非法修理、非法改造、非法充装气体和非法使用。

⑤ 事故原因之技术层面。起重机械操作不当和设备存在安全隐患，锅炉缺水、超压，快开门式压力容器安全联锁装置使用不当或失效，压力管道中危险化学品介质泄漏，氧气瓶内混入可燃介质，电梯安装维护保养人员安全防护措施不当，场（厂）内专用机动车辆行驶中撞压等是造成事故的重要原因。

3. 2009 年特种设备事故分析

在 2009 年发生的 380 起特种设备事故中，主要呈现以下特点。

① 事故起数。发生事故起数前三位的分别是，起重机械事故 69 起，电梯事故 45 起，场（厂）内专用机动车辆事故 42 起，这 3 类设备事故数量就占事故总数的 41.1%。

② 发生环节。发生在使用环节，共有 258 起，占事故总起数的 67.9%[气瓶事故主要发生在充装运输存储、安装（拆卸）环节和维修改造环节]。

③ 事故原因之管理层面。违规使用，特别是违章作业是造成事故的主要原因，约占事故总起数的 66%；具体表现为作业人员违章操作、操作不当甚至无证作业、使用非法设备等。因设备制造、安装以及运行过程中产生的质量安全缺陷导致的事故约占事故总起数的 15%。

④ 事故原因之技术层面。起重机械存在机械隐患、锅炉缺水、压力容器和压力管道中危险化学品介质泄漏、氧气瓶内混有油脂、电梯维护保养过程中人员安全防护措施不当、

场（厂）内专用机动车辆行驶中撞压等是造成事故的重要原因。

综上所述，造成特种设备事故的最主要原因是企业安全主体责任不落实。目前特种设备管理体制和行政法规过于倚重政府安全监察和检验机构，对企业安全主体责任强调不够。一些企业在生产使用、维护保养、自行检测工作中缺乏责任感，法律意识和诚信意识淡薄，违规作业的现象时有发生。因此，必须建立严格的特种设备安全责任体系，明确监管部门、检验机构和企业的职责，使安全制度落到实处。特别要落实企业安全主体责任，从制度上、源头上有效防范、减少和遏制特种设备重大事故的发生，以保障人民生命财产的安全。

第二节　特种设备的分类

依据《特种设备安全监察条例》国务院令第 549 号（本章以下简称《条例》），特种设备是指涉及生命安全、危险性较大的锅炉、压力容器（含气瓶，下同）、压力管道、电梯、起重机械、客运索道、大型游乐设施和场（厂）内专用机动车辆。

1. 锅炉

锅炉是指利用各种燃料、电或者其他能源，将所盛装的液体加热到一定的参数，并对外输出热能的设备，其范围规定为容积大于或者等于 30L 的承压蒸汽锅炉；出口水压大于或者等于 0.1MPa（表压），且额定功率大于或者等于 0.1MW 的承压热水锅炉；有机热载体锅炉。

2. 压力容器

压力容器是指盛装气体或者液体，承载一定压力的密闭设备，其范围规定为最高工作压力大于或者等于 0.1MPa（表压），且压力与容积的乘积大于或者等于 2.5MPa·L 的气体、液化气体和最高工作温度高于或者等于标准沸点的液体的固定式容器和移动式容器；盛装公称工作压力大于或者等于 0.2MPa（表压），且压力与容积的乘积大于或者等于 1.0MPa·L 的气体、液化气体和标准沸点等于或者低于 60℃ 液体的气瓶、氧舱等。

3. 压力管道

是指利用一定的压力，用于输送气体或者液体的管状设备，其范围规定为最高工作压力大于或者等于 0.1MPa（表压）的气体、液化气体、蒸汽介质或者可燃、易爆、有毒、有腐蚀性、最高工作温度高于或者等于标准沸点的液体介质，且公称直径大于 25mm 的管道。

4. 电梯

电梯是指动力驱动，利用沿刚性导轨运行的箱体或者沿固定线路运行的梯级（踏步），进行升降或者平行运送人、货物的机电设备，包括载人（货）电梯、自动扶梯、自动人行道等。

5. 起重机械

起重机械是指用于垂直升降或者垂直升降并水平移动重物的机电设备，其范围规定为额定起重量大于或者等于 0.5t 的升降机；额定起重量大于或者等于 1t，且提升高度大于或者等于 2m 的起重机和承重形式固定的电动葫芦等。

6. 客运索道

客运索道是指动力驱动，利用柔性绳索牵引箱体等运载工具运送人员的机电设备，包括客运架空索道、客运缆车、客运拖牵索道等。

7. 大型游乐设施

大型游乐设施是指用于经营目的，承载乘客游乐的设施，其范围规定为设计最大运行线速度大于或者等于 2m/s，或者运行高度距地面高于或者等于 2m 的载人大型游乐设施。

8. 场（厂）内专用机动车辆

场（厂）内专用机动车辆是指除道路交通、农用车辆以外仅在工厂厂区、旅游景区、游乐场所等特定区域使用的专用机动车辆。

特种设备包括其所用的材料、附属的安全附件、安全保护装置和与安全保护装置相关的设施。

第三节　特种设备安全监察

一、特种设备安全监察的总要求

1. 特种设备安全监察的主管部门

《条例》第四条规定：国务院特种设备安全监督管理部门负责全国特种设备的安全监察工作，县以上地方负责特种设备安全监督管理的部门对本行政区域内特种设备实施安全监察（以下统称特种设备安全监督管理部门）。

国务院特种设备安全监督管理部门是指中华人民共和国国家质量监督检验检疫总局直属部门特种设备安全监察局，县以上地方负责特种设备安全监督管理的部门是指质量技术监督局特种设备安全监察处（市级）或监察科（区、县）。

2. 特种设备生产、使用单位的总要求

（1）建立健全特种设备安全、节能管理制度和岗位安全、节能责任制度。

（2）特种设备生产、使用单位的主要负责人应当对本单位特种设备的安全和节能全面负责。

（3）接受特种设备安全监督管理部门依法进行的特种设备安全监察。

（4）保证必要的安全和节能投入。

二、特种设备的安全许可

1. 特种设备设计的安全许可

（1）压力容器的设计单位应当经国务院特种设备安全监督管理部门许可，方可从事压力容器的设计活动。

压力容器的设计单位应当具备下列条件：

① 有与压力容器设计相适应的设计人员、设计审核人员；

② 有与压力容器设计相适应的场所和设备；

③ 有与压力容器设计相适应的健全的管理制度和责任制度。

（2）锅炉、压力容器中的气瓶（以下简称气瓶）、氧舱和客运索道、大型游乐设施以及高耗能特种设备的设计文件，应当经国务院特种设备安全监督管理部门核准的检验检测机构鉴定，方可用于制造。

2. 特种设备制造、安装、改造的安全许可

锅炉、压力容器、电梯、起重机械、客运索道、大型游乐设施及其安全附件、安全保护装置的制造、安装、改造单位，以及压力管道用管子、管件、阀门、法兰、补偿器、安全保护装置等（以下简称压力管道元件）的制造单位和场（厂）内专用机动车辆的制造、改造单位，应当经国务院特种设备安全监督管理部门许可，方可从事相应的活动。

特种设备的制造、安装、改造单位应当具备下列条件：

① 有与特种设备制造、安装、改造相适应的专业技术人员和技术工人；

② 有与特种设备制造、安装、改造相适应的生产条件和检测手段；

③ 有健全的质量管理制度和责任制度。

特种设备出厂时，应当附有安全技术规范要求的设计文件、产品质量合格证明、安装及使用维修说明、监督检验证明等文件。

3. 移动式压力容器、气瓶充装的安全许可

移动式压力容器、气瓶充装单位应当经省、自治区、直辖市的特种设备安全监督管理部门许可，方可从事充装活动。

充装单位应当具备下列条件：

① 有与充装和管理相适应的管理人员和技术人员；

② 有与充装和管理相适应的充装设备、检测手段、场地厂房、器具、安全设施；

③ 有健全的充装管理制度、责任制度、紧急处理措施。

气瓶充装单位应当向气体使用者提供符合安全技术规范要求的气瓶，对使用者进行气瓶安全使用指导，并按照安全技术规范的要求办理气瓶使用登记，提出气瓶的定期检验要求。

4. 特种设备维修的安全许可

锅炉、压力容器、电梯、起重机械、客运索道、大型游乐设施、场（厂）内专用机动车辆的维修单位，应当有与特种设备维修相适应的专业技术人员和技术工人以及必要的检测手段，并经省、自治区、直辖市特种设备安全监督管理部门许可，方可从事相应的维修活动。

锅炉、压力容器、起重机械、客运索道、大型游乐设施的安装、改造、维修以及场（厂）内专用机动车辆的改造、维修，必须由取得许可的单位进行。

电梯的安装、改造、维修，必须由电梯制造单位或者其通过合同委托、同意的取得许可的单位进行。电梯制造单位对电梯质量以及安全运行涉及的质量问题负责。

5. 特种设备安装、改造、维修的告知

特种设备安装、改造、维修的施工单位应当在施工前将拟进行的特种设备安装、改造、维修情况书面告知直辖市或者设区的市的特种设备安全监督管理部门，告知后即可施工。

6. 特种设备安装、改造、维修竣工的技术资料移交

锅炉、压力容器、电梯、起重机械、客运索道、大型游乐设施的安装、改造、维修以及场（厂）内专用机动车辆的改造、维修竣工后，安装、改造、维修的施工单位应当在验收后30日内将有关技术资料移交使用单位，高耗能特种设备还应当按照安全技术规范的要求提交能效测试报告。使用单位应当将其存入该特种设备的安全技术档案。

7. 特种设备制造、安装、改造、重大维修竣工的监督检验

锅炉、压力容器、压力管道元件、起重机械、大型游乐设施的制造过程和锅炉、压力容器、电梯、起重机械、客运索道、大型游乐设施的安装、改造、重大维修过程，必须经国务院特种设备安全监督管理部门核准的检验检测机构按照安全技术规范的要求进行监督检验；未经监督检验合格的不得出厂或者交付使用。

三、特种设备的使用

特种设备使用单位应当使用符合安全技术规范要求的特种设备。特种设备投入使用前，使用单位应当核对其是否附有《条例》规定的相关文件（即安全技术规范要求的设计文件、产品质量合格证明、安装及使用维修说明、监督检验证明等文件）。使用前及使用过程中应符合以下规定。

1. 特种设备使用登记

特种设备在投入使用前或者投入使用后 30 日内，特种设备使用单位应当向直辖市或者设区的市的质量技术监督局特种设备安全监察管理部门登记。登记标志应当置于或者附着于该特种设备的显著位置。

2. 建立特种设备安全技术档案

特种设备使用单位应当建立特种设备安全技术档案。安全技术档案应当包括以下内容：

① 特种设备的设计文件、制造单位、产品质量合格证明、使用维护说明等文件以及安装技术文件和资料；

② 特种设备的定期检验和定期自行检查的记录；

③ 特种设备的日常使用状况记录；

④ 特种设备及其安全附件、安全保护装置、测量调控装置及有关附属仪器仪表的日常维护保养记录；

⑤ 特种设备运行故障和事故记录；

⑥ 高耗能特种设备的能效测试报告、能耗状况记录以及节能改造技术资料。

3. 特种设备的日常维护保养与检查

特种设备使用单位应当对在用特种设备进行经常性日常维护保养，并定期自行检查。自行检查至少每月进行一次，并作出记录。对自行检查和日常维护保养时发现的异常情况，应当及时处理。

在用特种设备的安全附件、安全保护装置、测量调控装置及有关附属仪器仪表应进行定期校验、检修，并作出记录。

锅炉使用单位应当按照安全技术规范的要求进行锅炉水（介）质处理，并接受特种设备检验检测机构实施的水（介）质处理定期检验。

从事锅炉清洗的单位，应当按照安全技术规范的要求进行锅炉清洗，并接受特种设备检验检测机构实施的锅炉清洗过程监督检验。

电梯的日常维护保养必须由依照本条例取得许可的安装、改造、维修单位或者电梯制造单位进行。应当至少每 15 日进行一次清洁、润滑、调整和检查。

客运索道、大型游乐设施的运营使用单位在客运索道、大型游乐设施每日投入使用前，应当进行试运行和例行安全检查，并对安全装置进行检查确认。

电梯、客运索道、大型游乐设施的运营使用单位应当将电梯、客运索道、大型游乐设施的安全注意事项和警示标志置于易于为乘客注意的显著位置。并结合本单位的实际情况，配备相应数量的营救装备和急救物品。

客运索道、大型游乐设施的运营使用单位的主要负责人至少应当每月召开一次会议，督促、检查客运索道、大型游乐设施的安全使用工作。

4. 特种设备的定期检验

特种设备使用单位应当按照安全技术规范的定期检验要求，在安全检验合格有效期届满前 1 个月向特种设备检验检测机构提出定期检验要求。

未经定期检验或者检验不合格的特种设备，不得继续使用。

5. 特种设备故障或者发生异常情况的处理与报废

特种设备出现故障或者发生异常情况，使用单位应当对其进行全面检查，消除事故隐患后，方可重新投入使用。

特种设备不符合能效指标的，特种设备使用单位应当采取相应措施进行整改。

特种设备存在严重事故隐患，无改造、维修价值，或者超过安全技术规范规定使用年限，应当及时予以报废，并应当向原登记的特种设备安全监督管理部门办理注销。

6. 建立安全管理机构或者配备专职的安全管理人员

电梯、客运索道、大型游乐设施等为公众提供服务的特种设备运营使用单位，应当设置特种设备安全管理机构或者配备专职的安全管理人员；其他特种设备使用单位，应当根据情况设置特种设备安全管理机构或者配备专职、兼职的安全管理人员。

特种设备的安全管理人员应当对特种设备使用状况进行经常性检查，发现问题的应当立即处理；情况紧急时，可以决定停止使用特种设备并及时报告本单位有关负责人。

7. 对特种设备作业人员的要求

（1）锅炉、压力容器、电梯、起重机械、客运索道、大型游乐设施、场（厂）内专用机动车辆的作业人员及其相关管理人员（统称特种设备作业人员），应当按照国家有关规定经特种设备安全监督管理部门考核合格，取得国家统一格式的特种作业人员证书，方可从事相应的作业或者管理工作。

（2）特种设备使用单位应当对特种设备作业人员进行特种设备安全、节能教育和培训，保证特种设备作业人员具备必要的特种设备安全、节能知识。

（3）特种设备作业人员在作业中应当严格执行特种设备的操作规程和有关的安全规章制度。

（4）特种设备作业人员在作业过程中发现事故隐患或者其他不安全因素，应当立即向现场安全管理人员和单位有关负责人报告。

四、特种设备的检验检测

1. 特种设备检验检测机构的资格

特种设备检验检测机构，应当经国务院特种设备安全监督管理部门核准。特种设备使用单位设立的特种设备检验检测机构，经国务院特种设备安全监督管理部门核准，负责本单位核准范围内的特种设备定期检验工作。

2. 特种设备检验检测机构应具备的条件

特种设备检验检测机构，应当具备下列条件：

① 有与所从事的检验检测工作相适应的检验检测人员；

② 有与所从事的检验检测工作相适应的检验检测仪器和设备；

③ 有健全的检验检测管理制度、检验检测责任制度。

从事检验、检测的特种设备检验检测人员应当经国务院特种设备安全监督管理部门组织考核合格，取得检验检测人员证书，方可从事检验检测工作。

五、特种设备监管部门的监督检查

特种设备安全监督管理部门对特种设备生产、使用单位和检验检测机构实施安全监察时，应当有两名以上特种设备安全监察人员参加，并出示有效的特种设备安全监察人员证件。

进行安全监察时，发现有违反《条例》规定和安全技术规范要求的行为或者在用的特种设备存在事故隐患、不符合能效指标的，应当以书面形式发出特种设备安全监察指令，责令有关单位及时采取措施，予以改正或者消除事故隐患。紧急情况下需要采取紧急处置措施的，应当随后补发书面通知。

六、特种设备事故分类、应急管理和事故调查原则

1. 特种设备事故分类

（1）有下列情形之一的，为特别重大事故：

① 特种设备事故造成 30 人以上死亡，或者 100 人以上重伤（包括急性工业中毒，下同），或者 1 亿元以上直接经济损失的；

② 600MW 以上锅炉爆炸的；

③ 压力容器、压力管道有毒介质泄漏，造成 15 万人以上转移的；

④ 客运索道、大型游乐设施高空滞留 100 人以上并且时间在 48h 以上的。

（2）有下列情形之一的，为重大事故：

① 特种设备事故造成 10 人以上 30 人以下死亡，或者 50 人以上 100 人以下重伤，或者 5000 万元以上 1 亿元以下直接经济损失的；

② 600MW 以上锅炉因安全故障中断运行 240h 以上的；

③ 压力容器、压力管道有毒介质泄漏，造成 5 万人以上 15 万人以下转移的；

④ 客运索道、大型游乐设施高空滞留 100 人以上并且时间在 24h 以上 48h 以下的。

（3）有下列情形之一的，为较大事故：

① 特种设备事故造成 3 人以上 10 人以下死亡，或者 10 人以上 50 人以下重伤，或者 1000 万元以上 5000 万元以下直接经济损失的；

② 锅炉、压力容器、压力管道爆炸的；

③ 压力容器、压力管道有毒介质泄漏，造成 1 万人以上 5 万人以下转移的；

④ 起重机械整体倾覆的；

⑤ 客运索道、大型游乐设施高空滞留人员 12h 以上的。

（4）有下列情形之一的，为一般事故：

① 特种设备事故造成 3 人以下死亡，或者 10 人以下重伤，或者 1 万元以上 1000 万元以下直接经济损失的；

② 压力容器、压力管道有毒介质泄漏，造成 500 人以上 1 万人以下转移的；

③ 电梯轿厢滞留人员 2h 以上的；

④ 起重机械主要受力结构件折断或者起升机构坠落的；

⑤ 客运索道高空滞留人员 3.5h 以上 12h 以下的；

⑥ 大型游乐设施高空滞留人员 1h 以上 12h 以下的。

除前款规定外，国务院特种设备安全监督管理部门可以对一般事故的其他情形作出补充规定。

上述事故分类所称的"以上"包括本数，所称的"以下"不包括本数。

2. 特种设备事故应急管理及处置要求

① 特种设备安全监督管理部门应当制定特种设备应急预案。特种设备使用单位应当制定事故应急专项预案，并定期进行事故应急演练。

② 压力容器、压力管道发生爆炸或者泄漏，在抢险救援时应当区分介质特性，严格按照相关预案规定程序处理，防止二次爆炸。

③ 特种设备事故发生后，事故发生单位应当立即启动事故应急预案，组织抢救，防止事故扩大，减少人员伤亡和财产损失，并及时向事故发生地县以上特种设备安全监督管理部门和有关部门（通常应包括行业主管部门和安全生产综合监管部门）报告。

④ 特种设备事故调查按以下原则进行：

a. 特别重大事故由国务院或者国务院授权有关部门组织事故调查组进行调查。

b. 重大事故由国务院特种设备安全监督管理部门会同有关部门组织事故调查组进行调查。

c. 较大事故由省、自治区、直辖市特种设备安全监督管理部门会同有关部门组织事故调查组进行调查。

d. 一般事故由设区的市的特种设备安全监督管理部门会同有关部门组织事故调查组进行调查。

⑤ 事故调查报告应当由负责组织事故调查的特种设备安全监督管理部门的所在地人民政府批复，并报上一级特种设备安全监督管理部门备案。

有关机关应当按照批复，依照法律、行政法规规定的权限和程序，对事故责任单位和有关人员进行行政处罚，对负有事故责任的国家工作人员进行处分。

七、对违反《条例》规定的情形的处罚规定

所有违反《条例》规定的行为都将承担法律责任，包括经济处罚和刑事处罚（触犯刑律的行为）。下面主要介绍涉及特种设备使用单位及其人员违反《条例》规定行为的相关处罚规定。对其他单位及其人员的具体规定详见《条例》第七章 法律责任部分，此处不再赘述。

1. 特种设备使用单位违反相关规定的处罚

特种设备使用单位有下列情形之一的，由特种设备安全监督管理部门责令限期改正；逾期未改正的，处 2000 元以上 2 万元以下罚款；情节严重的，责令停止使用或者停产停业整顿：

① 特种设备投入使用前或者投入使用后 30 日内，未向特种设备安全监督管理部门登记，擅自将其投入使用的；

② 未依照条例规定，建立特种设备安全技术档案的；

③ 未依照条例规定，对在用特种设备进行经常性日常维护保养和定期自行检查的，或者对在用特种设备的安全附件、安全保护装置、测量调控装置及有关附属仪器仪表进行定期校验、检修，并作出记录的；

④ 未按照安全技术规范的定期检验要求，在安全检验合格有效期届满前 1 个月向特种设备检验检测机构提出定期检验要求的；

⑤ 使用未经定期检验或者检验不合格的特种设备的；

⑥ 特种设备出现故障或者发生异常情况，未对其进行全面检查、消除事故隐患，继续投入使用的；

⑦ 未制定特种设备事故应急专项预案的；

⑧ 未依照条例规定，对电梯进行清洁、润滑、调整和检查的；

⑨ 未按照安全技术规范要求进行锅炉水（介）质处理的；

⑩ 特种设备不符合能效指标，未及时采取相应措施进行整改的。

特种设备使用单位使用未取得生产许可的单位生产的特种设备或者将非承压锅炉、非压力容器作为承压锅炉、压力容器使用的，由特种设备安全监督管理部门责令停止使用，予以没收，处 2 万元以上 10 万元以下罚款。

2. 未按规定办理报废及注销的处罚

特种设备存在严重事故隐患，无改造、维修价值，或者超过安全技术规范规定的使用年

限，特种设备使用单位未予以报废，并向原登记的特种设备安全监督管理部门办理注销的，由特种设备安全监督管理部门责令限期改正；逾期未改正的，处5万元以上20万元以下罚款。

3. 电梯、客运索道、大型游乐设施运营使用单位违反安全检查及安全标志设置要求的处罚

电梯、客运索道、大型游乐设施的运营使用单位有下列情形之一的，由特种设备安全监督管理部门责令限期改正；逾期未改正的，责令停止使用或者停产停业整顿，处1万元以上5万元以下罚款：

① 客运索道、大型游乐设施每日投入使用前，未进行试运行和例行安全检查，并对安全装置进行检查确认的；

② 未将电梯、客运索道、大型游乐设施的安全注意事项和警示标志置于易于为乘客注意的显著位置的。

4. 特种设备使用单位违反安全管理机构或安全管理人员设置要求的处罚

特种设备使用单位有下列情形之一的，由特种设备安全监督管理部门责令限期改正；逾期未改正的，责令停止使用或者停产停业整顿，处2000元以上2万元以下罚款：

① 未依照条例规定设置特种设备安全管理机构或者配备专职、兼职的安全管理人员的；

② 从事特种设备作业的人员，未取得相应特种作业人员证书，上岗作业的；

③ 未对特种设备作业人员进行特种设备安全教育和培训的。

5. 对特种设备事故中存在违反规定情形的单位及主要负责人的处罚

发生特种设备事故，有下列情形之一的，对单位，由特种设备安全监督管理部门处5万元以上20万元以下罚款；对主要负责人，由特种设备安全监督管理部门处4000元以上2万元以下罚款；属于国家工作人员的，依法给予处分；触犯刑律的，依照刑法关于重大责任事故罪或者其他罪的规定，依法追究刑事责任：

① 特种设备使用单位的主要负责人在本单位发生特种设备事故时，不立即组织抢救或者在事故调查处理期间擅离职守或者逃匿的；

② 特种设备使用单位的主要负责人对特种设备事故隐瞒不报、谎报或者拖延不报的。

6. 对发生特种设备责任事故的单位的处罚

对事故发生负有责任的单位，由特种设备安全监督管理部门依照下列规定处以罚款：

① 发生一般事故的，处10万元以上20万元以下罚款；

② 发生较大事故的，处20万元以上50万元以下罚款；

③ 发生重大事故的，处50万元以上200万元以下罚款。

7. 对发生责任事故单位的主要负责人的处罚

对事故发生负有责任的单位的主要负责人未依法履行职责，导致事故发生的，由特种设备安全监督管理部门依照下列规定处以罚款；属于国家工作人员的，并依法给予处分；触犯刑律的，依照刑法关于重大责任事故罪或者其他罪的规定，依法追究刑事责任：

① 发生一般事故的，处上一年年收入30％的罚款；

② 发生较大事故的，处上一年年收入40％的罚款；

③ 发生重大事故的，处上一年年收入60％的罚款。

8. 对特种设备作业人员违规的处罚

特种设备作业人员违反特种设备的操作规程和有关的安全规章制度操作，或者在作业过程中发现事故隐患或者其他不安全因素，未立即向现场安全管理人员和单位有关负责人报告的，由特种设备使用单位给予批评教育、处分；情节严重的，撤销特种设备作业人员资格；

触犯刑律的，依照刑法关于重大责任事故罪或者其他罪的规定，依法追究刑事责任。

9. 对拒不接受特种设备安全监督管理的处罚

特种设备的生产、使用单位或者检验检测机构，拒不接受特种设备安全监督管理部门依法实施的安全监察的，由特种设备安全监督管理部门责令限期改正；逾期未改正的，责令停产停业整顿，处 2 万元以上 10 万元以下罚款；触犯刑律的，依照刑法关于妨害公务罪或者其他罪的规定，依法追究刑事责任。

特种设备生产、使用单位擅自动用、调换、转移、损毁被查封、扣押的特种设备或者其主要部件的，由特种设备安全监督管理部门责令改正，处 5 万元以上 20 万元以下罚款；情节严重的，撤销其相应资格。

第五章　起重机械安全

起重机械是用来进行物料搬运作业的机械设备。起重机械通过工作机构的组合运动，把物料提升，并在一定空间范围内移动，然后按要求将物料安放到指定位置，空载回到原处，准备下一次作业，从而完成一次物料搬运的工作循环。起重机械的搬运作业是周期性的间歇作业。在现代生产中，起重机不仅在物料运输领域起着重要作用，而且有些起重机直接参与生产工艺过程，成为工艺设备的主要组成部分，大大提高了劳动效率，同时减轻了劳动强度。因此，起重机械广泛用于输送、装卸、仓储等作业场所和冶金、机械、造船、建筑等众多生产、施工场所。

起重机械由于其特殊的结构形式和作业特点，使起重作业存在许多危险因素。从我国近年来特种设备事故的统计看，无论是事故起数、死亡人数等事故绝对指标，还是万台死亡人数等事故相对指标，起重机械事故在各类特种设备事故中均是名列前茅，防止起重机械事故的重要性不言而喻。

第一节　起重机械概述

一、起重机械分类

依据《起重机械分类》GB/T 20776—2006，起重机械可分为轻小型起重设备、起重机、升降机、工作平台和机械式停车设备五大类。

1. 轻小型起重设备

轻小型起重设备一般只有一个机构，包括千斤顶、滑车、起重葫芦（如电动葫芦、手拉葫芦）及卷扬机等。因其具有结构紧凑、体积小的特点，常用于维修作业。

2. 起重机

起重机依据结构及水平移动方式的不同，主要分为桥架型起重机、臂架型起重机和缆索型起重机三大类。

（1）桥架型起重机　桥架型起重机是以桥形结构作为主要承载构件，取物装置悬挂在可以沿主梁运行的起重小车上。桥架类型起重机通过起升机构的升降运动、小车运行机构和大车运行机构的水平运动，这三个工作机构的组合运动，在矩形三维空间内完成物料搬运作业。这类起重机应用于车间、仓库、露天堆场等处。包括梁式起重机、桥式起重机、门式起重机、半门式起重机和装卸桥。

① 梁式起重机。是最简单的桥架型起重机，一般使用于室内。采用电动葫芦在工字钢梁或其他简单梁上运行。操作模式有地面有线操纵和无线遥控操纵。

② 桥式起重机。其使用广泛的有单主梁和双主梁桥式起重机，它的主梁和两个端梁组成桥架，整个起重机直接运行在建筑物高架结构的轨道上（见图5-1）。

③ 门式起重机。又被称为带腿的桥式起重机。其主梁通过支撑在地面轨道上的两个刚性支腿或刚性-柔性支腿，形成一个可横跨铁路轨道或货场的门架，外伸到支腿外侧的主梁悬臂部分可扩大作业面积（见图5-2）。图中 H 为起升高度，L 为跨度，L_1、L_2 为悬臂长度（下同）。门式起重机有时制造成单支腿的半门式起重机。

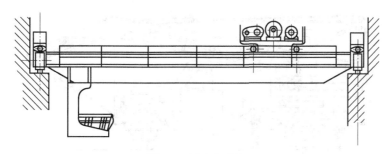

图 5-1 桥式起重机

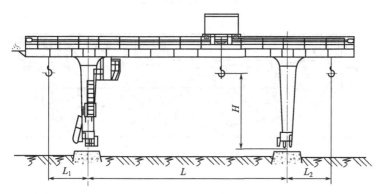

图 5-2 门式起重机

④ 装卸桥。是专门用于装卸作业的门式起重机（见图 5-3），用于供货站、港口等部门进行散粒物料的装卸，其特点是小车运行速度大、跨度大（一般为 60～90m 以上），生产率高（可达 500～1000t/h 或更高）。

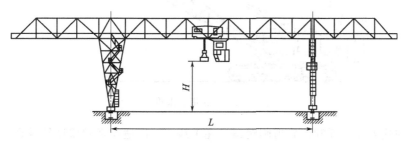

图 5-3 装卸桥

（2）臂架型起重机 臂架型起重机的结构都有一个悬伸、可旋转的臂架作为主要受力构件，除了起升机构和运行结构外，通常还有旋转机构和变幅机构，通过起升机构、变幅机构、旋转机构和运行机构四大机构的组合运动，可以实现在圆形或长圆形空间的装卸作业。臂架型起重机可装设在车辆或其他运输工具上，构成了常见的各种运行臂架型起重机。主要包括流动式起重机、塔式起重机、门座式起重机、铁路起重机、固定式起重机、台架式起重机、甲板起重机、桅杆起重机、悬臂起重机等。

① 流动式起重机。它包括汽车起重机（见图 5-4）、轮胎起重机（见图 5-5）、履带起重机（见图 5-6），采用充气轮胎或履带作运行装置，可以在无轨路面长距离移动。最常见的汽车起重机安装在汽车底盘上，其优点是机动性好。

② 塔式起重机。其结构特点是悬架长（服务范围大）、塔身高（增加升降高度）、设计

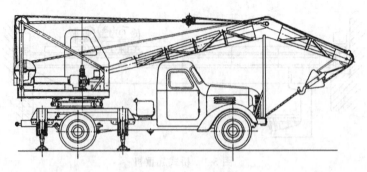

图 5-4 汽车起重机

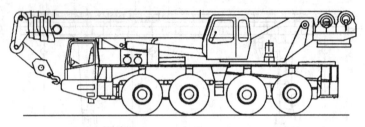

图 5-5 轮胎起重机

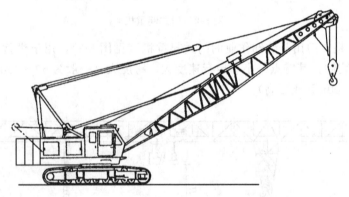

图 5-6 履带起重机

精巧，可以快速安装、拆卸。轨道临时铺设在工地上，以适应经常搬迁的需要（见图 5-7）。

　　③门座式起重机。它是回转臂架安装在门形座架上的起重机，沿地面轨道运行的门座架下可通过铁路车辆或其他车辆，多用于港口装卸作业，或造船厂进行船体与设备装配（见图 5-8）。

　　（3）缆索型起重机　缆索型起重机适用于跨度大、地形复杂的货场、水库或工地作业（见图 5-9）。由于跨度大，固定在两个塔架顶部的缆索取代了桥形主梁。悬挂在起重小车上的取物装置被牵引索高速牵引，沿承载索往返运行，两塔架分别在相距较远的两岸轨道上，可以低速运行。

3. 升降机

　　升降机主要包括施工升降机、升船机、举升机等。升降机虽然只有一个升降机构，但结构复杂，配有完善的安全装置及其他附属装置。图 5-10 为建筑施工中的施工升降机。施工升降机作为高层建筑施工中运送人员和散装物料的垂直运输设备早已被广泛使用。

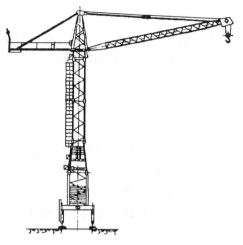

图 5-7　塔式起重机

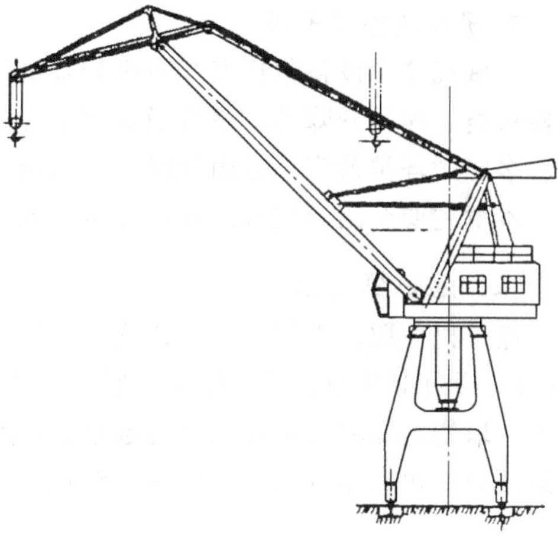

图 5-8　门座式起重机

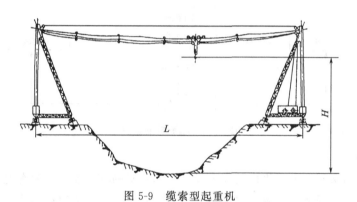

图 5-9　缆索型起重机

图 5-10　建筑施工中的施工升降机

图 5-11　汽车载式液压升降平台

4. 工作平台

工作平台是广泛应用于各行业的高空作业、设备安装及检修的具有可移动功能的起重机械。主要包括移动式升降平台和桅杆爬升式升降工作平台。图 5-11 所示为汽车载式液压升降平台。

5．机械式停车设备

机械式停车设备包括汽车专用升降机以及各类机械式停车设备等。种类较多，共分为升降横移类、简易升降类、平面移动类、巷道堆垛类、垂直升降类、垂直循环类、水平循环类、多层循环类及汽车专用升降机九大类。

本章主要介绍起重机的安全技术与安全管理。

二、起重机的组成

起重机由驱动装置、工作机构、取物装置、操纵控制系统和金属结构五部分组成（见图5-12）。通过对控制系统的操纵，驱动装置将动力能量输入，转变为机械能，再传递给取物装置。取物装置将被搬运物料与起重机联系起来，通过工作机构单独或组合运动，完成物料搬运任务。可移动的金属结构将各组成部分连接成一个整体，并承载起重机的自重和吊重。

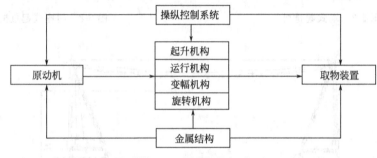

图 5-12　起重机的组成

1．驱动装置

驱动装置是用来驱动工作机构的动力设备。起重机的驱动装置主要有电力驱动和内燃机驱动。电能是清洁、经济的能源，电力驱动是现代起重机的主要驱动形式，几乎所有的在有限范围内运行的有轨起重机都采用电力驱动。对于可以远距离移动的流动式起重机（如汽车起重机、轮胎起重机和履带起重机）多采用内燃机驱动。

2．工作机构

工作机构包括：起升机构、运行机构、变幅机构和旋转机构，被称为起重机的四大机构。

（1）起升机构，是用来实现物料的垂直升降的机构，是任何起重机不可缺少的部分，因而是起重机最主要、最基本的机构。

（2）运行机构，是通过起重机或起重小车运行来实现水平搬运物料的机构，有无轨运行和有轨运行之分，按其驱动方式不同分为自行式和牵引式两种。

（3）变幅机构，是臂架型起重机特有的工作机构。变幅机构可通过改变倾斜臂架的长度和仰角来改变作业幅度，也可通过水平臂架上小车的移动来实现变幅作业。

（4）旋转机构，是使臂架绕着起重机的垂直轴线作回转运动，在环形空间移动物料。

起重机通过某一机构的单独运动或多机构的组合运动，来达到搬运物料的目的。

3．取物装置

取物装置是通过吊、抓、吸、夹、托或其他方式，将物料与起重机联系起来进行物料吊运的装置。根据被吊物料不同的种类、形态、体积大小，采用不同种类的取物装置。例如，成件的物品常用吊钩、吊环；散料物料（如粮食、矿石等）常用抓斗、料斗；液体物料使用盛筒、料罐等。也有针对特殊物料的特种吊具，如吊运长形物料的起重横梁，吊运导磁性物料的起重电磁吸盘，专门为冶金等部门使用的旋转吊钩，还有螺旋卸料和斗轮卸料等取物装置，以及用于装卸集装箱的集装箱专用吊具等。合适的取物装置可以减轻作业人员的劳动强度，大大提高工作效率。防止吊物坠落，保证作业人员的安全和吊物不受损伤是起重作业对取物装置的基本安全要求。

4. 金属结构

金属结构是以金属材料轧制的型钢（如角钢、槽钢、工字钢、钢管等）和钢板作为基本构件，通过焊接、铆接、螺栓连接等方法，按一定的组成规则连接，承受起重机的自重和载荷的钢结构。金属结构的重量约占整机重量的 40%～70% 左右，重型起重机可达 90%；其成本约占整机成本的 30% 以上。金属结构按其构造可分为实腹式（由钢板制成，也称箱型结构）和格构式（一般用型钢制成，常见的有桁架和格构柱）两类，组成起重机金属结构的基本受力构件。这些基本受力构件有柱（轴心受力构件）、梁（受弯构件）和臂架（压弯构件），各种构件的不同组合形成功能各异的起重机。受力复杂、自重大、耗材多和整体可移动性是起重机金属结构的特点。

起重机的金属结构是起重机的重要组成部分，它是整台起重机的骨架，将起重机的机械、电气设备连接组合成一个有机的整体，承受和传递作用在起重机上的各种载荷并形成一定的作业空间，以便把起吊的重物顺利搬运到指定地点。金属结构的垮塌破坏会带来极其严重甚至灾难性的后果。

【事故案例】 沪东"7·17"起重机倒塌特大事故

2001 年 7 月 17 日上午 8 时许，在沪东中华造船(集团)有限公司船坞工地，由上海电力建筑工程公司等单位承担安装的 600t×170m 龙门起重机在吊装主梁过程中发生倒塌事故，造成 36 人死亡，3 人受伤，直接经济损失 8000 多万元。

5. 操纵控制系统

作业人员通过电气、液压系统操纵控制起重机各机构及整机的运动，进行各种起重作业。操纵控制系统包括各种操纵器、显示器及相关元件和线路，是人机对话的接口。安全人机工程学的要求在这里得到集中体现。操纵控制系统的状态直接关系到起重作业的质量、效率和安全。

起重机与其他一般机器的显著区别是庞大、可移动的金属结构和多机构的组合工作。间歇式的循环作业、起重载荷的不均匀性、各机构运动循环的不一致性、机构负载的不等时性、多人参与的配合作业等特点，决定了起重机的作业复杂性、安全隐患多、危险范围大。导致起重作业事故易发点多、事故后果严重，因而对起重机的安全管理提出更高的要求。

三、起重机主要技术参数

起重机技术参数是表征起重机技术性能指标的参数，是起重机设计的重要依据，也是起重机安全技术要求的重要依据。

1. 起重量 G

起重量是指被起升重物的质量，单位为 kg 或 t。主要有额定起重量、最大起重量和有效起重量等。

（1）额定起重量 G_n　额定起重量为起重机允许安全吊起的吊物连同可分吊具或属具（如抓斗、电磁吸盘、平衡梁等）质量的最大质量的总和。

（2）最大起重量 G_{max}　最大起重量是指幅度可变的起重机在最小幅度时的额定起重量。

（3）有效起重量 G_p　有效起重量是指起重机能吊起的物料的最大净质量。

起重量指标在应用中需要注意以下几点：

① 起重机标牌上标定的起重量，通常都是指额定起重量，应醒目地显示在起重机结构的明显位置上。

② 对于臂架型起重机而言，其额定起重量随幅度的增加而减小，其起重特性是用起重力矩来表征的。标牌上标定的值是最大起重量。

③ 带可分吊具的起重机，其吊具和物料质量的总和是额定起重量，允许起升物料的最大质量是有效起重量。

2. 起升高度 H

起升高度是指起重机运行轨道（或地面）到取物装置上极限位置的垂直距离，单位为 m。

（1）下降深度 h　当取物装置可以放到地面或轨道顶面以下时，其下放距离称为下降深度。即吊具最低工作位置与起重机水平支撑面之间的垂直距离。

（2）起升范围 D　起升范围为起升高度和下降深度之和，即吊具最高和最低工作位置之间的垂直距离。

起升范围 $D=$ 起升高度 $H+$ 下降深度 h

3. 跨度 S

跨度指桥架型起重机运行轨道中心线之间的水平距离，单位为 m。

桥架型起重机的小车运行轨道中心线之间的水平距离称为小车的轨距。

地面有轨运行的臂架式起重机的运行轨道中心线之间的水平距离称之为该起重机的轨距。

4. 幅度 L

幅度是指旋转臂架式起重机旋转中心线与取物装置铅垂线之间的水平距离，单位为 m。

非旋转类型的臂架式起重机的幅度是指吊具中心线至臂架后轴或其他典型轴线之间的水平距离。

当臂架倾角最小或小车位置与起重机回转中心距离最大时的幅度为最大幅度，反之为最小幅度。

5. 工作速度 v

工作速度是指起重机工作机构在额定载荷下稳定运行的速度。

（1）起升速度 v_q　起升速度是指起重机在稳定运行状态下，额定载荷的垂直位移速度，单位为 m/min。

（2）大车运行速度 v_k　大车运行速度是指起重机在水平路面或轨道上带额定载荷的运行速度，单位为 m/min。

（3）小车运行速度 v_t　小车运行速度是指稳定运行状态下，小车在水平轨道上带额定载荷的运行速度，单位为 m/min。

（4）变幅速度 v_f　变幅速度是指稳定运行状态下，在变幅平面内吊挂最小额定载荷，从最大幅度至最小幅度的水平位移平均线速度，单位为 m/min。

（5）行走速度 v_0　行走速度是指在道路行驶状态下，流动式起重机的运行速度，单位为 km/h。

（6）旋转速度 ω　旋转速度是指稳定运行状态下，起重机绕其旋转中心的旋转速度，单位为 r/min。

四、起重机工作级别

起重机通过起升和移动所吊运的物品完成搬运作业，为适应起重机不同的使用情况和工作要求，在设计和选用起重机及其零部件时，应对起重机及其组成部分进行工作级别的划分，包括：

① 起重机整机工作级别的划分；

② 机构工作级别的划分；

③ 结构件或机械零件工作级别的划分。

（一）划分起重机工作级别的意义

① 是为设计、制造和用户的选用提供合理、统一的技术基础和参考标准，以取得较好的安全、经济效果，使起重机的工作状态得到比较准确的反映。

② 提高起重机零部件的通用化水平，实现不同起重量起重机的零部件在相同工作级别的起重机上通用。

③ 是起重机各组成部分的零、部、构件设计的重要依据。

④ 是安全检查、事故分析计算和报废标准的依据。

（二）起重机整机工作级别的划分

根据起重机的使用等级和起升载荷状态级别，起重机整机的工作级别分为 $A_1 \sim A_8$ 八级。

1. 起重机的使用等级

起重机的使用等级表征起重机的使用频繁程度，按起重机可能完成的总工作循环数分成 10 个等级，见表 5-1。

表 5-1　起重机的使用等级

使用等级	起重机总工作循环数 C_r	起重机使用频繁程度
U_0	$C_r \leqslant 1.60 \times 10^4$	
U_1	$1.60 \times 10^4 < C_r \leqslant 3.20 \times 10^4$	
U_2	$3.20 \times 10^4 < C_r \leqslant 6.30 \times 10^4$	很少使用
U_3	$6.30 \times 10^4 < C_r \leqslant 1.25 \times 10^5$	
U_4	$1.25 \times 10^5 < C_r \leqslant 2.50 \times 10^5$	不频繁使用
U_5	$2.50 \times 10^5 < C_r \leqslant 5.00 \times 10^5$	中等频繁使用
U_6	$5.00 \times 10^5 < C_r \leqslant 1.00 \times 10^6$	较频繁使用
U_7	$1.00 \times 10^6 < C_r \leqslant 2.00 \times 10^6$	频繁使用
U_8	$2.00 \times 10^6 < C_r \leqslant 4.00 \times 10^6$	特别频繁使用
U_9	$C_r > 4.00 \times 10^6$	

2. 起重机的起升载荷状态级别

起重机的起升载荷状态级别是指在该起重机的设计预期寿命期限内，它的各个有代表性的起升载荷值的大小及各相对应的起吊次数，与起重机的额定起升载荷值的大小及总的起吊次数的比值情况。起重机的起升载荷状态级别依据载荷谱系数 K_p 进行分级。

载荷谱系数 K_p 由下式计算：

$$K_p = \sum \left[(C_i / C_r) \times (P_{Qi} / P_{Qmax})^m \right] \tag{5-1}$$

式中　K_p——起重机的载荷谱系数；

C_i——与起重机各个有代表性的起升载荷相对应的工作循环数；

C_r——起重机总工作循环数；

P_{Qi}——能表征起重机在预期寿命期内工作任务的各个有代表性的起升载荷；

P_{Qmax}——起重机的额定起吊载荷；

m——幂指数，为了便于级别的划分，约定取 $m=3$。

起重机的起升载荷状态级别按载荷谱系数划分为 4 个级别，见表 5-2。

表 5-2　起重机的起升载荷状态级别及载荷谱系数

载荷状态级别	起重机的载荷谱系数 K_p	说　明
Q_1	$K_p \leqslant 0.125$	很少吊运额定载荷，经常吊运轻微载荷
Q_2	$0.125 < K_p \leqslant 0.250$	较少吊运额定载荷，经常吊运中等载荷
Q_3	$0.250 < K_p \leqslant 0.500$	有时吊运额定载荷，较多吊运较重载荷
Q_4	$0.500 < K_p \leqslant 1.000$	经常吊运额定载荷

3. 起重机整机的工作级别

根据起重机的 10 个使用等级和 4 个起升载荷状态级别，起重机整机的工作级别划分为 $A_1 \sim A_8$ 共 8 个级别，见表 5-3。

表 5-3　起重机整机的工作级别

载荷状态级别	起重机的载荷谱系数 K_p	起重机的使用等级									
		U_0	U_1	U_2	U_3	U_4	U_5	U_6	U_7	U_8	U_9
Q_1	$K_p \leqslant 0.125$	A_1	A_1	A_1	A_2	A_3	A_4	A_5	A_6	A_7	A_8
Q_2	$0.125 < K_p \leqslant 0.250$	A_1	A_1	A_2	A_3	A_4	A_5	A_6	A_7	A_8	A_8
Q_3	$0.250 < K_p \leqslant 0.500$	A_1	A_2	A_3	A_4	A_5	A_6	A_7	A_8	A_8	A_8
Q_4	$0.500 < K_p \leqslant 1.000$	A_2	A_3	A_4	A_5	A_6	A_7	A_8	A_8	A_8	A_8

4. 起重机整机的工作级别举例

流动式起重机、塔式起重机、臂架起重机、桥式和门式起重机的整机工作级别分级举例见表 5-4～表 5-7。

表 5-4　流动式起重机整机工作级别分级举例

序号	起重机使用情况	使用等级	载荷状态	整机工作级别
1	一般吊钩作业，非连续使用的起重机	U_2	Q_1	A_1
2	带有抓斗、电磁吸盘或吊桶的起重机	U_3	Q_2	A_3
3	集装箱吊运或港口装卸用的较繁重作业起重机	U_3	Q_3	A_4

表 5-5　塔式起重机整机工作级别分级举例

序号	起重机的类别和使用情况	使用等级	载荷状态	整机工作级别
1(a)	很少使用的起重机	U_1	Q_2	A_1
1(b)	货场用起重机	U_3	Q_1	A_2
1(c)	钻井平台上维修用起重机	U_3	Q_2	A_3
1(d)	造船厂舾装起重机	U_4	Q_2	A_4
2(a)	建筑用快装式塔式起重机	U_3	Q_2	A_3

续表

序号	起重机的类别和使用情况	使用等级	载荷状态	整机工作级别
2(b)	建筑用非快装式塔式起重机	U_4	Q_2	A_4
2(c)	电站安装设备用塔式起重机	U_4	Q_2	A_4
3(a)	船舶修理厂用起重机	U_4	Q_2	A_4
3(b)	造船用起重机	U_4	Q_3	A_5
3(c)	抓斗起重机	U_5	Q_3	A_6

表 5-6　臂架起重机整机工作级别分级举例

序号	起重机的类别	起重机的使用情况	使用等级	载荷状态	整机工作级别
1	人力驱动起重机	很少使用	U_2	Q_1	A_1
2	车间电动悬臂起重机	很少使用	U_2	Q_2	A_2
3	造船用臂架起重机	不频繁较轻载使用	U_4	Q_2	A_4
4(a)	货场用吊钩起重机	不频繁较轻载使用	U_4	Q_2	A_4
4(b)	货场用抓斗或电磁吸盘起重机	较频繁中等载荷使用	U_5	Q_3	A_6
4(c)	货场用抓斗、电磁吸盘或集装箱起重机	频繁重载使用	U_7	Q_3	A_8
5(a)	港口装卸用吊钩起重机	较频繁中等载荷使用	U_6	Q_3	A_6
5(b)	港口装船用吊钩起重机	较频繁重载使用	U_6	Q_3	A_7
5(c)	港口装卸用抓斗、电磁吸盘或集装箱起重机	较频繁重载使用	U_6	Q_3	A_7
5(d)	港口装船用抓斗、电磁吸盘或集装箱起重机	频繁重载使用	U_6	Q_4	A_8
6	铁路起重机	较少使用	U_2	Q_3	A_3

表 5-7　桥式和门式起重机整机工作级别分级举例

序号	起重机的类别	起重机的使用情况	使用等级	载荷状态	整机工作级别
1	人力驱动起重机(含手动葫芦起重机)	很少使用	U_2	Q_1	A_1
2	车间装配用起重机	较少使用	U_3	Q_2	A_3
3(a)	电站用起重机	很少使用	U_2	Q_2	A_2
3(b)	维修用起重机	较少使用	U_2	Q_3	A_3
4(a)	车间用起重机(含车间用电动葫芦起重机)	较少使用	U_3	Q_2	A_3
4(b)	车间用起重机(含车间用电动葫芦起重机)	不频繁较轻载使用	U_4	Q_2	A_4
4(c)	较繁忙车间用起重机(含车间用电动葫芦起重机)	不频繁中等载荷使用	U_5	Q_2	A_5
5(a)	货场用吊钩起重机(含货场电动葫芦起重机)	较少使用	U_4	Q_1	A_3
5(b)	货场用抓斗或电磁吸盘起重机	较频繁中等载荷使用	U_5	Q_3	A_6
6(a)	废料场吊钩起重机	较少使用	U_4	Q_1	A_3
6(b)	废料场抓斗或电磁吸盘起重机	较频繁中等载荷使用	U_5	Q_3	A_6
7	桥式抓斗卸船机	频繁重载使用	U_7	Q_3	A_8
8(a)	集装箱搬运起重机	较频繁中等载荷使用	U_5	Q_3	A_6
8(b)	岸边集装箱起重机	较频繁重载使用	U_6	Q_3	A_7
9	冶金用起重机				
9(a)	换轧辊起重机	很少使用	U_3	Q_1	A_2
9(b)	料箱起重机	频繁重载使用	U_7	Q_3	A_8

序号	起重机的类别	起重机的使用情况	使用等级	载荷状态	整机工作级别
9(c)	加热炉起重机	频繁重载使用	U_7	Q_3	A_8
9(d)	炉前兑铁水铸造起重机	较频繁重载使用	$U_6 \sim U_7$	$Q_3 \sim Q_4$	$A_7 \sim A_8$
9(e)	炉后出钢水铸造起重机	较频繁重载使用	$U_4 \sim U_5$	Q_4	$A_6 \sim A_7$
9(f)	板坯搬运起重机	较频繁重载使用	U_6	Q_3	A_7
9(g)	冶金流程线上的专用起重机	频繁重载使用	U_7	Q_3	A_8
9(h)	冶金流程线外用的起重机	较频繁中等载荷使用	U_6	Q_2	A_6
10	铸工车间用起重机	不频繁中等载荷使用	U_4	Q_3	A_5
11	锻造起重机	较频繁重载使用	U_6	Q_3	A_7
12	淬火起重机	较频繁中等载荷使用	U_5	Q_3	A_6
13	装卸桥	较频繁重载使用	U_6	Q_4	A_7

(三) 机构工作级别的划分

根据机构的使用等级和载荷状态级别,机构的工作级别分为 $M_1 \sim M_8$ 八个级别。

1. 机构的使用等级

机构的设计预期寿命,是指设计预设的该机构从开始使用起到预期更换或最终报废为止的总运转时间,它只是该机构实际运转小时数累计之和,而不包括工作中此机构的停歇时间,机构的使用等级是将该机构的总运转时间分成 10 个等级,以 T_0、T_1、T_2、…、T_9 表示,见表 5-8。

表 5-8　机构的使用等级

机构使用等级	总使用时间 t_r/h	机构运转频繁情况
T_0	$t_r \leqslant 200$	很少使用
T_1	$200 < t_r \leqslant 400$	
T_2	$400 < t_r \leqslant 800$	
T_3	$800 < t_r \leqslant 1600$	
T_4	$1600 < t_r \leqslant 3200$	不频繁使用
T_5	$3200 < t_r \leqslant 6300$	中等频繁使用
T_6	$6300 < t_r \leqslant 12500$	较频繁使用
T_7	$12500 < t_r \leqslant 25000$	频繁使用
T_8	$25000 < t_r \leqslant 50000$	
T_9	$t_r > 50000$	

2. 机构的载荷状态级别

机构的载荷状态级别表明了机构所受载荷的轻重情况。

机构的载荷谱系数 K_m 由下式计算:

$$K_m = \sum \left[(t_i/t_T) \times (P_i/P_{max})^m \right] \tag{5-2}$$

式中　K_m——起重机的载荷谱系数;

　　　t_i——与机构承受各个大小不同等级载荷的相应持续时间,h;

　　　t_T——机构承受所有大小不同载荷的时间总和,h;

P_i——能表征机构在服务期内工作特征的各个大小不同等级的载荷，N；

$P_{\max}$——机构承受的最大载荷，N；

m——幂指数，为了便于级别的划分，约定取 $m=3$。

机构的载荷状态级别按载荷谱系数 K_m 划分为 4 个级别，见表 5-9。

表 5-9　机构的载荷状态级别及载荷谱系数

载荷状态级别	机构载荷谱系数 K_m	说　明
L_1	$K_m \leqslant 0.125$	机构很少承受最大载荷，一般承受轻小载荷
L_2	$0.125 < K_m \leqslant 0.250$	机构较少承受最大载荷，一般承受中等载荷
L_3	$0.250 < K_m \leqslant 0.500$	机构有时承受最大载荷，一般承受较大载荷
L_4	$0.500 < K_m \leqslant 1.000$	机构经常承受最大载荷

3. 机构的工作级别

机构工作级别的划分，是将单个机构分别作为一个整体进行的关于其载荷大小程度及运转频繁情况的评价，它并不表示该机构中所有零部件都有与此相同的受载及运转情况。

根据机构的 10 个使用等级和 4 个载荷状态级别，机构作为一个整体进行分级的工作级别划分为 $M_1 \sim M_8$ 共 8 级，见表 5-10。

表 5-10　机构的工作级别

载荷状态级别	机构载荷谱系数 K_m	机构的使用等级									
		T_0	T_1	T_2	T_3	T_4	T_5	T_6	T_7	T_8	T_9
L_1	$K_m \leqslant 0.125$	M_1	M_1	M_1	M_2	M_3	M_4	M_5	M_6	M_7	M_8
L_2	$0.125 < K_m \leqslant 0.250$	M_1	M_1	M_2	M_3	M_4	M_5	M_6	M_7	M_8	M_8
L_3	$0.250 < K_m \leqslant 0.500$	M_1	M_2	M_3	M_4	M_5	M_6	M_7	M_8	M_8	M_8
L_4	$0.500 < K_m \leqslant 1.000$	M_2	M_3	M_4	M_5	M_6	M_7	M_8	M_8	M_8	M_8

4. 机构的工作级别分级举例

流动式起重机、塔式起重机、臂架起重机、桥式和门式起重机的机构工作级别分级举例见表 5-11～表 5-14。

表 5-11　流动式起重机各机构单独作为整体的工作级别分级举例

序号	机构名称	起重机整机工作级别	机构使用等级	机构载荷状态	机构工作级别
1	起升机构	A_1	T_4	L_1	M_3
		A_3	T_4	L_2	M_4
		A_4	T_4	L_3	M_5
2	回转机构	A_1	T_2	L_2	M_2
		A_3	T_3	L_2	M_3
		A_4	T_4	L_2	M_4
3	变幅机构	A_1	T_2	L_2	M_2
		A_3	T_3	L_2	M_3
		A_4	T_3	L_2	M_3
4	臂架伸缩机构	A_1	T_2	L_1	M_1
		A_3	T_2	L_2	M_2
		A_4	T_2	L_2	M_2

序号	机构名称		起重机整机工作级别	机构使用等级	机构载荷状态	机构工作级别
5	运行机构	轮胎式运行机构（仅在工作现场）	A_1	T_2	L_1	M_1
			A_3	T_2	L_2	M_2
			A_4	T_2	L_2	M_2
		履带运行机构	A_1	T_2	L_1	M_1
			A_3	T_2	L_2	M_2
			A_4	T_2	L_2	M_2

注：在空载状态下臂架伸缩机构作伸缩动作。

表 5-12　塔式起重机各机构单独作为整体的工作级别分级举例

序号	起重机的类别和使用情况	起重机整机工作级别	机构使用等级					机构载荷状态					机构工作级别				
			H	S	L	D	T	H	S	L	D	T	H	S	L	D	T
1(a)	很少使用的起重机	A_1	T_1	T_2	T_1	T_1	T_2	L_2	L_3	L_2	L_2	L_3	M_1	M_2	M_1	M_1	M_2
1(b)	货场用起重机	A_2	T_3	T_3	T_2	T_2	T_2	L_1	L_3	L_1	L_1	L_3	M_2	M_4	M_1	M_1	M_2
1(c)	钻井平台上维修用起重机	A_3	T_3	T_3	T_2	T_3	T_3	L_2	L_3	L_2	L_2	L_3	M_2	M_4	M_2	M_3	M_4
1(d)	造船厂舾装起重机	A_4	T_4	T_4	T_3	T_3	T_4	L_2	L_3	L_2	L_2	L_3	M_4	M_5	M_3	M_3	M_5
2(a)	建筑用快装式塔式起重机	A_4	T_3	T_4	T_3	T_3	T_4	L_2	L_3	L_2	L_2	L_3	M_4	M_5	M_3	M_3	M_5
2(b)	建筑用非快装式塔式起重机	A_4	T_4	T_4	T_3	T_3	T_4	L_2	L_3	L_2	L_2	L_3	M_4	M_5	M_3	M_3	M_5
2(c)	电站安装设备用的塔式起重机	A_4	T_4	T_4	T_3	T_3	T_4	L_2	L_3	L_2	L_2	L_3	M_4	M_5	M_3	M_3	M_5
3(a)	船舶修理厂用起重机	A_4	T_4	T_4	T_4	T_4	T_4	L_2	L_3	L_2	L_2	L_3	M_4	M_5	M_3	M_3	M_5
3(b)	造船用起重机	A_5	T_4	T_4	T_4	T_4	T_4	L_3	L_3	L_3	L_3	L_3	M_4	M_5	M_4	M_4	M_5
3(c)	抓斗起重机	A_6	T_5	T_5	T_4	T_5	T_2	L_3	L_3	L_3	L_3	L_3	M_6	M_6	M_5	M_6	M_3

注：H——起升机构；

S——回转机构；

L——动臂俯仰变幅机构；

D——小车运行变幅机构；

T——大车（纵向）运行机构。

表 5-13　臂架起重机各机构单独作为整体的工作级别分级举例

序号	起重机的类别	起重机的使用情况	起重机整机工作级别	机构使用等级					机构载荷状态					机构工作级别				
				H	S	L	D	T	H	S	L	D	T	H	S	L	D	T
1	人力驱动起重机	很少使用	A_1	T_1	T_1	T_1	T_2	T_2	L_2	L_2	L_2	L_1	L_1	M_1	M_1	M_1	M_1	M_1
2	车间电动悬臂起重机	很少使用	A_2	T_2	T_2	T_1	T_1	T_2	L_2	L_2	L_2	L_2	L_3	M_2	M_2	M_1	M_1	M_2
3	造船用臂架起重机	不频繁较轻载使用	A_4	T_4	T_4	T_4		T_4	L_2	L_2	L_2		L_3	M_5	M_4	M_4		M_5
4(a)	货场用吊钩起重机	不频繁较轻载使用	A_4	T_4	T_4	T_3	T_4	T_4	L_2	L_2	L_2	L_2	L_3	M_4	M_4	M_3	M_4	M_4
4(b)	货场用抓斗或电磁盘起重机	较频繁中等载荷使用	A_6	T_3	T_3				L_3	L_3				M_6	M_6	M_6	M_6	M_5
4(c)	货场用抓斗、电磁盘或集装箱起重机	频繁重载使用	A_8	T_1			T_5	T_5	L_3	L_3	L_3	L_3	L_3	M_3	M_7	M_6	M_7	M_6

续表

序号	起重机的类别	起重机的使用情况	起重机整机工作级别	机构使用等级					机构载荷状态					机构工作级别				
				H	S	L	D	T	H	S	L	D	T	H	S	L	D	T
5(a)	港口装卸用吊钩起重机	较频繁中等载荷使用	A_6	T_4	T_4	T_4	—	T_3	L_3	L_3	L_2	—	L_2	M_5	M_5	M_4	—	M_3
5(b)	港口装船用吊钩起重机	较频繁重载使用	A_7	T_6	T_5	T_4	—	T_3	L_3	L_3	L_3	—	L_3	M_7	M_6	M_5	—	M_4
5(c)	港口装卸抓斗、电磁盘或集装箱用起重机	较频繁重载使用	A_7	T_6	T_5	T_5	—	T_3	L_3	L_3	L_3	—	L_3	M_7	M_6	M_6	—	M_4
5(d)	港口装船用抓斗、电磁盘或集装箱起重机	频繁重载使用	A_8	T_7	T_5	T_6	—	T_1	L_3	L_3	L_3	—	L_3	M_8	M_7	M_7	—	M_4
6	铁路起重机	较少使用	A_3	T_2	T_2	T_2	—	T_1	L_3	L_2	L_3	—	L_2	M_3	M_2	M_3	—	M_1

注：H——起升机构；

　　S——回转机构；

　　L——臂架俯仰变幅机构；

　　D——小车（横向）运行变幅机构；

　　T——大车（纵向）运行机构。

表 5-14　桥式和门式起重机各机构单独作为整体的工作级别分级举例

序号	起重机的类别	起重机整机的使用情况	起重机整机的工作级别	机构使用等级			机构载荷状态			机构工作级别		
				H	D	T	H	D	T	H	D	T
1	人力驱动的起重机（含手动葫芦起重机）	很少使用	A_1	T_2	T_2	T_2	L_1	L_1	L_1	M_1	M_1	M_1
2	车间装配用起重机	较少使用	A_3	T_2	T_2	T_2	L_2	L_1	L_2	M_2	M_1	M_2
3(a)	电站用起重机	很少使用	A_2	T_2	T_3	T_3	L_2	L_1	L_2	M_2	M_1	M_3
3(b)	维修用起重机	较少使用	A_3	T_2	T_2	T_2	L_1	L_1	L_1	M_1	M_1	M_2
4(a)	车间用起重机（含车间用电动葫芦起重机）	较少使用	A_3	T_4	T_3	T_4	L_1	L_1	L_1	M_3	M_2	M_3
4(b)	车间用起重机（含车间用电动葫芦起重机）	不频繁较轻载使用	A_4	T_4	T_3	T_4	L_2	L_2	L_2	M_4	M_3	M_4
4(c)	车间用起重机（含车间用电动葫芦起重机）	不频繁中等载荷使用	A_5	T_5	T_3	T_6	L_2	L_2	L_2	M_5	M_3	M_5
5(a)	货场用吊钩起重机（含车间用电动葫芦起重机）	较少使用	A_3	T_4	T_4	T_4	L_1	L_1	L_2	M_3	M_2	M_4
5(b)	货场用抓斗或电磁盘起重机	较频繁中等载荷使用	A_6	T_3	T_3	T_5	L_3	L_3	L_3	M_6	M_6	M_6
6(a)	废料场吊钩起重机	较少使用	A_3	T_4	T_4	T_4	L_1	L_1	L_2	M_3	M_2	M_4
6(b)	废料场用抓斗或电磁盘起重机	较频繁中等载荷使用	A_6	T_5	T_5	T_5	L_3	L_3	L_3	M_6	M_6	M_6
7	桥式抓斗装卸船	频繁重载使用	A_8	T_6	T_6	T_6	L_3	L_3	L_3	M_7	M_7	M_6
8(a)	集装箱搬运起重机	较频繁中等载荷使用	A_6	T_5	T_5	T_5	L_3	L_3	L_3	M_6	M_6	M_6
8(b)	岸边集装箱起重机	较频繁重载使用	A_7	T_6	T_5	T_5	L_3	L_3	L_3	M_7	M_7	M_6
9	冶金用起重机											
9(a)	换轧辊起重机	很少使用	A_2	T_3	T_2	T_3	L_3	L_3	L_3	M_4	M_3	M_4

续表

序号	起重机的类别	起重机整机的使用情况	起重机整机的工作级别	机构使用等级			机构载荷状态			机构工作级别		
				H	D	T	H	D	T	H	D	T
9(b)	料箱起重机	频繁重载使用	A₈	T₇	T₅	T₇	L₄	L₄	L₄	M₈	M₇	M₈
9(c)	加热炉起重机	频繁重载使用	A₈	T₆	T₆	T₆	L₃	L₄	L₃	M₇	M₈	M₇
9(d)	炉前兑铁水铸造起重机	较频繁重载使用	A₆～A₇	T₇	T₅	T₅	L₃	L₃	L₃	M₇～M₈	M₆	M₆
9(e)	炉后出钢水铸造起重机	较频繁重载使用	A₇～A₈	T₇	T₆	T₆	L₄	L₃	L₃	M₈	M₇	M₆～M₇
9(f)	板坯搬运起重机	较频繁重载使用	A₇	T₅	T₅	T₆	L₃	L₄	L₄	M₇	M₇	M₈
9(g)	冶金流程线上的专用起重机	频繁重载使用	A₈	T₆	T₆	T₇	L₄	L₄	L₄	M₈	M₈	M₈
9(h)	冶金流程线外用的起重机	较频繁中等载荷使用	A₆	T₅	T₅	T₅	L₂	L₂	L₃	M₆	M₅	M₆
10	铸工车间用起重机	不频繁中等载荷使用	A₅	T₅	T₄	T₄	L₂	L₂	L₃	M₅	M₄	M₅
11	锻造起重机	较频繁重载使用	A₇	T₅	T₅	T₅	L₃	L₃	L₃	M₇	M₆	M₆
12	淬火起重机	较频繁中等载荷使用	A₆	T₅	T₅	T₄	L₂	L₃	L₂	M₆	M₅	M₆
13	装卸桥	较频繁重载使用	A₇	T₇	T₇	T₃	L₄	L₄	L₂	M₈	M₈	M₃

注：H——主起升机构；

D——小车（横向）运行机构；

T——大车（纵向）运行机构。

（四）结构件或机械零件工作级别的确定

1. 结构件或机械零件的使用等级

结构件或机械零件的使用等级，是将其总应力循环次数分成 11 个等级，分别以 B_0、B_1、B_2、…、B_{10} 表示，见表 5-15。

表 5-15　结构件或机械零件的使用等级

使用等级	结构件或机械零件的总应力循环数 n_T	使用等级	结构件或机械零件的总应力循环数 n_T
B_0	$n_T \leqslant 1.60 \times 10^4$	B_6	$5.00 \times 10^5 < n_T \leqslant 1.00 \times 10^6$
B_1	$1.60 \times 10^4 < n_T \leqslant 3.20 \times 10^4$	B_7	$1.00 \times 10^6 < n_T \leqslant 2.00 \times 10^6$
B_2	$3.20 \times 10^4 < n_T \leqslant 6.30 \times 10^4$	B_8	$2.00 \times 10^6 < n_T \leqslant 4.00 \times 10^6$
B_3	$6.30 \times 10^4 < n_T \leqslant 1.25 \times 10^5$	B_9	$4.00 \times 10^6 < n_T \leqslant 8.00 \times 10^6$
B_4	$1.25 \times 10^5 < n_T \leqslant 2.50 \times 10^5$	B_{10}	$n_T > 8.00 \times 10^6$
B_5	$2.50 \times 10^5 < n_T \leqslant 5.00 \times 10^5$		

2. 结构件或机械零件的应力状态级别

结构件或机械零件的应力状态级别，表明了其在总使用期内发生应力的大小及相应的应力循环情况，在表 5-16 中列出了应力状态的 4 个级别和相应的应力谱系数范围值 K_s，每一个结构件或机械零件的应力谱系数 K_s 可由式(5-3)计算得到。

$$K_s = \sum \left[(n_i/n_T) \times (\sigma_i/\sigma_{max})^C \right] \tag{5-3}$$

式中　K_s——结构件或机械零件的应力谱系数；

n_i——与结构件或机械零件发生的不同应力相应的应力循环数；

n_T——结构件或机械零件总的应力循环数；

σ_i——该结构件或机械零件在工作时间内发生的不同应力；

$\sigma_{\max}$——为 σ_i 中的最大应力;

C——幂指数,与有关材料的性能、结构件或机械零件的种类、现状、尺寸,表面粗糙度以及腐蚀程度有关,可由实验得出。

表 5-16 结构件或机械零件的应力状态级别及应力谱系数

应力状态级别	应力谱系数 K_s	应力状态级别	应力谱系数 K_s
S_1	$K_s \leqslant 0.125$	S_3	$0.250 < K_s \leqslant 0.500$
S_2	$0.125 < K_s \leqslant 0.250$	S_4	$0.500 < K_s \leqslant 1.000$

注:某些结构件或机械零件,如已受弹簧加载的零部件,它所受的载荷同以后实际的工作载荷基本无关,在大多数情况下,它们的 $K_s=1$,应力状态级别属于 S_4 级。

3. 结构件或机械零件的工作级别

根据结构件或机械零件的使用等级和应力状态级别,其工作级别划分为 $E_1 \sim E_8$ 共 8 个级别,见表 5-17。

表 5-17 结构件或机械零件的工作级别

应力状态级别	应力谱系数 K_s	使用等级										
		B_0	B_1	B_2	B_3	B_4	B_5	B_6	B_7	B_8	B_9	B_{10}
S_1	$K_s \leqslant 0.125$	E_1	E_1	E_1	E_1	E_2	E_3	E_4	E_5	E_6	E_7	E_8
S_2	$0.125 < K_s \leqslant 0.250$	E_1	E_1	E_1	E_2	E_3	E_4	E_5	E_6	E_7	E_8	E_8
S_3	$0.250 < K_s \leqslant 0.500$	E_1	E_1	E_2	E_3	E_4	E_5	E_6	E_7	E_8	E_8	E_8
S_4	$0.500 < K_s \leqslant 1.000$	E_1	E_2	E_3	E_4	E_5	E_6	E_7	E_8	E_8	E_8	E_8

(五)正确理解起重机的工作级别

起重机工作级别与安全有着十分密切的关系,需要说明如下:

第一,起重机工作级别与起重机的起重量是两个不同的概念,二者不能混为一谈。起重量一般是指一次起升物料的最大质量;工作级别则是起重机综合性的特性参数。起重量大,工作级别未必高;起重量小,工作级别未必低。即使起重量相同的两台同类型起重机,只要工作级别不同,零、部、构件采用的安全系数就可能不相同,型号、尺寸、规格也不相同。如果仅看起重吨位而忽略工作级别,把工作级别轻的起重机频繁、满负荷使用,那么就会加速易损零部件报废,使故障频发,甚至引起事故。

第二,对于同一台起重机,由于各个工作机构受载的不一致性和工作的不等时性,同一台起重机的不同机构的工作级别往往不一致,起重机整机的工作级别与各个机构的工作级别以及与结构或零部件的工作级别也可以不一致。如零部件报废和更新时,要特别注意核对零部件的工作级别。

五、起重机的载荷

起重机械在运行过程中,要承受各种载荷(如静载、动载、交变载、冲击载、振动载等),各承载零件和结构件会产生相应的应力和变形,如果超过一定的限度,就会丧失功能甚至破坏,从而造成危险。

起重机在作业过程中,承受载荷的复杂性不仅反映在载荷种类的多样性上,而且随着起重机作业的工作状况的不同而表现出多变的特征。载荷是起重机及其组成零部件正常工作受力分析的原始依据,也是零部件报废或事故原因判断分析的依据,载荷确定得准确与否将直接影响计算结果的安全性和事故结论的正确性。

起重机载荷主要包括以下几种。

1. 静载荷

当起重机处于静止状态或稳定运行状态时，起重机主要受到自重载荷和起升载荷的作用。

(1) 自重载荷 自重载荷包括起重机的金属结构、机械设备、电气设备，以及附设在起重机上的物料等的重力。

(2) 起升载荷 起升载荷是指所有起升质量的重力，包括允许起升的最大有效物品、取物装置（如下滑轮组、吊钩、吊梁、抓斗、容器、起重电磁铁等）、悬挂挠性件，以及其他在升降中的设备质量的重力。起升高度小于 50m 的起升钢丝绳的重量可以不计。

2. 动载荷

动载荷是起重机在运动状态改变时产生的动载效应。它是强度计算的重要依据，对疲劳计算也有影响。

起重机不工作或吊载静止在空中时，其自重载荷和起升载荷处于静止状态。在起重机工作时，当运动状态改变，动载效应使原有静力载荷值增加，其增大的部分就是动载荷。

动载荷主要包括：

(1) 惯性载荷 惯性载荷是指在变速运动中结构自重和起升载荷产生的载荷。

(2) 冲击载荷 冲击载荷是指由于车轮经过不平整轨道接头或运动部分对缓冲器的撞击产生的载荷。

惯性载荷和冲击载荷使金属结构和机构的弹性系统产生振动。

动载荷与运动方向和工作速度（加速度）有关，与结构因素（如系统质量的分布，系统的刚度和阻尼等）有关，而且与使用条件（如外载荷的大小及其变化规律、有无冲击等）有关。为了计算方便，通常用动力系数（动载荷与静载荷的比值）表示，如起升冲击系数、起升动载系数等。使用时，一般根据实际情况，查阅起重机设计规范及有关手册选用。

3. 风载荷

风是自然现象，露天工作的起重机受到风载荷的作用，由于风载荷的作用导致露天工作的轨道式起重机倾翻事故屡见不鲜。

起重机的风载荷分为工作状态风载荷和非工作状态风载荷两类。工作状态风载荷是指起重机在正常工作状态下所能承受的最大计算风力，非工作状态风载荷是指起重机在非工作状态时所受的最大计算风力。风载荷的大小主要与风速（风速决定风压的大小）、起重机及吊物垂直于风向的迎风面积以及起重机的结构等因素有关。

载荷对起重机安全作业的影响，要将起重机承受的各种载荷按最不利方向叠加来考虑。

第二节 起重作业与起重事故概述

作为特种作业之一的起重作业，具有许多不同于其他机械及特种设备的作业特点，这些起重作业特点与起重事故的发生关系密切。因此，了解起重作业特点，对于加强起重作业管理、预防起重事故的发生是非常必要的。

一、起重作业特点

从安全角度看，与一人一机在较小范围内的固定作业方式不同，起重机的功能是将重物提升到空间进行装卸吊运。为满足作业需要，起重机械需要有特殊的结构形式，使起重机和起重作业方式本身就存在着诸多危险因素。概括起来起重作业有如下特点。

1. 吊物具有很高的势能和动能

被搬运的物料通常具有体积大、重量大（一般物料均上吨重）的特点，且种类繁多、形态各异（包括成件、散料、液体、固液混合等物料），起重搬运过程是重物在高空中的悬吊运动。因此具有高的势能和动能，能量一旦失控，极易发生伤害事故。

2. 起重作业是多种运动的组合

起重机的四大机构的动作构成多维运动，体形高大金属结构的整体移动，大量结构复杂、形状不一、运动各异、速度多变的可动零部件，形成起重机械的危险点多且分散的特点，给安全防护带来难度。

3. 作业范围大

金属结构横跨车间或作业场地，高居其他设备、设施和施工人群之上，起重机带载可以部分或整体在较大范围内移动运行，所到之处均可成为危险区域。

4. 多人配合的群体作业

起重作业的程序是地面司索工捆绑吊物、挂钩；起重司机操纵起重机将物料吊起，按地面指挥，通过空间运行，将吊物放到指定位置，然后摘钩、卸料。每一次吊运循环，都必须是多人合作完成，无论哪个环节出问题，都可能发生意外。

5. 作业环境复杂多变

在车间内，地面设备多，各类人员集中，交叉作业对彼此的安全造成不良的影响，同时作业环境还可能存在烟尘、有毒物质、噪声、辐射、高温等众多有害因素的影响；在室外，受恶劣气候、气象条件和场地限制的影响，流动式起重机还涉及地形和周围环境等多因素的影响。

总而言之，由于上述作业特点的存在，使得起重作业的安全问题非常突出。

二、起重伤害事故形式

起重事故是指在进行各种起重作业（包括吊运、安装、检修、试验）过程中发生的重物（包括吊具、吊重或吊臂）坠落、夹挤、物体打击、起重机倾翻、触电等事故。起重伤害事故可造成重大的人员伤亡或财产损失。根据不完全统计，在事故多发的特殊工种作业中，起重作业的事故起数、死亡及重伤人数，均居于前列。

1. 重物坠落

吊具或吊装容器损坏、物件捆绑不牢、挂钩不当、电磁吸盘突然失电、起升机构的零件失效（特别是制动器失灵，钢丝绳断裂）等都会引发重物坠落。处于高位置的物体具有高势能，坠落时，势能迅速转化为动能，上吨重吊载的意外坠落，可以造成非常严重后果。

2. 起重机失稳倾翻

起重机失稳常见有以下三种情形：一是由于操作不当（例如超载、臂架变幅或旋转过快等）、支腿未找平或地基沉陷等原因使倾翻力矩增大，导致起重机倾翻；二是由于坡度原因，如起重作业面不平坦，使起重机沿路面或轨道滑动，导致脱轨翻倒，流动式起重机在有坡度的作业面作业时，必须相应地降低起重量，才能实现安全作业；三是由于风载荷作用，使起重机沿路面或轨道滑动，导致脱轨翻倒，因此在起重机的安全规程中规定，露天作业的轨道式起重机，当风力达到六级时应停止作业。

3. 挤压

起重机轨道两侧缺乏良好的安全通道或与建筑结构之间缺少足够的安全距离时，易使起重机运行或回转的金属结构机体对人员造成夹挤伤害；运行机构的操作失误或制动器失灵引起溜车，还可造成碾压伤害事故。

4. 高处跌落

人员在离地面大于 2m 的高度进行起重机的安装、拆卸、检查、维修或操作等作业时，从高处跌落造成的伤害。如桥式或门式起重机在检查或检修过程中必须配置防坠落装置。

5. 触电

起重机在输电线附近作业时，其任何组成部分或吊物与高压带电体距离过近，感应带电或触碰带电物体，都可以引发触电伤害。流动式起重机由于作业环境多变，当作业环境周围存在输电线时，必须了解输电线电压值，确保与其间距大于输电线电压值对应的安全距离。而桥架型起重机会由于漏电而发生触电事故。

6. 其他伤害

其他伤害是指人体与运动零部件接触引起的绞、碾、戳等伤害；液压起重机的液压元件破坏造成高压液体的喷射伤害；飞出物件的打击伤害；装卸高温液体金属、易燃易爆、有毒、腐蚀等危险品，由于坠落或包装捆绑不牢而破损引起的伤害等。

三、起重伤害事故的特点

起重伤害事故有如下特点。

1. 事故大型化、群体化

一起事故有时涉及多人，并可能伴随大面积设备设施的损坏。

2. 事故类型多

一台起重机可能发生多起不同类型的事故。如桥架型起重机就会发生重物坠落、挤压、高处跌落、触电等事故。

3. 事故后果严重

起重事故只要是伤及人，往往伴随有人员的重伤或是死亡。

4. 伤害涉及面广

起重事故伤害的人员可能是司机、司索工或作业范围内的其他人员，其中司索工被伤害的比例最高。

5. 各种状态下均易发生事故

在安装、维修、检验和正常起重作业中都可能发生事故。其中，起重作业中发生的事故最多。

6. 起重事故类别与机型关系密切

重物坠落是各种起重机共同的易发事故，此外如桥架式起重机易发生夹挤事故，汽车起重机易发生倾翻事故，塔式起重机易发生倒塔折臂事故，室外轨道起重机在风载作用下易发生脱轨翻倒事故，大型起重机易发生安装事故等。

四、起重事故的原因分析

1. 起重机的不安全状态

起重机的不安全状态的形成较为复杂。首先是设计环节缺陷导致；其次是制造环节缺陷导致，诸如选材不当、加工质量问题、安装缺陷等，使带有隐患的设备投入使用，第三是使用环节缺陷导致，例如，不及时更换报废零件、缺乏必要的安全防护、保养不良带病运转，以至造成运动失控、零件或结构破坏等。总之，设计、制造、安装、使用等任何环节的安全隐患都可能带来严重后果，导致起重机处于不安全状态。起重机的安全状态是保证起重作业安全的重要前提和物质基础。

2. 人的不安全行为

人的行为受到生理、心理和综合素质等多种因素的影响，其表现是多种多样的。如操作技能不熟练，缺少必要的安全教育和培训；非司机操作，无证上岗；违章违纪蛮干，不良操作习惯；判断操作失误，指挥信号不明确，起重司机和司索工配合不协调等。总之，安全意识差和安全技能低下是引发事故主要的人为原因。

3. 环境因素

超过安全极限或卫生标准的不良环境，室外起重机受到的恶劣气候条件的影响，直接影响人的操作意识水平，使失误机会增多，身体健康受到损伤。另外，不良环境还会造成起重机系统功能降低甚至加速零、部、构件的失效，造成安全隐患。

4. 安全管理缺陷

安全管理涉及领导的安全意识水平；对起重设备的管理和检查实施；对人员的安全教育和培训；安全操作规章制度的建立与完善等。管理上的任何疏忽和不到位，都会给起重作业安全埋下隐患。

起重机的不安全状态和操作人员的不安全行为是事故的直接原因，环境因素和管理是事故发生的间接原因。事故的发生往往是多种因素综合作用的结果，只有加强对相关人员、起重机、环境及安全制度整个系统的综合管理，才能从根本上解决问题。

【事故案例】 2007 年 4 月 18 日 7 时 45 分，辽宁省铁岭市清河特殊钢有限责任公司生产车间，一个装有约 30t 钢水的钢包在吊运至铸锭台车上方 2~3m 高度时，突然发生滑落倾覆，钢包倒向车间交接班室，钢水涌入室内，致使正在交接班室内开班前会的 32 名职工当场死亡，另有 6 名炉前作业人员受伤，其中 2 人重伤。

经专家对事故现场初步勘察分析，造成这起事故的主要原因，一是该公司生产车间起重设备不符合国家规定，按照《炼钢安全规程》的规定，起吊钢水包应采用冶金专用的铸造起重机，而该公司却擅自使用一般用途的普通起重机；二是设备日常维护不善，如起重机上用于固定钢丝绳的压板螺栓松动；三是作业现场管理混乱，厂房内设备和材料放置杂乱、作业空间狭窄、人员安全通道不符合要求；四是违章设置班前会地点，该车间长期在距钢水铸锭点仅 5m 的真空炉下方小屋内开班前会，钢水包倾覆后酿成特别重大人员伤亡事故，教训惨痛。

第三节 起重机械易损零部件安全

一、吊钩

吊钩是起重机最常使用的取物装置，与动滑轮组成吊钩组，通过卷绕系统完成对吊物的起升或下降。

吊钩在起重作业中会频繁受到冲击载荷的作用，一旦发生断裂，可导致重物坠落，造成重大人身伤害事故和财产损失。因此，吊钩必须具有一定的承载力，同时具有一定的韧性，以避免其突然断裂的危险。

1. 概述

吊钩组是起重机上应用最普遍的取物装置，它由吊钩、吊钩螺母、推力轴承、吊钩横梁、滑轮、滑轮轴以及拉板等零件组成。

（1）吊钩的分类 常用的吊钩按形状分为单钩和双钩（见图 5-13）。按制造方法分为锻

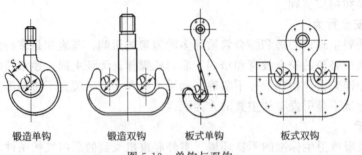

图 5-13　单钩与双钩

造吊钩和片式吊钩（或称板钩）。

① 锻造吊钩。锻造吊钩为整体锻造，成本低，制造使用都很方便，缺点是一旦破坏就要整体报废。单钩在中小起重机（起重量80t以下）上广泛采用。双钩制造较单钩复杂，但受力对称，钩体材料较能充分利用，主要在大型起重机（起重量80t以上）上采用。

② 片式吊钩。片式吊钩（板钩）是由切割成型的多片钢板叠片铆合而成，并在吊钩口上安装护垫板，以减小与钢丝绳间的磨损，使载荷能均匀地传到每片钢板上。片式吊钩制造方便，由于钩板破坏仅限于个别钢板，一般不会同时整体断裂，故工作可靠性较整体锻造的锻造吊钩要高。缺点是：只能做成矩形截面，钩体材料不能充分利用，自重较大，因此主要用在大起重量起重机或冶金起重机上。

在吊钩的使用中，需注意以下事项：

① 不能使用铸造方法制造的吊钩，因为铸造在工艺上难以避免铸造缺陷；

② 不能使用焊接制造的吊钩，因为无法防止焊接产生的应力集中和可能产生的裂纹，也不允许用补焊的办法修复的吊钩。

（2）吊钩的材料　起重机吊钩除承受物品重量外，还要承受起升机构启动与制动时引起的冲击载荷作用，应具有较高的机械强度与冲击韧性。由于高强度材料通常对裂纹和缺陷敏感，故吊钩一般采用优质低碳镇静钢或低碳合金钢制造。如模锻吊钩一般采用20钢，叠片式吊钩一般采用16Mn钢。

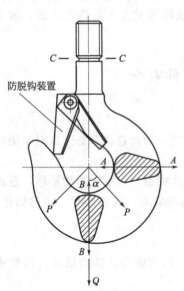

图 5-14　吊钩的危险断面示意图

（3）吊钩的结构　吊钩的结构以锻造单钩为例说明。吊钩可以分为钩身和钩柄两部分。钩身是承受载荷的主要区段，制成弯曲形状，并留有钩口以便挂吊索；钩身最常见的截面形状是梯形，最合理的受力截面是 T 形（但锻造工艺复杂）。钩柄常制有螺纹，便于用吊钩螺母将吊钩支撑在吊钩横梁上。

（4）吊钩的危险断面　吊钩危险断面（见图 5-14）有三个，即钩身水平断面 A-A、钩身垂直断面 B-B、钩柄螺纹根部 C-C 断面。

钩身水平断面 A-A 受力最大。起升载荷对 A-A 断面的作用为偏心拉力，在断面上形成弯曲和拉伸组合应力作用。其中断面内侧为最大拉应力，断面外侧为最大压应力。

钩身垂直断面 B-B 是钢丝绳强烈磨损的部位。随着断面面积减小，承载能力下降。其内侧承受最大拉应力和剪切应力的联合作用，外侧承受最大压应力和剪切应力的联合作用。

钩柄螺纹根部 C-C 断面承受拉应力作用。

吊钩危险断面的计算应力值必须小于等于吊钩的许用应力值才符合要求。

2. 吊钩的安全检查

经常和定期的安全检查是确保吊钩安全的重要环节。吊钩的安全检查包括安装使用前检查和在用吊钩的检查。吊钩的危险断面是安全检查的重点。

（1）安装使用前检查　检查吊钩制造厂的检验合格证明（吊钩额定起重量和检验标记应打印在钩身低应力区）；测量并记录吊钩的原始开口度尺寸。

（2）表面检查　在用吊钩的表面应该光洁、无毛刺、无锐角，不得有裂纹、过烧等缺陷，吊钩缺陷不得补焊。

（3）内部缺陷检查　主要通过无损探伤装置检查吊钩内部的状况。吊钩不得有内部裂纹、夹杂物等影响使用安全的任何缺陷。

（4）安全装置　为防止钢丝绳脱钩，应该安装防止吊物意外脱钩的安全装置。

按照《锻造吊钩使用检查》GB/T 10051.3—2010 的规定，检查过程中应按照相关规定进行逐项检查，定期检查结果应做记录并归档。经常性检查和定期检查的周期见表 5-18 和表 5-19。

表 5-18　经常性检查的检查周期

工作级别	M3～M5	M6～M7	M8
检查周期/天	30	7～30	1～7

表 5-19　定期检查的检查周期

工作级别	M3～M6	M7～M8
检查周期	一年	每三个月

3. 吊钩的报废

依据《锻造吊钩使用检查》GB/T 10051.3—2010，锻造吊钩出现下列情况之一时应予报废：

① 裂纹；

② 开口度比原尺寸增加 10%；

③ 钩身扭转变形超过 10°；

④ 吊钩危险断面或吊钩颈部产生塑性变形；

⑤ 吊钩磨损量达原尺寸的 5%；

⑥ 钩柄直径腐蚀尺寸达原尺寸的 5%；

⑦ 吊钩螺纹被腐蚀；

⑧ 吊钩的缺陷不允许补焊。

依据《起重机械安全规程》GB 6067.1—2010，片式吊钩出现下列情况之一时应更换：

① 裂纹；

② 每一钩片侧向变形的弯曲半径达板厚的 1.0 倍；

③ 危险断面的总磨损量达名义尺寸的 5%；

④ 片钩衬套磨损达原尺寸的 50% 时，应更换衬套；

⑤ 片钩心轴磨损达原尺寸的 5% 时，应更换心轴。

4. 由吊钩断裂引起的起重伤害事故案例

【事故案例】 2008 年 6 月 16 日凌晨 5 点多，位于蒲城县城西的蒲城县恒源热电厂华钦公司一生产车间 1 号炉钢包，在作业时因辅吊钩断裂发生脱落，1400℃高温铁水随之流出，遇地面冷水后发生蒸汽爆炸，导致 6 名当班工人逃离时被爆炸波掀掉的厂房石棉瓦砸伤头、臂、腰、腿等部位而受轻伤。1 号炉钢包可承载 5 吨铁水，幸运的是，事发时大部分铁水已浇注到模具内，钢包脱落后只有 300 多公斤铁水流出，6 名事故伤者伤情并不严重。钢包辅吊钩仅使用 5 天就发生此次断裂事故。

二、钢丝绳

钢丝绳强度高、自重轻、柔韧性好、耐冲击，安全可靠。在正常情况下使用的钢丝绳一般不会发生突然破断，只有当承受的载荷超过其极限破断力时才会突然破断。通常，钢丝绳的破坏是有前兆的，总是从断丝开始，极少发生整条绳的突然断裂。钢丝绳广泛应用在起重机上。钢丝绳的破断会导致严重的后果，所以钢丝绳既是起重机械的重要零件之一，也是保证起重作业安全的关键环节。

（一）钢丝绳概述

1. 钢丝绳的构造

钢丝绳是由多层钢丝捻成股，再以绳芯为中心，由一定数量股捻绕成螺旋状的绳。

① 钢丝。钢丝绳起到承受载荷的作用，其性能主要由钢丝决定。钢丝是碳素钢或合金钢通过冷拉或冷轧而成的圆形（或异形）丝材，具有很高的强度和韧性，并根据使用环境条件不同对钢丝进行表面处理。

② 绳芯。绳芯是用来增加钢丝绳弹性和韧性、润滑钢丝、减轻摩擦，提高使用寿命的。绳芯分为纤维芯和钢芯，纤维芯包括有机纤维（如麻、棉）芯、合成纤维芯、石棉芯（适用于高温条件）等，纤维芯应具有防腐、防锈功能的润滑油脂浸透；钢芯分为独立的钢丝绳芯（IWR）和钢丝股芯（IWS）。

2. 钢丝绳的分类

起重机用钢丝绳采用双捻多股圆钢丝绳。

（1）按钢丝的接触状态分类，可分为点接触、线接触和面接触钢丝绳（见图 5-15）。

① 点接触钢丝绳 ［亦称普通型，见图 5-16（a）］是采用等直径钢丝捻制。由于各层钢丝的捻距不等，各层钢丝与钢丝之间形成点接触 ［见图 5-15（a）］。受载时钢丝的接触应力很高，容易磨损、折断，寿命较低，优点是制造工艺简单、价廉。点接触钢丝绳常作为起重作

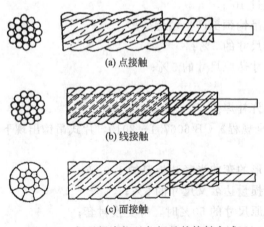

(a) 点接触

(b) 线接触

(c) 面接触

图 5-15　钢丝绳中钢丝与钢丝的接触方式

业的捆绑吊索，起重机的工作机构也有采用。

② 线接触钢丝绳是采用直径不等的钢丝捻制。将内外层钢丝适当配置，使不同层钢丝与钢丝之间形成线接触［见图 5-15（b）］，使受载时钢丝的接触应力降低。线接触绳承载力高、挠性好、寿命较高。常用的线接触钢丝绳有西尔型［亦称外粗式，见图 5-16（b）］、瓦林吞型［亦称粗细型，见图 5-16（c）］、填充型［亦称密集式，见图 5-16（d）］等。起重机设计规范推荐，在起重机的工作机构中优先采用线接触钢丝绳。

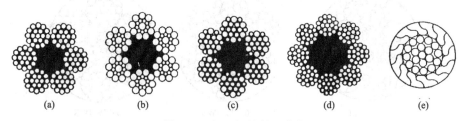

图 5-16　钢丝绳的断面形式

③ 面接触钢丝绳［也称密封式，见图 5-16（e）］。通常以圆钢丝为股芯，最外一层或几层采用异形断面的钢丝，层与层之间是面接触［见图 5-15（c）］，用挤压方法绕制而成。其特点是，表面光滑、挠性好、强度高、耐腐蚀，但制造工艺复杂，价格高，起重机上很少使用，常用作缆索起重机和架空索道的承载索。

（2）按钢丝绳的捻向分类。根据钢丝绳由丝捻成股的方向与由股捻成绳的方向是否一致，分为右交互捻、左交互捻、右同向捻和左同向捻四种。

① 交互捻钢丝绳（也称交绕绳）。其丝捻成股与股捻成绳的方向相反。由于股与绳的捻向相反［见图 5-17，图（a）为右交互捻，代号 ZS；图（b）为左交互捻，代号 SZ］，使用中不易扭转和松散，在起重机上广泛使用。

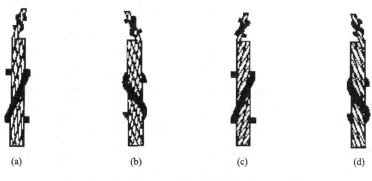

图 5-17　钢丝绳的捻向

② 同向捻钢丝绳（也称顺绕绳）。其丝捻成股与股捻成绳的方向相同［见图 5-17，图（c）为右同向捻，代号 ZZ；图（d）为左同向捻，代号 SS］，挠性和寿命都较交互捻绳要好，但因其易扭转、松散，一般只用来做牵引绳。

（3）按钢丝绳的用途分类，可分为重要用途钢丝绳和一般用途钢丝绳两大类。国家标准GB 8918—2006 和 GB/T 20118—2006 分别对上述两大类钢丝绳进行了详细的分类。

重要用途钢丝绳是指适用于矿井提升、高炉卷扬、大型浇注、石油钻井、大型吊装、繁忙起重、索道、地面缆车、船舶和海上设施等用途的圆股及异形股钢丝绳。

一般用途钢丝绳是指适用于机械、建筑、船舶、渔业、林业、矿业、货运索道等行业使用的各种圆股钢丝绳。

3. 钢丝绳的结构及力学性能举例

下面以一般用途钢丝绳第 3 组 6×19（b）类介绍钢丝绳的结构及其力学性能。该类有 3 种结构的钢丝绳，即"6×19＋FC"、"6×19＋IWS"和"6×19＋IWR"，其结构如图 5-18 所示，力学性能见表 5-20。

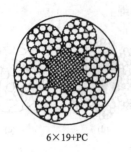 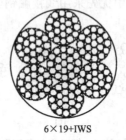 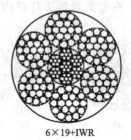

6×19+PC　　　　　　6×19+IWS　　　　　　6×19+IWR

图 5-18　钢丝绳结构示意

表 5-20　钢丝绳 6×19＋FC、钢丝绳 6×19＋IWS 和钢丝绳 6×19＋IWR 的力学性能

钢丝绳公称直径/mm	参考质量/kg·(100m)⁻¹			钢丝绳公称抗拉强度/MPa							
				1570		1670		1770		1870	
				钢丝绳最小破断拉力/kN							
	天然纤维芯钢丝绳	合成纤维芯钢丝绳	钢芯钢丝绳	纤维芯钢丝绳	钢芯钢丝绳	纤维芯钢丝绳	钢芯钢丝绳	纤维芯钢丝绳	钢芯钢丝绳	纤维芯钢丝绳	钢芯钢丝绳
3	3.16	3.10	3.60	4.34	4.69	4.61	4.99	4.89	5.29	5.17	5.59
4	5.62	5.50	6.40	7.71	8.34	8.20	8.87	8.69	9.40	9.19	9.93
5	6.78	8.60	10.0	12.0	13.0	12.8	13.9	13.6	14.7	14.4	15.5
6	12.6	12.4	14.4	17.4	18.8	18.5	20.0	19.6	21.2	20.7	22.4
7	17.2	16.9	19.6	23.6	25.5	25.1	27.2	26.6	28.8	28.1	30.4
8	22.5	22.0	25.6	30.8	33.4	32.8	35.5	34.8	37.6	36.7	39.7
9	28.4	27.9	32.4	39.0	42.2	41.6	44.9	44.0	47.6	46.5	50.3
10	35.1	34.4	40.0	48.2	52.1	51.3	55.4	54.4	58.8	57.4	62.1
11	42.5	41.6	48.4	58.3	63.1	62.0	67.1	65.8	71.1	69.5	75.1
12	50.2	50.0	57.6	69.4	75.1	73.8	79.8	78.2	84.6	82.7	89.4
13	59.3	58.1	67.5	81.5	88.1	86.6	93.7	91.8	99.3	97.0	105
14	68.8	67.4	78.4	94.5	102	100	109	107	115	118	122
16	89.9	88.1	102	123	133	131	142	139	150	147	159
18	114	111	130	156	169	166	180	176	190	166	201
20	140	138	160	193	208	205	222	217	235	230	248
22	170	166	194	233	252	248	266	263	284	278	300
24	202	198	230	278	300	295	319	313	331	331	358
26	237	233	270	326	352	346	375	367	397	388	420
28	275	270	314	378	409	402	435	425	461	450	487
30	316	310	360	434	469	461	499	489	529	517	559
32	359	352	410	494	534	525	568	557	502	588	636
34	406	398	462	557	603	593	641	628	679	664	718
36	455	446	518	625	675	664	719	704	762	744	805
38	507	497	578	696	753	740	801	785	849	829	896
40	562	550	640	771	834	820	887	869	940	919	993
42	619	607	705	850	919	904	978	959	1040	1010	1100
44	680	666	774	933	1010	993	1070	1050	1140	1110	1200
46	743	728	846	1020	1100	1080	1170	1150	1240	1210	1310

（二）钢丝绳的选用

钢丝绳按所受最大工作静拉力计算选用，要满足承载能力和寿命要求。

钢丝绳承载能力的计算有两种方法，可根据具体情况选择其中一种。

（1）C 系数法 本方法只适用于运动绳的选择。

$$d_{\min} = C\sqrt{S} \tag{5-4}$$

式中 $d_{\min}$——钢丝绳的最小直径，mm；

$\quad$ C——选择系数，$\mathrm{mm}/\sqrt{\mathrm{N}}$；

$\quad$ S——钢丝绳最大工作静拉力，单位 N。

钢丝绳的选择系数 C 取值与钢丝的公称抗拉强度和机构工作级别有关，见表 5-21。

当钢丝绳的最小破断拉力系数 k' 与公称抗拉强度值 σ_t 与表 5-21 中的不同时，则可根据工作级别从表 5-21 中选择安全系数 n 值并根据所选择的钢丝绳最小破断拉力系数 k' 和公称抗拉强度 σ_t 按式（5-5）换算出 C 值，然后再按式（5-4）计算绳径 $d_{\min}$。

$$C = \sqrt{\frac{n}{k'\sigma_t}} \tag{5-5}$$

式中 n——钢丝绳的最小安全系数，按表 5-21 根据工作级别选择；

$\quad$ k'——钢丝绳最小破断拉力系数；

$\quad$ σ_t——钢丝的公称抗拉强度，$\mathrm{N/mm^2}$。

所选用的钢丝绳的直径不应小于计算出的钢丝绳最小直径。

（2）最小安全系数法 本方法对运动绳和静态绳都适用。按与钢丝绳所在机构工作级别有关的安全系数选择钢丝绳直径。所选钢丝绳的整绳最小破断拉力应满足式（5-6）。

$$F_0 \geqslant Sn \tag{5-6}$$

式中 F_0——所选钢丝绳的整绳破断拉力，kN；

$\quad$ S——钢丝绳最大工作静拉力，kN；

$\quad$ n——钢丝绳的最小安全系数，按表 5-21 根据工作级别选择。

表 5-21 钢丝绳的选择系数和安全系数

	机构工作级别	选择系数 C 值							安全系数 n	
		钢丝公称抗拉强度 $\sigma_t/\mathrm{N\cdot mm^{-2}}$								
		1470	1570	1670	1770	1870	1960	2160	运动绳	静态绳
纤维芯钢丝绳	M1	0.081	0.078	0.076	0.073	0.071	0.070	0.066	3.15	2.5
	M2	0.083	0.080	0.078	0.076	0.074	0.072	0.069	3.35	2.5
	M3	0.086	0.083	0.080	0.078	0.076	0.074	0.071	3.55	3
	M4	0.091	0.088	0.085	0.083	0.081	0.079	0.075	4	3.5
	M5	0.096	0.093	0.090	0.088	0.085	0.083	0.079	4.5	4
	M6	0.107	0.104	0.101	0.098	0.095	0.093	0.089	5.6	4.5
	M7	0.121	0.117	0.114	0.110	0.107	0.105	0.100	7.1	5
	M8	0.136	0.132	0.128	0.124	0.121	0.118	0.112	9	5
钢芯钢丝绳	M1	0.078	0.075	0.073	0.071	0.069	0.067	0.064	3.15	2.5
	M2	0.080	0.077	0.075	0.073	0.071	0.069	0.066	3.35	2.5
	M3	0.082	0.080	0.077	0.075	0.073	0.071	0.068	3.55	3
	M4	0.087	0.085	0.082	0.080	0.078	0.076	0.072	4	3.5
	M5	0.093	0.090	0.087	0.085	0.082	0.080	0.076	4.5	4
	M6	0.103	0.100	0.097	0.094	0.092	0.090	0.085	5.6	4.5
	M7	0.116	0.113	0.109	0.106	0.103	0.101	0.096	7.1	5
	M8	0.131	0.127	0.123	0.120	0.116	0.114	0.108	9	5

使用表 5-21 过程中，应注意以下几点：

① 对于吊运危险物品的起重用钢丝绳，一般应选用比设计工作级别高一级的工作级别的选择系数 C 和最小安全系数 n；

② 冶金起重机最低安全系数不应小于 7.1，港口集装箱起重机主起升钢丝绳和小车曳引钢丝绳的最低安全系数不应小于 6。

（三）钢丝绳的固定与连接

钢丝绳与其他零构件连接或固定的安全检查应注意以下两个问题：

第一，固定或连接方式是否与使用条件相符；

第二，固定或连接部位是否达到相应的强度和安全要求。

常用的固定与连接方式有以下几种（见图 5-19）。

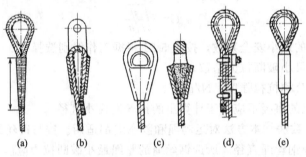

图 5-19　钢丝绳固接

（1）绳夹连接 ［见图 5-19(d)］　绳夹连接简单、可靠，得到广泛的应用。用绳夹固定时，应注意绳夹数量、绳夹间距、绳夹的方向和固定处的强度。绳夹连接应符合以下要求：

① 连接强度不小于钢丝绳最小破断拉力的 85％。

② 绳夹数量应根据钢丝绳直径满足表 5-22 的要求。

表 5-22　绳夹连接的安全要求

钢丝绳直径/mm	≤19	19～32	32～38	38～44	44～60
绳夹数量/个	3	4	5	6	7

③ 绳夹夹座应在钢丝绳受力绳头一边，绳夹间距不应小于钢丝绳直径的 6 倍。

（2）编结连接 ［见图 5-19(a)］　编结长度不应小于钢丝绳直径的 15 倍，且不应小于 300mm；连接强度不应小于钢丝绳最小破断拉力的 75％。

（3）楔块、楔套连接 ［见图 5-19(b)］　应用楔块、楔套连接时，钢丝绳一端绕过楔，利用楔在套筒内的锁紧作用使钢丝绳固定。楔套应该用钢材制造，连接强度不应小于钢丝绳最小破断拉力的 75％。

（4）锥形套浇注法和铝合金套压缩法连接 ［见图 5-19(c)］　钢丝绳末端穿过锥形套筒后松散钢丝，将头部钢丝弯成小钩，浇入金属液凝固而成。锥形套浇注法时，其连接强度应达到钢丝绳最小破断拉力；铝合金套压缩法连接时，其连接强度应达到钢丝绳最小破断拉力的 90％。

（四）钢丝绳的报废

钢丝绳受到强大的拉应力作用，通过卷绕系统时反复弯折和挤压造成金属疲劳，并且由于运动引起与滑轮或卷筒槽摩擦，经一段时间的使用，钢丝绳表层的钢丝首先出现缺陷。例如，断丝、锈蚀磨损、变形等，使其他未断钢丝所受的拉力更大，疲劳与磨损更厉害，从而使断丝速度加快。当钢丝绳的断丝数、变形和腐蚀发展到一定程度，钢丝绳无法保证正常安全，就应该及时报废、更新。

钢丝绳使用的安全程度由下述各项标准考核：断丝的性质与数量；绳端断丝情况；断丝的局部聚集程度；断丝的增加率；绳股折断情况；绳径减小和绳芯折断情况；弹性降低；外部及内部的磨损程度；外部及内部的锈蚀程度；变形情况；由于受热或电弧的作用而引起的损坏情况；永久伸长率等。

钢丝绳的报废标准如下。

1. 断丝数

钢丝绳在一定长度内达到规定的数值时，应该及时报废、更新。具体断丝数可详见 GB/T 5972—2009 中表 1 和表 2 的规定。

2. 绳端断丝

绳端或其附近的断丝，尽管数量很少但表明该处的应力很大，可能是绳端不正确的安装所致，应查明损坏的原因。为了继续使用，若剩余的长度足够，应截去绳端断丝部位，再造终端连接。否则，钢丝绳应报废。

3. 断丝的局部聚集

断丝紧靠在一起形成局部聚集，则钢丝绳应报废。如这种断丝聚集在小于 $6d$ 的绳长范围内，甚至集中在任一支绳股里，那么，即使断丝数比 GB/T 5972—2009 中表 1 和表 2 的规定的数值少，钢丝绳也应予以报废。

4. 断丝的增加率

在某些使用场合，疲劳是引起钢丝绳损坏的主要原因，钢丝绳是在使用一段时间之后才会出现断丝，而且断丝数将会随着时间的推移逐渐增加，在这种情况下，为了确定钢丝绳断丝的增加率，建议定期仔细检验并记录断丝数，并以此为依据推定钢丝绳未来报废的日期。

5. 绳股断裂

如果整支绳股发生断裂，钢丝绳应立即报废。

6. 绳径因绳芯损坏而减小

由于绳芯的损坏引起的钢丝绳直径减小的主要原因包括：

① 内部的磨损和钢丝压痕；

② 钢丝绳中各绳股和钢丝之间的摩擦引起的内部磨损，特别是当其受弯曲时尤甚；

③ 纤维绳芯的损坏；

④ 钢芯的断裂；

⑤ 阻旋转钢丝绳中内层股的断裂。

如果这些因素引起阻旋转钢丝绳实测直径比钢丝绳公称直径减小 3%，或其他类型钢丝绳减小 10%，即使没有可见断丝，钢丝绳也应报废。

7. 外部磨损

钢丝绳外层绳股钢丝表面的磨损，是由于其在压力作用下与滑轮或卷筒的绳槽接触摩擦造成的。这种现象在吊运载荷加速或减速运动时，在钢丝绳与滑轮接触部位特别明显。表现为外部钢丝被磨成平面状。

润滑不足或不正确的润滑以及灰尘和砂砾也会促使磨损加剧。

磨损使钢丝绳的横截面积减小从而降低钢丝绳的强度，如果由于外部的磨损使钢丝绳实际直径比其公称直径减少 7% 或更多时，即使无可见断丝，钢丝绳也应报废。

8. 弹性降低

在某些情况下，通常与工作环境有关，钢丝绳的实际弹性显著降低，继续使用是不安全的。

弹性降低通常与下列情况有关：

① 绳径的减小；

② 钢丝绳捻距的伸长；

③ 由于各部分彼此压紧，引起钢丝之间和绳股之间缺乏空隙；

④ 在绳股之间或绳股内部，出现细微的褐色粉末；

⑤ 韧性降低。

虽未发现可见断丝，但钢丝绳手感会明显僵硬且直径变小，比单纯由于磨损使之变小更严重，这种状态会导致钢丝绳在动载作用下突然断裂，是钢丝绳立即报废的充分理由。

9. 外部和内部腐蚀

腐蚀不仅会由于钢丝绳金属断面减小导致钢丝绳的破断强度降低，而且严重的腐蚀能引起钢丝绳的弹性降低。

外部钢丝的锈蚀可通过目测发现。由于腐蚀导致的钢丝损失而形成的钢丝松弛，是钢丝绳立即报废的充分理由。

内部腐蚀比外部腐蚀更难发现，可通过下列现象识别：

① 钢丝绳直径的变化；钢丝绳绕过滑轮的弯曲部位通常会发生绳径减小。

② 钢丝绳的外层绳股的间隙减小，还经常伴随出现绳股之间或绳股内部的断丝。

一经确认有严重的内部腐蚀，钢丝绳应立即报废。

10. 变形

钢丝绳变形是指钢丝绳失去正常形状产生可见畸变，从外观上看可分为以下几种：波浪形、笼形畸变、绳芯或绳股挤出、钢丝挤出、绳径局部增大或减小、扭结、局部被压扁、弯折，如图5-20所示。钢丝绳出现上述变形应立即报废。

11. 受热或电弧引起的损坏

钢丝绳因异常热影响作用于外表出现可识别的颜色变化时，应立即报废。

（五）钢丝绳的使用与维护

1. 钢丝绳在使用前的试运转

钢丝绳在起重机上投入使用之前，应确保与钢丝绳运行关联的所有装置运转正常。为使钢丝绳及其附件调整到适用实际使用状态，应对机构在低速和大约10%左右的额定工作载荷的状态下进行多次工作循环的运转操作。

2. 钢丝绳的维护

对钢丝绳的维护与起重机、起重机的使用、工作环境所涉及的钢丝绳类型有关。除非起重机或钢丝绳制造商另有指示，否则钢丝绳在安装时应涂以润滑脂或润滑油。对于在有规则的时间间隔内重复使用的钢丝绳，特别是绕过滑轮的长度范围内的钢丝绳，在显示干燥或锈蚀迹象之前，均应使其保持良好的润滑状态。

钢丝绳的润滑油（脂）应与钢丝绳制造商使用的原始润滑油（脂）一致，且具有渗透力强的特性，如果钢丝绳润滑油（脂）在手册中不能确定，则应征询制造商的建议。

3. 钢丝绳的检验

钢丝绳的检验可分为日常外观检验、定期检验和专项检验。

日常外观检验应坚持每个作业班次对钢丝绳所有可见部位进行仔细检查，目的是及时发

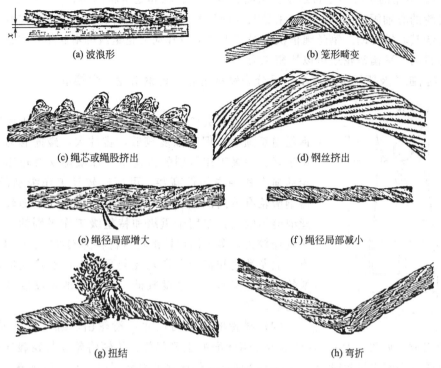

(a) 波浪形　　　　　　　　　　　　(b) 笼形畸变

(c) 绳芯或绳股挤出　　　　　　　　(d) 钢丝挤出

(e) 绳径局部增大　　　　　　　　　(f) 绳径局部减小

(g) 扭结　　　　　　　　　　　　　(h) 弯折

图 5-20　钢丝绳的变形

现一般的损坏和变形。特别应注意检查钢丝绳在起重机上的连接部位，钢丝绳状态的任何变化都应报告，并由主管人员按照相关规定进行检查。

定期检验和专项检验应由主管人员按照《起重机 钢丝绳 保养、维护、安装、检验和报废》GB/T 5972—2009 中 3.4.2 的规定进行。

（六）由钢丝绳断裂引起的起重伤害事故案例

2004 年 12 月 8 日，一个体户租用 1 台轮胎起重机在某海港渔船停泊点吊装扇贝时，轮胎起重机的吊臂钢丝绳突然断裂，吊臂坠落，砸向正在渔船上吊装的作业人员，造成 3 人当场死亡，1 人抢救无效死亡。

事故主要原因：

（1）该轮胎起重机未按规定进行定期检验。

（2）日常检查不细，钢丝绳严重磨损的隐患未能及时发现并消除。

（3）超载吊装，致使磨损严重的钢丝绳断裂，造成吊臂坠落。

（4）违规作业。《汽车起重机、轮胎起重机安全规程》明确规定，起重作业时起重臂下严禁站人，在起重臂下作业，更是不允许的。

三、滑轮与卷筒

滑轮、卷筒和钢丝绳三者共同组成起重机的卷绕系统，将驱动装置的回转运动转换成吊载的升降直线运动。滑轮和卷筒是起重机的重要部件，它们的缺陷或运行异常会加速钢丝绳的磨损，导致钢丝绳脱槽、掉钩，从而引发起重事故。

（一）滑轮与滑轮组

1. 滑轮

（1）滑轮的分类与作用

① 根据滑轮的中心轴是否运动，可将其分为动滑轮和定滑轮两类。

定滑轮的心轴固定不动，其作用是改变钢丝绳的方向；动滑轮的心轴可以位移，动、定滑轮都可绕其心轴转动。钢丝绳依次绕过若干定滑轮和动滑轮组成的滑轮组，可以达到省力或增速的目的。平衡滑轮还可以均衡张力。

② 根据制造及所用材料方法，可分为铸铁滑轮、铸钢滑轮、焊接滑轮、尼龙滑轮和铝合金滑轮。

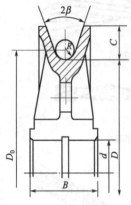

图 5-21 滑轮几何尺寸图

铸铁滑轮有灰铸铁滑轮和球墨铸铁滑轮。灰铸铁滑轮对钢丝绳磨损小，但其强度较低，脆性大，碰撞容易破损，可用于轻、中级工作级别的机构中；球墨铸铁滑轮比灰铸铁滑轮的强度和冲击韧性高些，可用于较高工作级别的机构中。铸钢滑轮有较高的强度和冲击韧性，但由于表面较硬，对钢丝绳磨损较大，多用于重级和特重级工作级别的机构中。滑轮直径较大，多采用焊接滑轮（材料为 Q235 钢）以减轻其自重。尼龙滑轮和铝合金滑轮在起重机上已有广泛应用。尼龙滑轮质轻而耐磨，但刚度较低，铝合金滑轮硬度低，对钢丝绳的磨损很小。

(2) 滑轮的构造与尺寸　滑轮由轮缘（包括绳槽）、轮辐、轮毂组成（见图 5-21）。轮缘是承载钢丝绳的主要部位，轮辐将轮缘与轮毂连接，整个滑轮通过轮毂安装在滑轮轴上。滑轮的合理结构保证钢丝绳顺利通过并不易跳槽。

滑轮的主要尺寸及其功能有：

D_0——计算直径，按钢丝绳中心计算的滑轮卷绕直径，mm；

R——绳槽半径，保证钢丝绳与绳槽有足够的接触面积，$R=(0.53\sim0.6)d$，mm；

β——绳槽侧夹角。钢丝绳穿绕上下滑轮时，容许与滑轮轴线有一定偏斜，一般 $\beta=35°\sim40°$；

C——绳槽深度，其足够的深度可防止钢丝绳跳槽，mm；

D——滑轮绳槽直径，mm；

B——轮毂厚度，mm。

其中，D_0 为影响钢丝绳寿命的关键尺寸，必须满足下列关系式

$$D_{0min}\geqslant h_2 d$$
$$D_0=D+d$$

式中　D_{0min}——按钢丝绳中心计算的滑轮允许的最小卷绕直径，mm；

d——钢丝绳直径，mm；

h_2——滑轮直径与钢丝绳直径的比值，见表 5-23。

表 5-23　滑轮和卷筒的 h 值

机构工作级别	M_1,M_2,M_3	M_4	M_5	M_6	M_7	M_8
卷筒 h_1	14	16	18	20	22.4	25
滑轮 h_2	16	18	20	22.4	25	28

注：1. 采用不旋转钢丝绳时应按工作级别取高一档的数值。

2. 对于流动式起重机，取 $h_1=16$，$h_2=18$。

钢丝绳的使用寿命随配套使用的滑轮和卷筒的卷绕直径的减小而降低。因此必须对影响

钢丝绳寿命的滑轮和卷筒的卷绕直径作出限制。

2. 滑轮组

滑轮组一般由若干数量的动滑轮和定滑轮构成。滑轮组中的平衡滑轮的功能是调整滑轮两边钢丝绳长度与拉力的差异。当绕过它的钢丝绳两分支受力不均匀时，平衡滑轮稍许转动，以均衡钢丝绳的张力。

(1) 滑轮组的种类　根据工作目的，可分为省力滑轮组和增速滑轮组。省力与增速不能兼得。省力滑轮组可用较小的力升降较重的物料，起重机的起升机构和变幅机构都采用省力滑轮组。

根据绕入卷筒的钢丝绳分支数可分为单联滑轮组（见图 5-22）和双联滑轮组（见图 5-23）。单联滑轮组绕入卷筒的钢丝绳只有一根，多用于臂架型起重机；双联滑轮组绕入卷筒的钢丝绳有两根，常用于桥架型起重机。

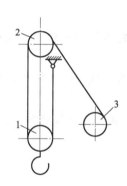

图 5-22　单联滑轮组

1—动滑轮；2—导向滑轮；3—卷筒

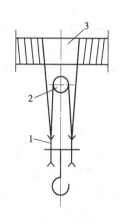

图 5-23　双联滑轮组

1—动滑轮；2—平衡滑轮；3—卷筒

(2) 滑轮组的倍率　倍率是指滑轮组省力的倍数，也是减速的倍数，用 m 表示。

单联滑轮组的倍率等于钢丝绳分支数；双联滑轮组的倍率等于钢丝绳分支数的一半。

滑轮组倍率大小，对驱动装置总体尺寸有较大的影响。倍率增加时，钢丝绳每个分支拉力减小，卷筒直径也可减小。但在起升高度一定时，卷筒长度要增加，而且在起升速度不变时，需提高卷筒转数。滑轮组倍率不是越大越好，要根据起重量按标准确定。

(3) 滑轮组的效率　实际情况下，滑轮组的省力倍数比无摩擦的理想状况要小。滑轮的效率损失主要来自轴承摩擦阻力和钢丝绳僵性阻力，二者产生的内摩擦，消耗了钢丝绳部分弹性势能。滑轮的效率与钢丝绳构造、滑轮及轴的直径、轴承种类、钢丝绳包角以及润滑条件等因素有关。卷筒的效率同样也是由轴承中损耗和钢丝绳僵性损耗引起的。但后者损耗要比滑轮组的小些，因为对卷筒只有单方面的绕进或绕出，但计算时，滑轮与卷筒两者的效率常取同值。

对于单个滑轮，其效率是由绕进滑轮的分支拉力与绕出的分支拉力之比值所决定，滚动轴承的滑轮效率为 0.98，滑动轴承的滑轮效率为 0.95。滑轮组效率与滑轮效率及倍率有关，滑轮组的倍率和效率见表 5-24。

表 5-24　滑轮组的倍率和效率

滑轮组倍率(m)	2	3	4	5	6	8	10
滚动轴承滑轮组效率(η_z)	0.99	0.98	0.97	0.96	0.95	0.935	0.916
滑动轴承滑轮组效率(η_z)	0.975	0.95	0.925	0.90	0.88	0.84	0.80

（4）滑轮组钢丝绳的拉力　　在考虑滑轮的阻力后，滑轮组钢丝绳每分支实际的拉力如下。

单联滑轮组钢丝绳每分支的拉力为：

$$S=\frac{P_Q}{m\eta_z}$$

双联滑轮组钢丝绳每分支的拉力为：

$$S=\frac{P_Q}{2m\eta_z}$$

式中　S——钢丝绳每分支所受的拉力；

　　　P_Q——起升载荷；

　　　m——滑轮组倍率；

　　　η_z——滑轮组效率。

3. 滑轮的安全要求和报废标准

滑轮的使用安全要求为：

① 滑轮应有防止钢丝绳跳出绳槽的装置或结构；在滑轮罩的侧板和圆弧顶板等处与滑轮本体的间隙不应超过钢丝绳公称直径的 0.5 倍。

② 人手可触及的滑轮组，应设置滑轮罩壳；对可能摔落到地面的滑轮组，其滑轮罩壳应有足够的强度和刚度。

③ 滑轮不应有缺损和裂纹，滑轮槽应光洁平整，不得有损伤钢丝绳的缺陷。

金属铸造的滑轮，出现下述情况之一时应报废：

① 影响性能的表面缺陷（如裂纹等）；

② 轮槽不均匀磨损达 3mm；

③ 轮槽壁厚磨损达原壁厚的 20%；

④ 因磨损使轮槽底部直径减小量达钢丝绳直径的 50%。

（二）卷筒

卷筒是用来卷绕钢丝绳的部件，它承载起升载荷，收放钢丝绳，实现取物装置的升降。

1. 卷筒的种类与结构

（1）卷筒的种类　　按制造方式，可分为铸造卷筒和焊接卷筒。按钢丝绳在卷筒上卷绕的层数，可分为单层缠绕卷筒和多层缠绕卷筒（见图 5-24）。按照 GB 6067—2010 规定，单层缠绕卷筒应有绳槽，多层缠绕卷筒应有防止钢丝绳从卷筒端部滑落的凸缘。一般起重机大多采用单层缠绕卷筒，多层缠绕卷筒用于起升高度特大，或要求机构紧凑的起重机（例如汽车起重机）。

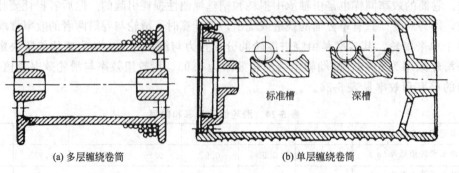

(a) 多层缠绕卷筒　　　　　　　　　　(b) 单层缠绕卷筒

图 5-24　卷筒

（2）卷筒的结构 卷筒是由筒体、连接盘、轴以及轴承支架等构成的。

单层缠绕卷筒的筒体表面切有弧形断面的螺旋槽，以增大钢丝绳与筒体的接触面积，并使钢丝绳在卷筒上的缠绕位置固定，以避免相邻钢丝绳互相摩擦而影响寿命。

多层缠绕卷筒的筒体表面通常采用不带螺旋槽的光面，筒体两端部有凸缘，以防止钢丝绳滑出。其缺点是钢丝绳排列紧密，各层互相叠压、摩擦，对钢丝绳的寿命影响很大。

卷筒的结构尺寸中，影响钢丝绳寿命的关键尺寸是卷筒的计算直径，按钢丝绳中心计算的卷筒允许的最小卷绕直径必须满足：

$$D_{0min} \geqslant h_1 d$$

式中 D_{0min}——按钢丝绳中心计算的滑轮和卷筒允许的最小卷绕直径，mm；

d——钢丝绳直径，mm；

h_1——卷筒直径与钢丝绳直径的比值。

2. 钢丝绳在卷筒上的固定

通常采用压板螺钉或楔块（见图 5-25），利用摩擦原理来固定钢丝绳尾部，要求固定方法安全可靠，便于检查和装拆，在固定处对钢丝绳不造成过度弯曲、损伤。

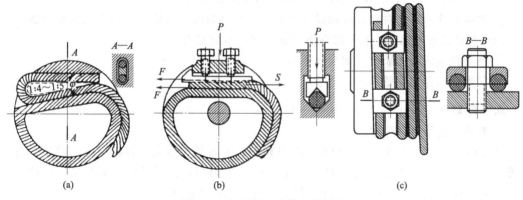

图 5-25 钢丝绳在卷筒上的固定

（1）楔块固定法 ［见图 5-25(a)］。此法常用于直径较小的钢丝绳，不需要用螺栓，适于多层缠绕卷筒。

（2）长板条固定法 ［见图 5-25(b)］。通过螺钉的压紧力，将带槽的长板条沿钢丝绳的轴向将绳端固定在卷筒上。

（3）压板固定法 ［见图 5-25(c)］。利用压板和螺钉固定钢丝绳，方法简单，工作可靠，便于观察和检查，是最常见的固定形式。其缺点是所占空间较大，因此，不能用于多层卷绕。按照 GB 6067—2010 规定，应至少有 2 个相互分开的压板，且固定强度不应低于钢丝绳最小破断拉力的 80%。

钢丝绳尾部拉力可按柔韧体摩擦的欧拉公式计算：

$$S = \frac{\phi_2 S_{max}}{e^{\mu\alpha}}$$

式中 S_{max}——钢丝绳的最大拉力，一般指额定载荷时的钢丝绳拉力；

ϕ_2——起升载荷动载系数；

e——自然对数的底（$e = 2.718\cdots$）；

μ——摩擦系数，考虑有油，通常取 0.12；

α——钢丝绳在卷筒上的包角。

为了保证钢丝绳尾的固定可靠，减少压板或楔块的受力，在取物装置降到下极限位置时，在卷筒上除钢丝绳的固定圈外，还应保留至少2圈安全圈（塔式起重机不应少于3圈），也称为减载圈，这在卷筒的设计时已经给予考虑。

在使用过程中，钢丝绳尾的圈数保留得越多，绳尾的压板或楔块的受力就越小，也就越安全。如果取物装置在吊载情况的下极限位置过低，卷筒上剩余的钢丝绳圈数少于设计的安全圈数，就会由于钢丝绳尾受力超过压板或楔块与钢丝绳间的摩擦力，从而导致钢丝绳拉脱，重物坠落。

3. 卷筒安全使用要求和报废标准

（1）卷筒安全使用要求

① 钢丝绳在卷筒上应能按顺序整齐排列。

② 卷筒上钢丝绳尾端的固定装置，应安全可靠并有防松或自紧的性能。对钢丝绳尾端的固定情况，应每月检查一次。在使用的任何状态，必须保证钢丝绳在卷筒上保留足够的安全圈。

③ 多层缠绕卷筒的筒体端部应有防止钢丝绳滑落的凸缘。凸缘应比最外层钢丝绳高出1.5倍的钢丝绳直径（对塔式起重机是钢丝绳直径的2倍）。

④ 焊接卷筒的环向对接焊缝和纵向对接焊缝经外观检查合格后应做无损探伤检测。

（2）卷筒的报废标准　卷筒出现下述情况之一时应报废：

① 影响性能的表面缺陷（如裂纹等）；

② 筒壁磨损量达原壁厚的20%。

四、制动器

1. 制动器的作用与种类

起重机在吊运作业中，启动和制动均很频繁，因而制动器是起重机上不可缺少的部件。它既可以在吊运作业中起到支持物料运行的作用，又可以在意外情况下起到安全保险作用。所以，制动器既是工作装置，又是安全装置，是安全检查的重点。

在起升机构中，必须装设制动器，以保证吊重能随时悬浮在空中；变幅机构的臂杆也必须靠制动器制动，使其停在某一位置；运行机构和回转机构也都需要制动器使它们在一定的时间或一定的行程内停下来。

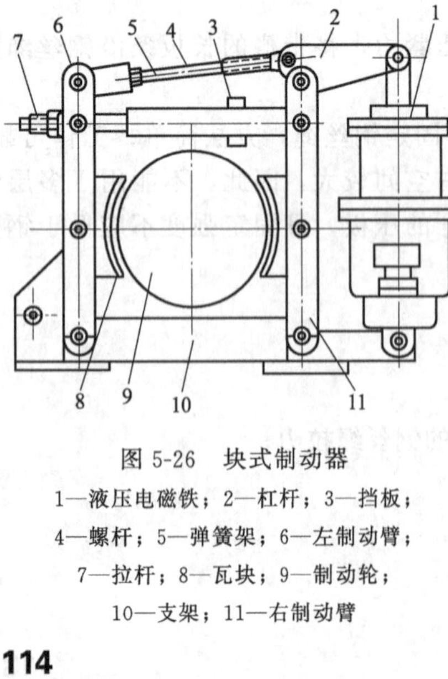

图 5-26　块式制动器

1—液压电磁铁；2—杠杆；3—挡板；
4—螺杆；5—弹簧架；6—左制动臂；
7—拉杆；8—瓦块；9—制动轮；
10—支架；11—右制动臂

制动器通常安装在机构的高速轴上，这样布置，制动器所受的力矩较小，从而使整个机构布置紧凑。吊运赤热金属或易燃易爆等危险品以及一旦发生事故后可能造成重大危害或严重损失的起升机构，其每一套驱动装置都应装设两套制动器，而且要求每一套制动器都能单独满足安全要求。

起重机上采用的制动器按其构造分，主要有块式制动器、带式制动器和盘式制动器。此外，还有多盘式制动器和圆锥制动器。

块式制动器如图5-26所示，构造简单，制造、安装和调整都比较方便，被广泛用于起重机各机构上。带式制动器如图5-27所示，由制动轮、制动带和杠杆系统组成，其制动作用是依靠张紧制动带、在制动轮上产生的压力和摩擦力来实现的；松闸是靠电磁铁吸力来实现的；为了增大摩擦力，在钢带上铆有制动衬料。盘式制动器如图 5-28 所示，可以产生较大的制动力矩。

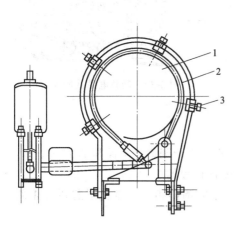

图 5-27 带式制动器

1—制动轮；2—制动带；3—限位螺钉

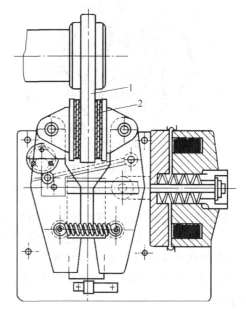

图 5-28 盘式制动器

1—制动盘；2—衬垫

制动器按照操作情况的不同，又分为常闭式、常开式和综合式三种类型。

常闭式制动器在机构不工作期间是闭合的，欲使机构工作，只需通过松闸装置将制动器的摩擦副分开，机构才可运转。起重机上多采用常闭式制动器，特别是起升机构和变幅机构必须采用。常开式制动器则经常处于松弛状态，只有在需要制动时，才施以上闸力进行制动。这种制动器操纵方便，但易造成人为失误，安全程度不如常闭式制动器。综合式制动器是常闭式和常开式两种制动器的综合体，兼有常闭式制动器安全可靠和常开式制动器操纵方便的优点。

2. 制动器的调整

下面以短行程制动器为例来介绍瓦块式制动器的调整方法。

（1）调整主弹簧 前面介绍的制动器都是靠主弹簧的作用力，通过制动臂使瓦块抱在制动轮上，获得相应的制动力矩，因此主弹簧的调整特别重要。调整方法如图 5-29 所示，用一扳手把住螺杆方头 1，用另一扳手转动主弹簧 2 的固定螺母 3，即可调整主弹簧的长度。调好后再用两个螺母背紧，以防松动。

（2）调整电磁铁冲程 调整方法如图 5-30 所示。用一扳手锁紧螺母，用另一扳手转动制动器的弹簧推杆方头，即可使制动瓦块获得合适的张开量。

（3）调整制动瓦块与制动轮间隙 调整方法是把衔铁推在铁芯上，制动瓦块即松开，然后转动调整螺栓，即可调整制动瓦块与制动轮的间隙。调整时，制动轮两侧间隙量应控制在制动瓦退距的规定范围内，并保证两侧间隙均匀。

3. 制动器的安全检验

正常使用的起重机，每班都应检查制动器的安全状况。制动器总的检验合格标准是：制动器上闸时，应能可靠地制动住额定起重量；空钩时打开制动器，吊钩能自由下滑。

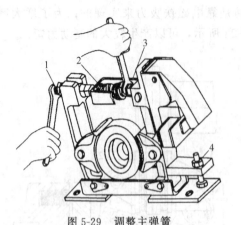

图 5-29　调整主弹簧

1—螺杆方头；2—主弹簧；3—固定螺母；4—调整螺栓

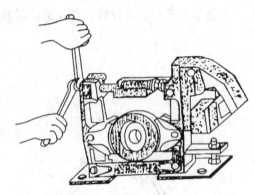

图 5-30　调整电磁铁冲程

制动器的安全检验内容主要有下列几项。

① 制动带摩擦垫片与制动轮的实际接触面积，不应小于理论接触面积的 70%。

② 通往电磁铁系统的"空行程"，不应超过电磁铁行程的 10%。

③ 对于分别驱动的运行机构，其制动器制动力矩应调得相等，避免引起桥架歪斜，车轮啃轨。

④ 起升机构采用双制动器的，要保证每个制动器都能单独地制动住额定起重量。

⑤ 防止因制动轮的温升烧焦制动带。

⑥ 制动轮的制动摩擦面，不应有妨碍制动性能的缺陷或沾染油污。

⑦ 控制制动器的操纵部位，如踏板、操纵手柄等，应有防滑性能。手施加于操纵手柄的力不应超过 160N，脚施加于踏板的力不应超过 300N。

⑧ 对于吊钩起重机，起吊物在下降制动时制动距离（即控制器在下降速度最低挡稳定运行，拉回零位后，从制动器断电至物品停止时的下滑距离）不应大于 1min 内稳定起升距离的 1/65。

⑨ 达到报废标准的制动器及其零部件，应及时报废或更换。

4. 制动器的报废标准

起重机械安全规程 GB 6067—2010 规定，制动器的零件出现下述情况之一时，其零件应更换或制动器报废。

（1）驱动装置

① 磁铁线圈或电动机绕组烧损；

② 推动器推力达不到松闸要求或无推力。

（2）制动弹簧

① 弹簧出现塑性变形且变形量达到了弹簧工作变形量的 10% 以上；

② 弹簧表面出现 20% 以上的锈蚀或有裂纹等缺陷的明显损伤。

（3）传动构件

① 构件出现影响性能的严重变形；

② 主要摆动铰点出现严重磨损，并且磨损导致制动器驱动行程损失达原驱动行程 20% 以上时。

（4）制动衬垫

① 铆接或组装式制动衬垫的磨损量达到衬垫原始厚度的 50%；

② 带钢背的卡装式制动衬垫的磨损量达到衬垫原始厚度的 2/3；

③ 制动衬垫表面出现炭化或剥脱面积达衬垫面积的 30%；

④ 制动衬垫表面出现裂纹或严重的龟裂现象。

（5）制动轮出现下述情况之一时，应报废：

① 影响性能的表面裂纹等缺陷；

② 起升、变幅机构的制动轮，制动面厚度磨损达原厚度的 40%；

③ 其他机构的制动轮、制动面的厚度磨损达原厚度的 50%；

④ 制动轮表面凹凸不平度达 1.5mm 时，如能修复，修复后制动面的厚度符合前款②、③的要求。

起重机在吊运过程中，一旦发现制动器失灵，切不可惊慌失措。如果条件允许，可以反复起钩落钩，以实现慢慢地把重物降落到安全位置。

第四节　起重机的安全防护

起重机的安全防护是指对起重机的各种危险进行预防的安全技术措施。主要包括在起重机上安装安全防护装置、电气保护和各类安全设施等。

一、起重机械安全防护装置

起重机械安全防护装置是防止起重机械事故的必要措施。主要包括限制运动行程和工作位置的装置、防起重机超载的装置、防起重机倾翻和滑移的装置、联锁保护装置等。不同种类的起重机应按照《起重机械安全规程》的规定要求装设安全防护装置。并在使用过程中及时检查、维护，使其保持正常工作性能；发现异常，应及时修理或更换。安全防护装置是否配备齐全、装置的安全性能是否可靠，是起重机安全检查的重要内容。

（一）起重量限制器

起重量限制器，又称超载限制器，是为防止起重机超载而设计的。《起重机械安全规程》GB 6067—2010 对起重量限制器作了如下规定：

① 对于动力驱动的 1t 及以上无倾覆危险的起重机械应装设起重量限制器。对于有倾覆危险的且在一定的幅度变化范围内额定起重量不变化的起重机械也应装设起重量限制器。

② 需要时，当实际起重量超过 95% 额定起重量时，起重量限制器宜发出报警信号（机械式除外）。

当实际起重量在 100%～110% 的额定起重量之间时，起重量限制器起作用，此时应自动切断起升动力源，但应允许机构作下降运动。

起重量限制器按其结构形式和工作原理的不同可分为机械式和电子式两种类型。

1. 机械式超载限制器

机械式超载限制器的种类较多，大体有杠杆式、偏心式和弹簧式三种。

杠杆式超载限制器，如图 5-31 所示，主要由杠杆、弹簧及限位开关等组成。在正常的起重作业中，杠杆随吊重的增加而产生顺时针的转动以达到平衡。当吊重达到额定起重量时，杠杆上的撞杆触动与起升机构线路联锁的限位开关，使机构断电，停止工作，从而起到超载限制作用。

偏心式超载限制器主要由偏心轴、杠杆、弹簧、限位开关等组成。它也是靠钢丝绳的合

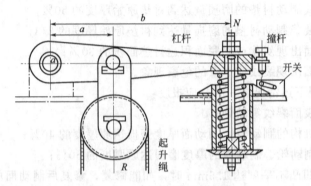

图 5-31 杠杆式超载限制器

力对偏心轴产生偏心力矩使杠杆转动压缩弹簧，触动限位开关而起到超载保护作用。

弹簧式超载限制器如图 5-32 所示。主要由两个导向滑轮、一个可浮动的支持滑轮、支架、弹簧、行程开关等组成。起升绳从导向滑轮上方与支持滑轮下方穿过。起吊重物时，张紧的起升绳对浮动的支持滑轮产生向上的作用力，在正常起重作业中，此力与装在支架上的弹簧力相平衡，随着重量的增加，弹簧的压缩量相应增大，起重量达到规定值时，撞杆触动开关，起升机构断电。

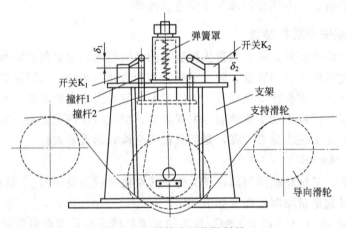

图 5-32 弹簧式超载限制器

机械式超载限制器构造简单，但是体积和重量较大，精度较低。

2. 电子式超载限制器

(1) 工作原理 电子式超载限制器克服了机械式超载限制器体积大、重量大、精度低等缺点，并可以随时显示起吊物品的重量，因而在起重机上广泛应用。主要由载荷传感器、电子放大器、数字显示装置、控制仪表等组成一个自动控制系统。图 5-33 是一种电子式超载限制器的工作原理框图。

起重机上的电子式超载限制器常用的传感器有筒式和环式两种，如图 5-34 所示。

传感器用弹性较好的合金钢制成，表面贴有 4 片电阻应变片，并构成电桥回路，其作用是将载荷（力信号）的变化转换为电信号的变化。起重机吊重物时，载荷传感器的金属筒或环受载荷作用发生变形，贴在上面的应变片也随之变形，电阻值发生变化，于是，原来经过调零的电桥失去平衡，输出端上出现与所受载荷成正比的微弱电压信号，并将信号送入电压放大器。经放大器处理后即可从显示仪表上看到起吊重物的重量，当载荷超过规定数值时，

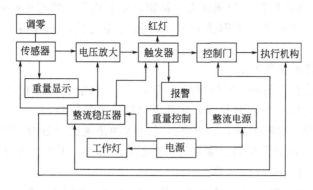

图 5-33　电子式超载限制器工作原理

触发器即动作，红灯闪亮并报警。当载荷超过额定起重量时，即自动切断起升机构的电源。

（2）传感器的安装　载荷传感器按受载方式有压力传感器与拉力传感器之分，并有不同的安装方式。

当采用压力传感器时，需要采用图 5-35（a）所示的安装方式，即把压力传感器安装在定滑轮轴下。这种方式需要吊车的结构具有容纳压力传感器的间隙，否则就要改动设备。当采用拉力传感器时，应采用图 5-35（b）所示的安装方式，即把拉力传感器安装在从均衡滑轮下绕入的钢丝绳上，将钢

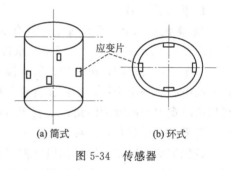

图 5-34　传感器

丝绳和拉力传感器用夹头紧固连接，不允许产生滑动。这种方式不需要改动设备，但只适用于均衡滑轮在定滑轮组的情况。

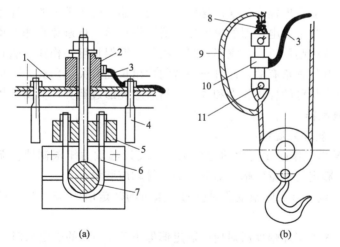

图 5-35　传感器的安装方式

1—槽钢；2—压力传感器；3—电缆；4—立板；5—连块；6—U形拉杆；7—定滑轮轴；
8—绳夹；9—钢丝绳；10—拉力传感器；11—钢丝绳夹头

（3）控制起重量的标定　超载限制器安装后，需要对应报警的额定起重量进行标定。其方法是在起重机上吊挂与报警重量相当的载荷，并吊离地面，待载荷静止后旋动仪表面板上"重量控制"旋钮，直至发出声光报警信号为止，再调整数字显示仪表的电位器，使仪表显

119

示出与实际起重量相等的数值。用同样方法标定额定起重量，使起重机超载时能切断起升电路电源。各电位器旋钮调整完毕即应锁紧，并用油漆封住，不作专门调整时，不准旋动旋钮。

3. 对超载限制器的安全要求

① 超载限制器的综合误差，机械式的不应大于8%，电子式的不应大于5%。

② 载荷达到额定起重量的95%时，应能发出提示报警信号。

③ 起重机械装设超载限制器后，应根据其性能和精度情况进行调整和标定，当载荷达到100%～110%的额定起重量时，能自动切断起升动力源，并发出禁止性报警信号。

（二）幅度指示器和力矩限制器

臂架型起重机的整机稳定性，受到起重量和幅度两方面因素限制，无论哪个因素超过允许值，都有可能造成倾翻事故的发生，因而其危险性也就变大。力矩限制器是一种综合重量和幅度两方面因素，保证起重力矩始终在允许范围内的安全装置。

1. 幅度指示器

《起重机械安全规程》规定：具有变幅机构的起重机械，应装设幅度指示器（或臂架仰角指示器）。流动式起重机、门座起重机等必须装设幅度指示器。

简单的臂架式起重机，常常装有倾角指示器，它是将一个刻度盘固定在起重机臂架上，在盘的中心装一个指针，指针在自重作用下绕刻度盘中心转动，并始终保持铅垂状态，司机可以随时观察到吊臂的倾角，根据倾角可以换算出工作幅度，并根据起重特性曲线所标出的额定起重量起吊载荷，即可避免超载。

较先进的幅度指示器是用电气控制的。如带余弦电位器的重锤式幅度指示器。余弦电位器固定在臂架的侧面，在电位器轴上固定一个重锤，当臂架摆动时，电位器的电刷由于重锤的重力作用始终保持铅垂状态，从而使电位器的阻值随吊臂的摆动而变化，由于电位器的输入电压一定，因而输出电压就会随着阻值的变化而变化，且符合余弦规律。这个输出的电压值经过处理在仪表上显示出幅度值来。这种幅度指示器，由于重锤的惯性作用，容易摆动造成测量误差。常用的带余弦电位器的幅度指示器不带重锤，可避免重锤摆动引起的误差。

对于带有伸缩臂的起重机，如汽车式起重机等，臂架长度在作业中随时变化，起重机的工作幅度不仅与吊臂的倾角有关，而且与吊臂的伸出长度有关。因此，要指示这类起重机的幅度，首先要测量出吊臂的伸出长度和倾角，然后才能通过运算，算出工作幅度。

2. 起重力矩限制器

《起重机械安全规程》规定：

① 额定起重量随工作幅度变化的起重机，应装设起重力矩限制器。流动式、塔式起重机和门座起重机（额定起重量随幅度而变化的）等均应装设。

② 当实际起重量超过实际幅度所对应的起重量的额定值的95%时，起重力矩限制器宜发出报警信号。

当实际起重量大于实际幅度所对应的额定值但小于110%的额定值时，起重力矩限制器起作用，此时应自动切断不安全方向（上升、幅度增大、臂架外伸或这些动作的组合）的动力源，但应允许机构作安全方向的运动。

③ 对有自锁作用的回转机构，应设极限力矩限制装置。保证当回转运动受到阻碍时，能由此力矩限制器发生的滑动而起到对超载的保护作用。

起重力矩限制器基本上分为机械式和电子式两种形式。

（1）机械式起重力矩限制器 机械式起重力矩限制器的种类很多，下面以杠杆式力矩限制器为例介绍机械式起重力矩限制器的工作原理。杠杆式起重力矩限制器如图 5-36 所示，起重量的限制是通过导向滑轮 3 和拉杆 5、水平杆 8 和限位开关 6 来实现的。起重量增加时，起升钢丝绳对导向滑轮的合力增大，并使角形杠杆 4 顺时针转动，拉杆 5 带动水平杆 8 绕支点抬起，撞块 7 上移；当起重量增大到限定数值时，撞块 7 即触动开关 6，机构断电，停止工作。

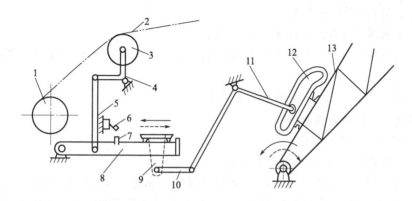

图 5-36　杠杆式起重力矩限制器

1—起重卷筒；2—起升绳；3—导向滑轮；4,11—角形杠杆；5—拉杆；6—限位开关；
7—撞块；8—水平杆；9—活动平衡重；10—连杆；12—曲线导板；13—吊臂

　　幅度的限制是通过活动平衡重 9 在水平杆上改变位置来实现的。当幅度增大时，固定在吊臂上的曲线导板 12 使杠杆 11 顺时针转动，通过连杆 10 把活动平衡重 9 往左推动，这时限位开关只允许起重机吊较小的载荷；反之，幅度变小时，平衡重往右移动，限位开关允许起重机吊较大的载荷。如果将曲线导板 12 的导槽形状设计成满足起重机特性曲线要求的形状，就可以实现全部变幅过程的起重力矩限制。

　　机械式起重力矩限制器的优点是使用寿命较长、受作业环境影响较小；缺点是体积和重量较大、灵敏度差、精度较低。

　　（2）电子式力矩限制器　电子式力矩限制器的一般原理如图 5-37 所示。

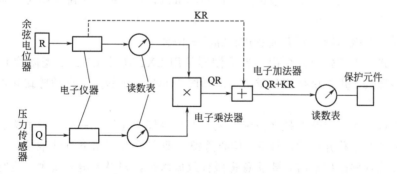

图 5-37　电子式力矩限制器原理框图

　　起重量和幅度分别由图中的两条线控制，一条线是由压力传感器将力信号转换为电信号，经过电子仪器处理和显示读数后送入电子乘法器；另一条线是由余弦电位器将幅值的变化信号转换为电信号，经过电子仪器处理和显示读数后也送入电子乘法器，电子乘法器便自动将送来的两组信号进行运算得出力矩 QR，再将此力矩值与 KR 相加，即可在读数表上输出一个反映起重机实际载荷（力矩）的值。这样的力矩信号由仪器自动与额定起重力矩进行比较，若超载，继电器就会自动切断工作机构电源，起到保护作用。

电子式力矩限制器上一般都设有额定载荷转换器，其功能是随时显示出与输入信号相对应的额定载荷信号，并与起重机工作时的实际载荷进行比较，给出结果。额定载荷转换器是通过模拟起重机的特性曲线做成的。

电子式力矩限制器克服了机械式力矩限制器的缺点，因而被广泛应用在各类起重机上。

（3）对力矩限制器的安全要求

① 力矩限制器的综合误差应不大于 10%。

② 装设力矩限制器后，应根据其性能和精度按照《起重机械安全规程》规定进行调整和标定。

（三）极限位置限制与位置调整安全装置

1. 起升高度极限位置限制器

《起重机械安全规程》规定：

① 起升机构均应装设起升高度限位器。

② 当取物装置上升到设计规定的上极限位置时，应能立即切断起升动力源。在此极限位置的上方，还应留有足够的空余高度，以适应上升制动行程的要求。在特殊情况下，如吊运熔融金属，还应装设防止越程冲顶的第二级起升高度限位器，第二级起升高度限位器应分断更高一级的动力源。

③ 需要时，还应设下降深度限位器；当取物装置下降到设计规定的下极限位置时，应能立即切断下降动力源。

④ 上述运动方向的电源切断后，仍可进行相反方向运动（第二级起升高度限位器除外）。

由以上规定可知，几乎所有起重机的起升机构均应装设起升高度限位器。起升高度限位器又称上升极限位置限制器或起升限位装置，过卷扬限制装置等，其功能是当取物装置上升到上极限位置时，限位器发生作用，使之停止上升，以防止发生起重物继续上升，拉断钢丝绳导致重物坠落事故。下降极限位置限制器的功能是当吊具下降到下极限位置时，能自动切断下降的动力源，以保证钢丝绳在卷筒上的缠绕圈数不少于设计规定的安全圈数。因此，凡有可能造成吊具下降到低于下极限位置工作的起重机，均应装设下降极限位置限制器（或称下降深度限位器）。

上升极限位置限制器主要有重锤式和螺杆式两种。

（1）重锤式　重锤式上升极限位置限制器是用 LX4-31 或 LX4-32 型限位开关和重锤组成的。其安装形式，用在桥架型起重机上的如图 5-38(a) 所示；用在动臂式起重机上的如图 5-38(b) 所示。

在图 5-38(a) 中，重锤 3 挂在拉绳 2 上，并与碰杆 7 连接在一起，当吊钩起升到上极限位置时，使碰杆 7 上移并托起重锤 3，偏心重锤 6 即在重力作用下打开限位开关 1，使起升机构断电。安装这种限位器时，要注意将碰杆放成水平，如果下斜角太大，当空钩起升摆动时，有可能使吊钩摆到竖杆下端，继续上升时将竖杆顶弯而重锤仍未抬起，造成断绳事故。平时要经常检查和润滑限位器碰杆与竖杆的铰轴，防止锈死。

（2）螺杆式　螺杆式极限位置限制器可以单向限位，也可以双向限位。图 5-39 是设有润滑油池的双向螺杆式限位器。

工作时卷筒轴带动螺杆 1，螺杆上的螺母随着卷筒正反转而前后滑行，当吊钩上升或下降到极限位置时，撞头 3 即触动限位开关 5 或 6 而切断上升动力源，使之不能继续上行。

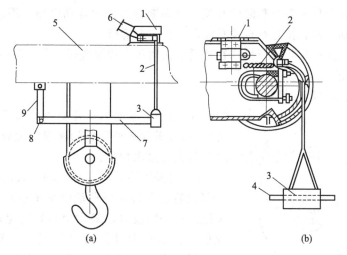

图 5-38　重锤式起升限位器

1—限位开关；2—拉绳；3—重锤；4—挡板；5—小车架；6—偏心重锤；7—碰杆；8—铰轴；9—竖杆

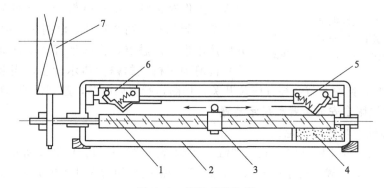

图 5-39　螺杆式限位器

1—螺杆；2—壳体；3—撞头；4—油池；5,6—上下过卷扬限位开关；7—卷筒齿轮

2. 运行行程限位器

《起重机械安全规程》规定：起重机和起重小车（悬挂型电动葫芦运行小车除外），应在每个运行方向装设运行行程限位器，在达到设计规定的极限位置时自动切断前进方向的动力源。在运行速度大于 100m/min，或停车定位要求较严的情况下，宜根据需要装设两级运行行程限位器，第一级发出减速信号并按规定要求减速，第二级应能自动断电并停车。

运行行程限位器的安全功能是防止因行程越位而造成事故。运行行程限位器由两部分构成：一是用于触发开关的撞块或安全尺，安装在机构的运动部分上；二是行程限位开关（如图 5-40 所示），固定在设计规定的极限位置之前的轨道或结构上。当某方向的运动接近极限

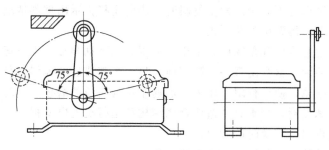

图 5-40　行程限位开关

位置时，撞块或安全尺触碰行程限位开关，则切断该方向的运动电路，停止该方向的运行，同时接通反向运动电路，使运行机构只能向安全方向运行。

有轨的大车（或小车）运行机构在轨道端头附近都要设置运行行程限位器。

3. 幅度限位器

《起重机械安全规程》规定：

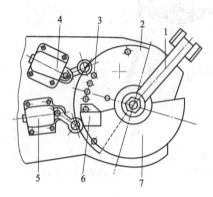

图 5-41　幅度限位器

1—拨杆；2—刷托；3—电刷；4,5—限位开关；6—撞块；7—半圆形活动转盘

① 对动力驱动的动臂变幅的起重机（液压变幅除外），应在臂架俯仰行程的极限位置处设臂架低位置和高位置的幅度限位器。

② 对采用移动小车变幅的塔式起重机，应装设幅度限位装置以防止可移动的起重小车快速达到其最大幅度或最小幅度处。最大变幅速度超过 40m/min 的起重机，在小车向外运行且当起重力矩达到额定值的 80% 时，应自动转换为低于 40m/min 的低速运行。

塔式起重机上采用的幅度限位器如图 5-41 所示。起重机工作时拨杆 1 随吊臂转动，并带动半圆形活动转盘 7 一起相对电刷 3 转动，电刷 3 根据不同的角度，分别接通指示灯触点，将起重臂的不同倾角通过灯光信号传递到司机室的幅度指示盘上，当起重臂变幅到两个极限位置时，撞块 6 就会撞开限位开关，切断运行方向电路，起到保护作用。

4. 其他位置限定安全装置和显示装置

《起重机械安全规程》规定：

① 具有臂架俯仰变幅机构（液压油缸变幅除外）的起重机，应装设防止臂架后倾装置（例如一个带缓冲的机械式的止挡杆），以保证当变幅机构的行程开关失灵时，能阻止臂架向后倾翻。

② 需要限制回转范围时，回转机构应装设回转角度限位器。

③ 需要时，流动式起重机及其他回转起重机的回转部分应装设回转锁定装置。

④ 工作时利用垂直支腿支撑作业的流动式起重机械，垂直支腿伸出定位应由液压系统实现；且应装设支腿回缩锁定装置，使支腿在缩回后，能可靠地锁定。可防止起重机在运行状态下支腿自行伸出。

⑤ 利用支腿支撑或履带支撑进行作业的起重机，应装设水平仪，用来检查起重机底座的倾斜程度。一般而言，起重机底座的倾斜程度越大，其稳定性越差。

5. 偏斜指示器或限制器

《起重机械安全规程》规定：跨度大于 40m 的门式起重机和装卸桥应装设偏斜指示器或限制器。当两侧支腿运行不同步而发生偏斜时，能向司机指示出偏斜情况，在达到设计规定值时，还应使运行偏斜得到调整和纠正。

较大跨度的龙门起重机和装卸桥，由于（采用分别驱动导致）大车运行不同步、车轮打滑以及制造安装等原因，常会出现一个腿超前、另一个腿滞后的偏斜运行现象。偏斜运行的起重机，往往造成啃轨，使运行阻力增大，加速车轮与轨道的磨损，同时也使起重机金属结构产生较大的应力和变形，严重时会造成金属结构和运行机构电机损坏。因此必须装设偏斜调整装置，使偏斜现象得到及时的调整。

常用的偏斜调整装置有凸轮式和电动式两种。

（1）凸轮式偏斜调整装置 凸轮式偏斜调整装置如图 5-42 所示。主要由固定在柔性支腿上的转臂、拨叉、凸轮和四个开关组成。当起重机运行偏斜时，柔性支腿与桥架发生相对转动，固定在柔性支腿上的转动臂，通过叉子带动凸轮转动，凸轮又使布置在它周围的四个开关（图 5-43）动作，控制电动机的开停和转向。当起重机向前运行发生偏斜时，开关 K 就开始动作，并发出信号提醒司机注意。如果刚性支腿超前，凸轮顺时针转动，开关 K 动作，当起重机的偏斜量在允许范围时，凸轮的转动角度小于 β_1，斜偏电动机不起作用，允许起重机继续偏斜，当偏斜量超过允许值（一般为 $5L/1000$，L 为跨度）时，凸轮转过角度等于 β_1，开关 K_1 动作，接通斜偏电动机，并通过运行机构中行星齿轮装置，使柔性支腿超前，刚性支腿滞后时，凸轮逆时针转动，开关 K 动作，当偏斜量超过允许值时，K_2 动作，接通纠偏电动机，使柔性支腿一边的运行速度减慢，直至两条支腿平齐为止。如果起重机向后运行，各个开关及斜偏电动机的动作恰好与向前运行时相反。

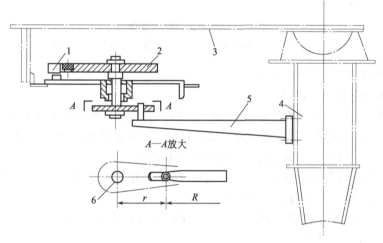

图 5-42 凸轮式偏斜调整装置结构简图
1—开关；2—凸轮；3—桥架；4—柔性支腿；5—转动臂；6—叉子

纠偏电动机能使柔性支腿的速度增加或减少 10% 左右，调整速度的能力是有限的。如果纠偏速度不能适应偏斜的发展速度或者纠偏开关失灵，就会使起重机的偏斜量越来越大。因此需要设置安全开关 K_3，即当偏斜量达到结构允许的极限值（一般为 $7L/1000$，L 为跨度）时，开关 K_3 动作，使超前支腿的运行机构断电，等两条支腿平齐后重新接触。

安装这种偏斜调整装置时，应注意检查原起重机的几何尺寸，特别是车轮处的对角线是否符合设计要求，如有偏差应进行纠正后再安装。安装后要将各连接螺栓紧固，并注入不易流失和变质的润滑油，严防松脱和位移，否则都会影响偏斜的调整。接电气线路时要反复检查，如果接错，纠偏电动机的旋转方向与需要的方向相反，反而会加剧偏斜，造成更大危险。

（2）电动式偏斜调整装置 图 5-44 是电动式偏斜调整装置的安装位置图。两个电动式偏斜调整

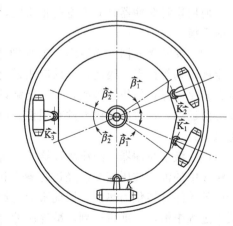

图 5-43 凸轮的控制开关布置

装置 2 布置在同一侧轨道 1 上，并通过线路联系起来。其滚轮 4 直接顶在轨道侧面。而正常运行的起重机与轨道单侧间隙是一定的，正常运行时，两个偏斜调整装置里面的铁芯有相同的位移量，电桥平衡；当起重机偏斜时，两个装置里铁芯的位移量也不相同，从而破坏了电桥的平衡，发出信号，并通过与纠偏机构联锁构成偏斜调整装置。

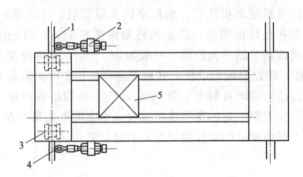

图 5-44　电动式偏斜调整位置

1—大车轨道；2—偏斜调整装置；3—车轮；4—滚轮；5—小车

（四）缓冲器与轨道端部止挡

《起重机械安全规程》规定：

① 在轨道上运行的起重机的运行机构、起重小车的运行机构及起重机的变幅机构等均应装设缓冲器或缓冲装置。缓冲器或缓冲装置可以安装在起重机上或轨道端部止挡装置上。

② 轨道端部止挡装置应牢固可靠，防止起重机脱轨。

③ 有螺杆和齿条等的变幅驱动机构，还应在变幅齿条和变幅螺杆的末端装设端部止挡防脱装置，以防止臂架在低位置发生坠落。

缓冲器与轨道端部止挡的功能就是为了减缓起重机或运行小车运行到轨道终端时的冲击力和防止起重机发生脱轨事故。

1. 缓冲器

起重机上常用的缓冲器有橡胶缓冲器、弹簧缓冲器和液压缓冲器等几种。

（1）橡胶缓冲器　橡胶缓冲器如图 5-45(a) 所示，具有结构简单、制造方便、可以用于防爆场所等优点，但是缓冲能力小，一般只用于运行速度不大于 50m/min 的起重机上，不宜用于环境温度过高或过低的场所，适用温度在 −30～50℃ 范围内。

使用这种缓冲器时应注意防止松脱，应经常检查橡胶是否老化，如有老化变质现象，应及时更换。

（2）弹簧缓冲器　弹簧缓冲器如图 5-45(b) 所示，具有结构简单、维修方便和不受环境温度影响等优点，因此，目前应用最为广泛。但是，由于它在缓冲过程中，撞击的动能大部分转化为弹簧的压缩势能，在吸能结束后，会产生反弹力作用在起重机上，使起重机向相反方向运动，这对起重机零件有损伤。因此弹簧缓冲器宜用于运行速度 50～120m/min 的起重机上。

（3）液压缓冲器　液压缓冲器的构造如图 5-45(c) 所示。碰撞时，弹簧 2 使活塞 6 压缩油缸 3 中的油，被压缩的油经过芯棒 5 和活塞 6 底部的环形间隔流入储油腔，从而吸收撞击产生的动能并转化为热能，因此不会有反弹作用。芯棒的设计形状可以保证油缸里的压力在缓冲过程中恒定，即可达到匀减速缓冲，使起重机在最短的距离内停住。

当起重机或小车离开时，复位弹簧 4 使活塞 6 恢复原位，油液流回工作腔，撞头 1 和弹

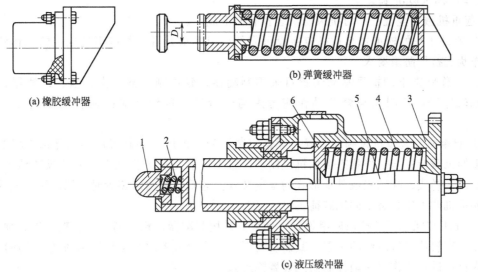

(a) 橡胶缓冲器

(b) 弹簧缓冲器

(c) 液压缓冲器

1—撞头；2—弹簧；3—油缸；4—复位弹簧；5—芯棒；6—活塞

图 5-45 缓冲器

簧 2 也都恢复原位。弹簧 2 也具有一定的缓冲功能，可以吸收活塞与起重机或小车碰撞的部分能量。

液压缓冲器与弹簧缓冲器比较，具有无反弹作用、缓冲力恒定、吸收能量大、缓冲行程短（为弹簧缓冲器的一半）、外形尺寸小等优点。因此适用于碰撞速度大于120m/min或碰撞动能大的起重机。它的缺点是构造复杂、维修不便、油缸密封要求较高和受环境温度影响等。

2. 轨道端部止挡

轨道端部止挡的功能是防止起重机因轨道倾斜和大风吹等原因自行滑动，或因起重运行惯性等原因滑出轨道尾端造成脱轨倾翻事故。

图 5-46 为塔式起重机上的一种轨道端部止挡。

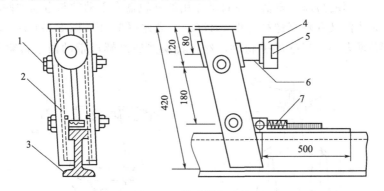

图 5-46 轨道端部止挡

1—螺栓；2—加强板；3—钢轨；4—橡胶圈；5—紧固螺栓；6—圆管缓冲架；7—缓冲板

它由两极 12# 槽钢用螺栓 1 夹紧在钢轨上，槽钢上端装有缓冲橡胶圈 4，下端装有三块长短不一的钢板组成梯形缓冲板 7，这种止挡可以承受较大的惯性冲击力，结构简单、装拆方便。

（五）抗风防滑装置

《起重机械安全规程》对抗风防滑装置有如下规定。

① 室外工作的轨道式起重机应装设可靠的抗风防滑装置，并应满足规定的工作状态和非工作状态抗风防滑要求。

② 工作状态下的抗风制动装置可采用制动器、轮边制动器、夹轨器、顶轨器、压轨器、别轨器等，其制动与释放动作应考虑与运行机构联锁并应能从控制室内自动进行操作。

③ 起重机只装设抗风制动装置而无锚定装置的，抗风制动装置应能承受起重机非工作状态下的风载荷；当工作状态下的抗风制动装置不能满足非工作状态下的抗风防滑要求时，还应装设牵缆式、插销式或其他形式的锚定装置。起重机有锚定装置时，锚定装置应能独立承受起重机非工作状态下的风载荷。

④ 非工作状态下的抗风防滑设计，如果只采用制动器、轮边制动器、夹轨器、顶轨器、压轨器、别轨器等抗风制动装置，其制动与释放动作也应考虑与运行机构联锁，并应能从控制室内自动进行操作（手动控制防风装置除外）。

⑤ 锚定装置应确保在下列情况下起重机及其相关部件的安全可靠：

a. 起重机进入非工作状态并且锚定时；

b. 起重机处于工作状态，起重机进行正常作业并实施锚定时；

c. 起重机处于工作状态且在正常作业，突然遭遇超过工作状态极限风速的风载而实施锚定时。

室外工作的轨道式起重机，迎风面积很大，为了防止被大风吹走造成起重机倾倒事故，必须装设抗风防滑装置。制动器、轮边制动器、夹轨器、顶轨器、压轨器、别轨器等均可起到抗风防滑的作用。

下面介绍夹轨器、压轨器和锚定装置等三种类型的常见抗风防滑装置。

1. 夹轨器

夹轨器是应用最广泛的一种抗风防滑装置。按其作用的原理不同，分为非自动作用与自动作用两种。

（1）非自动作用的防风夹轨器　非自动作用的夹轨器有手动的与电动的两种形式。

手动防风夹轨器又有垂直螺杆［图5-47(a)］和水平螺杆［图5-47(b)］之分，都是利用丝杠来产生夹紧力的。当摇动手轮时，丝杠转动并通过螺母带动两个钳臂夹紧或脱开轨

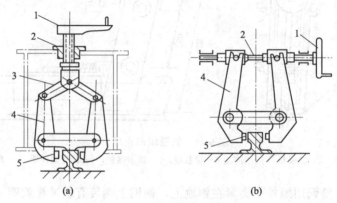

(a)　　　　　　　　　　(b)

图 5-47　手动防风夹轨器

1—手轮；2—丝杠；3—连杆；4—钳臂；5—钳口

道。手动夹轨器具有构造简单、结构紧凑、维修方便和成本低等优点，但操作费时费力、夹持力较小，不能应对突然来的暴风，只适用于安装在中、小型起重机上。

电动和手动两用夹轨器由电动机、圆锥齿轮、螺杆、夹钳等组成。当电动机转动时螺杆带动螺母压缩弹簧，使夹轨器夹紧，并通过电气联锁停止运行机构。宝塔形弹簧的作用在于保持夹钳的持力，以防松弛。如若松弛夹钳，应使螺母退到一定位置，触动终点限位开关后，运行机构方可通电运行，起到保护作用。这种两用夹轨器虽然采用了电动机，但若电源出了故障，就不能夹紧，而必须改用手轮夹紧，因此，仍属于非自动类型的。

（2）自动作用的夹轨器　自动作用的夹轨器在起重机不运行或断电时能自动夹紧轨道，主要类型有弹簧式、重锤式和自锁夹板式等几种。

图5-48所示为弹簧式自动夹轨器。它是利用弹簧1压迫连杆2，使钳口夹紧钢轨的。松闸时，开动卷扬装置，通过钢丝绳滑轮组5使弹簧压缩，带动钳臂脱开轨道4。这种夹轨器常常同风速风级报警器相联锁，当风力超过规定的值（一般6级风，沿海7级风）时，风速计发出警报并通过电气联锁切断起重机电源，夹轨器自动动作夹紧钢轨。

自动作用的夹轨器不需要外界电源即可夹紧钢轨，安全可靠，但构造复杂、体积和自重较大，通常安装在大型起重机上。

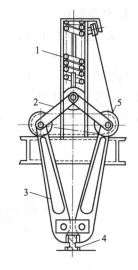

图5-48　弹簧式自动夹轨器
1—弹簧；2—连杆；3—钳臂；
4—轨道；5—钢丝绳滑轮组

2. 自动压轨器

自动作用的压轨器如图5-49所示。它是利用起重机的自重通过斜面作用，将带有摩擦衬垫的防滑靴（俗称铁鞋）压在轨顶上，从而防止起重机移动。当切断运动机构电源或外界电源中断时，防滑靴4缓缓落于轨顶，如果此时起重机被风吹动，经过一小段距离后，防滑靴即被压紧在轨道上将起重机锚固，当起重机需要运行时，预先将起重机后搬一小段距离，随后接通液压推杆1的电源将防滑靴提起，然后才能开动起重机运行机构。

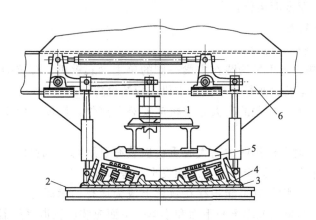

图5-49　自动压轨器
1—液压推杆；2—轨道；3—衬垫；4—防滑靴；5—斜面；6—起重机横梁

自动压轨器的抗风防滑能力受到起重机自重的限制。

3. 锚定装置

露天工作的起重机，当风速超过 60m/s（相当于 10～11 级风）时，必须采用锚定装置。

图 5-50(a) 为插销式锚定装置（大型起重机常用插板代替插销）。插销应沿轨道每隔一定距离装设一个，以便大风来时能及时将起重机锁住。图 5-50(b) 为链条式锚定装置，链条用带有左右螺纹的张紧装置张紧。图 5-50(c) 为顶杆式锚定装置，顶杆端部有可以伸缩的螺旋千斤顶。由于这类装置在起重作业时不能及时地起到抗风作用，通常用作自动抗风装置的补充设备，以预防特大风暴。

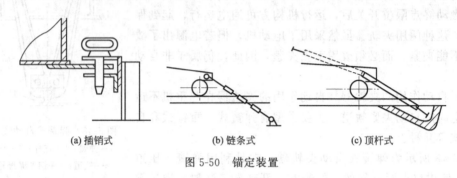

(a) 插销式   (b) 链条式   (c) 顶杆式

图 5-50　锚定装置

（六）联锁保护装置

《起重机械安全规程》对联锁保护装置有如下规定：

① 进入桥式起重机和门式起重机的门，和从司机室登上桥架的舱口门，应能联锁保护；当门打开时，应断开由于机构动作可能会对人员造成危险的机构的电源。

② 司机室与进入通道有相对运动时，进入司机室的通道口，应设联锁保护；当通道口的门打开时，应断开由于机构动作可能会对人员造成危险的机构的电源。

③ 可在两处或多处操作的起重机，应有联锁保护，以保证只能在一处操作，防止两处或多处同时都能操作。

④ 当既可以电动，也可以手动驱动时，相互间的操作转换应能联锁。

⑤ 夹轨器等制动装置和锚定装置应能与运行机构联锁。

⑥ 对小车在可俯仰的悬臂上运行的起重机，悬臂俯仰机构与小车运行机构应能联锁，使俯仰悬臂放平后小车方能运行。

（七）其他安全装置

《起重机械安全规程》规定：

① 防倾翻安全钩。起重吊钩装在主梁一侧的单主梁起重机、有抗振要求的起重机及其他有类似防止起重小车发生倾翻要求的起重机，应装设防倾翻安全钩。

② 风速仪。对于室外作业的高大起重机应安装风速仪，风速仪应安置在起重机上部迎风处。

③ 风速报警器。对室外作业的高大起重机应装有显示瞬时风速的风速报警器，且当风力大于工作状态的计算风速设定值时，应能发出报警信号。

④ 轨道清扫器。当物料有可能积存在轨道上成为运行的障碍时，在轨道上行驶的起重机和起重小车，在台车架（或端梁）下面和小车架下面应装设轨道清扫器，其扫轨板底面与轨道顶面之间的间隙一般为 5～10mm。

⑤ 防小车坠落保护装置。塔式起重机的变幅小车及其他起重机要求防坠落的小车，应设置使小车运行时不脱轨的装置，即使轮轴断裂，小车也不能坠落。

⑥ 检修吊笼或平台。需要经常在高空进行起重机械自身检修作业的起重机，应装设安全可靠的检修吊笼或平台。

⑦ 导电滑触线的安全防护板。桥式起重机司机室位于大车滑触线一侧，在有触电危险的区段，通向起重机的梯子和走台与滑触线间应设置防护板进行隔离；桥式起重机大车滑触线侧应设置防护装置，以防止小车在端部极限位置时因吊具或钢丝绳摇摆与滑触线意外接触；多层布置桥式起重机时，下层起重机应采用电缆或安全滑触线供电；其他使用滑触线的起重机械，对易发生触电的部位应设防护装置。

⑧ 报警装置。必要时，在起重机上应设置蜂鸣器、闪光灯等作业报警装置。流动式起重机倒退运行时，应发出清晰的报警音响并伴有灯光闪烁信号。

⑨ 防护罩。在正常工作或维修时，为防止异物进入或防止其运行对人员可能造成危险的零部件，应设有保护装置。起重机上外露的、有可能伤人的运动零部件，如开式齿轮、联轴器、传动轴、链轮、链条、传动带、皮带轮等，均应装设防护罩/栏。在露天工作的起重机上的电气设备应采取防雨措施（如防雨罩）。

⑩ 防碰撞装置。当两台或两台以上的起重机械或起重小车运行在同一轨道上时，应装设防碰撞装置。当起重机运行到危险距离范围时，防碰撞装置便发出警报进而切断电路，使起重机停止运行，避免起重机之间的相互碰撞。常利用超声波、电磁波、光波的反射作用来制造防碰撞装置。如光线式防碰撞装置、超声波防碰撞装置等。

二、电气保护

1. 零位保护

起重机各传动机构应设有零位保护，运行中若因故障或失压停止运行后，重新恢复供电时，机构不得自行动作，应人为将控制器置回零位后，机构才能重新启动。

2. 失压保护

当起重机供电电源中断后，凡涉及安全或不宜自动开启的用电设备均应处于断电状态，避免恢复供电后用电设备自动运行。

3. 超速保护

对于重要的、负载超速会引起危险的起升机构或非平衡式变幅机构应设置超速开关，超速开关的整定值取决于控制系统性能和额定下降速度，通常为额定下降速度的 $1.25 \sim 1.4$ 倍。

4. 接地保护

① 起重机械本体的金属结构应与供电线路的保护导线可靠连接；司机室与起重机本体接地点之间应用双保护导线连接。

② 起重机械所有电气设备外壳、金属导线管、金属支架及金属线槽均应根据配电网情况进行可靠接地（保护接地或保护接零）。

③ 对于保护接零系统，起重机械的重复接地或防雷接地的接地电阻不大于 10Ω；对于保护接地系统的接地电阻不大于 4Ω。

此外，电动机保护、线路保护等其他电气保护详见《起重机械安全规程》第八章的规定。

三、高处作业的安全防护

起重机金属结构多数位于高处，如一般桥式起重机的主梁都处于距离地面 10 m 以上。为了获得作业现场清楚的观察视野，司机室往往设在高处，很多设备也安装在高处结构上，因此，起重司机正常操作、高处设备的维护和检修以及安全检查，都需要登高作业。为防止人员从高处坠落，防止高处坠落的物体对下面人员造成打击伤害，在起重机上，凡是高度不低于 2m 的一切合理作业点，包括进入作业点的配套设施，如高处的通行走台、休息平台、转向用的中间平台，以及高处作业平台等，都应予以防护。安全防护的结构和尺寸应根据人体参数确定。其强度、刚度要求应根据可能受到的最不利载荷考虑。

1. 通道与平台

起重机上所有存在部位及要求经常检查和保养的部位，凡离地面距离超过 2m 的，均应通过斜梯（或楼梯）、平台、通道或直梯到达，梯级两边应设防护栏。

一般情况下应通过斜梯或通道，从同司机室地板一样高且备有栏杆的平台直接进入司机室，平台与司机室入口的水平间隙不应超过 0.15m，与司机室地板的高低差不应超过 0.25m。

斜梯、通道和平台的净空高度不应低于 1.8m；运动部分附近的通道和平台的净宽度不应小于 0.5m，固定部分之通道净宽度不应小于 0.4m。

工作人员（如 4500N/m² 的均布载荷）可能停留的每一处表面都应当保证不发生永久变形：

任何通道基面上的孔隙（含狭缝及空隙）都应满足如下要求：

① 不允许直径为 20mm 的球体通过；

② 当长度≥200mm 时，其最大宽度为 12mm。

2. 斜梯和直梯

凡高度差超过 0.5m 的通行路径应做成斜梯或直梯。高度不超过 2m 的垂直面上（如桥式起重机主梁走台与端梁之间），可以设置踏脚板，踏脚板两侧应设有扶手。

（1）斜梯

① 斜梯的倾斜角不宜超过 65°，特殊情况下，也不宜超过 75°。

② 斜梯两侧应设置栏杆，两侧栏杆的间距：主要斜梯不应小于 0.6m，其他斜梯不应小于 0.5m。栏杆高度不小于 1m。

③ 梯级净宽度不应小于 0.32m，单个梯级的高度宜取为 0.18～0.25m，斜梯上梯级的进深不应小于梯级的高度，连续布置的梯级，其高度和进深应为相同尺寸。

④ 梯级踏面表面应防滑。

（2）直梯

① 直梯两侧撑杆的间距不应小于 0.4m，两侧撑杆的梯级宽度不应小于 0.3m，梯级间距应保持一致，宜为 0.23～0.30m，梯级离开固定结构件不应小于 0.15m，梯级中心 0.1m 范围内应能承受 1200N 的垂直力而无永久变形。

② 人员出入的爬入孔尺寸，方孔不宜小于 0.63m×0.63m，圆孔直径宜取为 0.63m～0.80m。

③ 高度 2m 以上的直梯应有护圈，护圈应从 2m 高度起开始安装，护圈直径宜取为 0.60m～0.80m。护圈之间应由 3 根或 5 根间隔布置的纵向板条连接起来，并保证有一根板条正对护圈的垂直中心线。

④ 相邻护圈的间距：设置 3 根板条时，相邻护圈的间距不应大于 0.9m；设置 5 根板条时，相邻护圈的间距不应大于 1.5m。

⑤ 护圈在任何一个 0.1m 范围内应可以承受 1000N 的垂直力，而无永久变形。

⑥ 直梯每 10m 至少应设置一个休息平台。

⑦ 直梯的终端宜与平台平齐，梯级终端踏板不应超过平台平面。

3. 防护栏杆

应在起重机以下部位装设防护栏杆：

① 用于起重机安装、拆卸、试验、维修和保养，且高于地面 2m 以上的工作部位；

② 通往离地面高度 2m 以上的操作室、检修保养部位的通道；

③ 在起重机上存在跌落高度大于 1m 的通道及平台。

对防护栏杆的具体要求如下：

① 栏杆上部表面的高度不低于 1m，栏杆下部有不低于 0.1m 的踢脚板，在踢脚板和手扶栏杆之间有不少于一根的水平横杆，它与踢脚板和手扶栏杆的距离不得大于 0.5m；对于通道净高不超过 1.3m 的通道，手扶栏杆的高度可以为 0.8m；

② 在手扶栏杆上任意点任何方向都应能承受的最小力为 1000N，且无永久变形；

③ 栏杆允许开口，但开口处应有防止人员跌落的保护措施；

④ 在沿建筑物墙壁或实体墙结构上设置的通道上，允许用扶手代替栏杆，这些扶手的中断长度（例如为让开建筑物的柱子、门孔）不宜超过 1m。

四、起重机危险部位与标志方法

1. 起重机危险部位及其标志方法

下列部位应在适当位置使用黄黑相间标志：

① 吊钩滑轮组侧板。

② 取物装置和起重横梁。

③ 臂架型起重机回转尾部和平衡重。

④ 动臂式臂架型起重机的臂架头部。

⑤ 起重机外伸支腿和排障器。

⑥ 除流动式起重机和铁路起重机外，与地面距离小于 2m 的司机室和检修吊笼的底边，标志宽度不小于 120mm。

⑦ 与地面距离小于 2m 的台车均衡梁和下横梁两侧。

⑧ 桥式起重机的端梁外侧（有人行通道时）和两端面移动式司机室的走台与梯子接口处的防护栏。

2. 安全装置的标志方法

安全装置的标志方法见表 5-25 所示。

表 5-25　安全装置的标志方法

安全装置	标志类别	标志部位
夹轨器	黄黑相间标志	在适当位置
大车滑线防护板		底边宽度不小于 100mm
缓冲器（橡胶缓冲器除外）	红色标志	端部
扫轨板		整体
轨道端部止挡		止挡整体
紧急开关		按钮、把柄
过卷扬限制器		重锤

3. 电气设备的标志方法

电气设备的标志方法见表 5-26 所示。

表 5-26　电气设备的标志方法

电气设备	标志类别	标志部位
大小车滑线	红色灯光标志	滑线两端、通道上方
大车裸滑线	红色标志	非导电面
电缆卷筒		电缆卷筒的护圈

4. 警示语句

警示语句应采用黄色背景、黑色文字，应有警示语句的部位有：

① 流动式起重机基本臂两侧应在适当位置使用"起重臂下严禁站人"的文字标志。

② 回转尾部两侧应在适当位置使用"作业半径内注意安全"的文字标志。

5. 障碍信号

高于 30m 的室外作业起重机械顶端应装设红色障碍灯。

6. 安全标志的管理要求

起重机械危险部位的标志应经常检查维护，如有退色和损坏，应及时修整或更换，以保证标志的清洁、完整、正确、醒目。

第五节　桥架型起重机安全技术

一、概述

桥架型起重机是以桥形主梁的金属结构作为主要承载构件。通过起升机构、小车运行机构、大车运行机构三个工作机构的组合运动，使起重机在固定跨度的盒形空间内完成物料搬运作业任务。

桥架型起重机的主要技术参数有起重量 G、起升高度 H、跨度 S、工作速度 v（包括起升速度 v_q，大车运行速度 v_k，小车运行速度 v_t）等。

桥架类型起重机主要机种有桥式起重机、门式起重机和装卸桥。

桥式起重机俗称天车，是厂房内最常见的起重机械，其桥形主梁通过两个端梁直接支撑在固定于建筑物的轨道上，常见的有单梁电动葫芦起重机和双梁桥式起重机，其中以电动双梁桥式起重机使用量最大（见图 5-51）。广泛地用于车间、仓库或露天堆料场地。门式起重机被称为"带腿"的桥式起重机，其主梁通过双支腿支撑在地面轨道上，形成一个门架。用于货场、港口、车站等露天场所。装卸桥与门式起重机结构相似，参数有差异，其特点是起重量不大，但速度快、生产率高。集装箱门式起重机是专门用于集装箱的堆垛和装卸作业的门式起重机。

（一）桥架型起重机的组成及特点

桥架式起重机由机械部分、金属结构和电气部分组成。

1. 机械部分

机械部分由起升机构、小车运行机构和大车运行机构三大工作机构组成。起升机构连同取物装置固定在起重小车上，用来升降吊物；小车运行机构驱动起重小车沿主梁运行；大车运行机构驱动起重机整机在建筑物高架结构的轨道上运行。三大机构在三维坐标上的组合运动完成物料搬运作业任务。

2. 电气部分

电气部分包括电气设备和控制线路，适应起重机频繁启动制动、换向、负载无规律和过

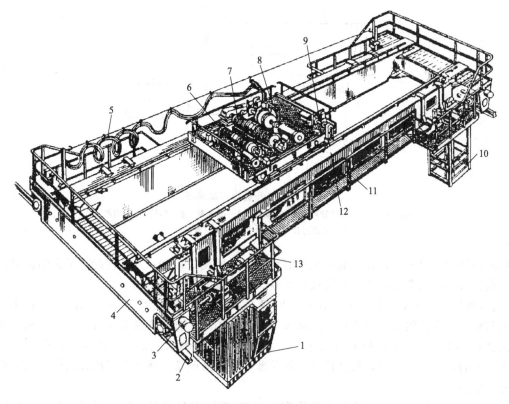

图 5-51　电动双梁桥式起重机

1—司机室；2—大车轨道；3—缓冲器；4—端梁；5—电缆；6—副起升机构；7—主起升机构；8—起
重小车；9—小车运行机构；10—检修吊笼；11—走台栏杆；12—主梁；13—大车运行机构

载、冲击等的工作特点，一些主要电气设备采用起重机专用设备。

3. 金属结构

金属结构的作用是将起重机各组成部分连接成一个有机整体，承受吊物和起重机自身质量。主要由主梁、端梁、支腿、栏杆走台、司机室等组成。

（二）桥架类型起重机工作机构

1. 起升机构的组成

起升机构是桥架式起重机的最重要组成部分。绝大多数起重坠物的重大事故，几乎都与起升机构及其主要构成零部件的安全状态有直接关系，是安全检查的重点，在保证工作性能时，必须满足安全要求。

桥架类型起重机的起升机构由电动机、减速器和传动轴、卷绕系统、取物装置、制动器及安全装置等组成。起升机构传动简图见图 5-52。

卷绕系统一般采用带螺旋槽的单层缠绕卷筒、双联钢丝绳滑轮组；最常用的取物装置是吊钩；安全装置主要包括超载限制器和上升极限位置限制器等。

制动器是关系安全的关键装置，起升机构使用的电动式制动器应是常闭式支持制动器，它的制动轮必须装在与传动装置刚性连接的轴上。起升机构的每一套独立驱动装置至少装设一个制动器，对于吊运炽热金属或危险品的起升机构，每一套独立的驱动装置至少装设两个制动器，每个制动器的安全系数均不得低于规定的数值。

一般起重机只装配一套起升机构，当起重量大于 10t 时，为提高工作效率，常设主、副

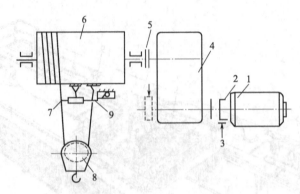

图 5-52　起升机构传动简图

1—电动机；2,5—联轴器；3—制动器；4—减速器；6—卷筒；7—钢丝绳；
8—吊钩滑轮组；9—上升极限位置限制器

两套起升机构，可充分发挥副起升机构起重量小、速度快，主起升机构起重量大的优势。

起升机构的安全装置主要有超载限制器、上升极限位置限制器等。

【起重伤害事故案例】　2003 年 5 月 20 日，某厂铸钢工段天车司机张某操动 1 台 10t/3t 桥式起重机在浇注钢水的过程中，开动大车和降落 10t 主钩去吊钢水包的同时，恐副钩碍事而又提升 3t 副钩，3 个机构同时动作，在主钩即将吊挂钢水包之际，副钩已提升至顶，张某顾及不周，限位又失效，致使吊钩冲顶拉断钢丝绳后坠落，将正在下面挂钩的造型工姚某砸成重伤。

事故主要原因：①司机张某违规操作。《起重机械安全规程》明确规定，有主、副两套起升机构的起重机，主、副钩不应同时开动（设计允许除外）。桥式起重机司机安全操作规程亦明确规定，不允许同时开动 3 个以上的机构同时运转。②擅自改造。3t 副钩系后来擅自改装，其机械和电气控制均有诸多隐患。③设备维修不善。3t 副钩上升限位失效故障，未能及时发现排除。

2. 运行机构

（1）运行支撑装置　桥架类型起重机的大车和小车的运行支撑装置主要是钢制车轮组与轨道。车轮以踏面与轨道顶面接触并使其承受轮压。

大车运行机构多采用铁路钢轨，当轮压较大时采用起重机专用钢轨。小车运行机构的钢轨采用方钢或扁钢，直接铺设在金属结构上。

车轮组由车轮、轴与轴承箱等组成。为防止车轮脱轨而带有轮缘，以承受起重机的侧向力。车轮的轮缘有双轮缘、单轮缘及无轮缘三种（见图 5-53）。起重机大车主要采用双轮缘车轮，一些重型起重机，除采用双轮缘车轮外还要加装水平轮，以减轻起重机歪斜运行时轮缘与轨道侧面的接触磨损。轨距较小的起重机或起重小车广泛采用单轮缘车轮（轮缘在起重机轨道外侧）。如果有导向装置，可以使用无轮缘车轮。在大型起重机中，为了降低车轮的压力，提高传动件和支撑件的通用化程度，便于装配和维修，常采用带有平衡梁的车轮组。

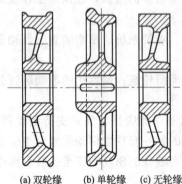

(a) 双轮缘　(b) 单轮缘　(c) 无轮缘

图 5-53　车轮形式

（2）小车运行机构　双主梁桥架类型起重机的小车运

行机构多为低速集中驱动自行式结构，由电动机、减速器、联轴器和传动轴、制动器、车轮组和轨道，以及安全装置等组成（如图 5-54 所示）。由于运行轨距较小，使用单轮缘车轮，方钢或扁钢形状的钢轨直接铺设在金属结构上。采用立式减速器将驱动部分和行走车轮布置在起重小车上下两个层面上。小车安全装置有行程限位开关、缓冲器和轨道端部止挡，以防止小车超行程运行脱轨。

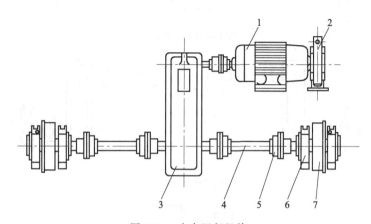

图 5-54　小车运行机构

1—电动机；2—制动器；3—减速器；4—传动轴；5—联轴器；6—角轴承架；7—车轮

　　单主梁门式起重机的小车运行机构常见的有垂直反滚轮（见图 5-55）和水平反滚轮（见图 5-56）的结构形式，车轮一般是无轮缘的。为防止小车倾翻，必须装有安全钩。

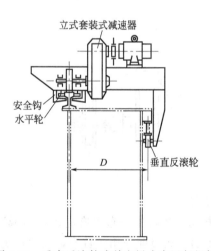

图 5-55　垂直反滚轮式单主梁小车运行机构

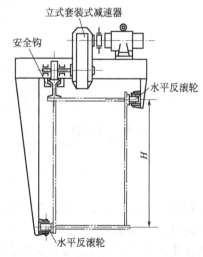

图 5-56　水平反滚轮式单主梁小车运行机构

　　（3）大车运行机构　大车运行机构按传动形式不同分为集中驱动（如图 5-57 所示）和分别驱动（如图 5-58 所示）两类。当起重机跨度小于 16.5m 时，可以采用集中驱动或分别驱动；跨度大于 16.5 m 时，一律采用分别驱动。大车运行机构采用双轮缘车轮，驱动力靠主动车轮轮压与轨道之间的摩擦产生的附着力，因此，必须要进行主动轮的打滑验算，以确保足够的驱动力。

　　集中驱动是由一个电动机通过传动轴带动两边车轮驱动。有低速轴集中驱动［见图5-57(a)］、高速轴集中驱动［见图5-57(b)］和中速轴集中驱动［见图5-57(c)］。这种驱动

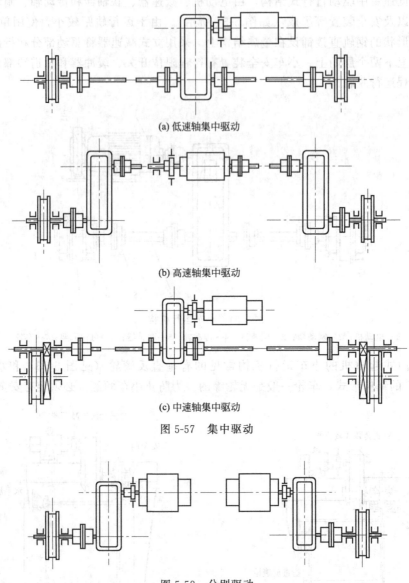

(a) 低速轴集中驱动

(b) 高速轴集中驱动

(c) 中速轴集中驱动

图 5-57　集中驱动

图 5-58　分别驱动

方式对桥架水平刚性要求不高，但对走台刚性要求较高。

　　低速轴集中驱动是采用低速传动轴的集中驱动方式，在跨中央布置有电动机与减速器，减速器输出轴分两侧经低速传动轴带动车轮。这种传动方式目前采用较普遍，其优点是轴转速较低，一般在 $50\sim100\text{r/min}$，驱动工作可靠，比较安全。缺点是由于传动轴的扭矩大，传动机件的重量也相应增大，因而增加了整个机构的重量，自重较大。

　　高速轴集中驱动是采用高速传动轴的集中传动方式。电动机通过传动轴与减速器相连，车轮通过联轴器与减速器相连，制动器安装在电动机轴上，传动轴转速高达 $700\sim1500\text{r/min}$。这种传动方式的传递扭矩小，因而传动机构的重量也小，但因传动转速太高，振动剧烈，故采用不多。

　　中速轴集中驱动是采用中速传动轴的驱动方式，电动机通过减速器和中速传动轴带动两侧的开式齿轮，开式齿轮传动的大齿轮与车轮固定在一起，从而驱动车轮。这种传动方式目前仅用于单梁吊，其优点是轴转速较高，因而传动轴扭矩较小，可减少轴的直径和支撑的尺寸，传动机件的重量也就相应减小。缺点是因为有开式齿轮驱动，不易维修，寿命较短。

分别驱动是由两套独立的无机械联系的运行机构组成（如图5-58所示），每套装置都包括电动机、制动器、减速器、车轮等，省去了中间的传动轴，自重轻、部件的分组性好、安装和维修保养都很方便。与集中驱动相比，分别驱动起重机运行较稳定，因而在起重机运行机构上得到广泛采用。

大车运行机构的安全装置主要有行程限位开关、缓冲器和轨道端部止挡。室外起重机必须配备夹轨器、扫轨板和支撑架，以及暴露的活动零部件防护罩等。

运行机构的工作原理：电动机的原动力通过联轴器（和传动轴）传递给减速器，经过减速器的减速增力作用，带动车轮转动。

运行机构的安全装置有行程限位开关、防风防滑装置、缓冲器和轨道端部止挡，以防止起重机或小车超行程运行脱轨，防止室外起重机因强风而倾覆。

（三）桥架型起重机的安全防护装置

重物坠落、夹挤、起重小车超行程行驶、起重机越轨倾翻、检修时的机械伤害等，是桥架型起重机的常见事故类型。最大限度地减小起重作业风险，需要设置多种安全防护装置（见表5-27）。

表 5-27　桥架型起重机安全防护装置

序号	安全防护装置名称	桥架起重机	门式起重机	装卸桥
1	超载限制器	起重量＞20t 应装	起重量＞10t 应装	应装
		起重量为 3～20t 宜装	起重量 3～10t 宜装	
2	上升极限位置限制器	动力驱动的应装	动力驱动的应装	应装
3	下降极限位置限制器			
4	运行极限位置限制器	动力驱动的,在大车和小车运行的极限位置应装		
5	联锁保护	应装①		应装②
6	缓冲器	应装	应装	应装
7	夹轨锚定装置	露天工作的应装	露天工作的应装	露天工作的应装
8	登机信号按钮	有司机室的宜装		司机室设在运动部分应装
9	防倾翻安全钩	单主梁并在主梁一侧落钩的应装		
10	检修吊笼	应装		
11	扫轨板和支撑架	司机室对面滑线一侧应装		
12	轨道端部止挡	应装	应装	应装
13	导电滑线防护板	应装		
14	暴露活动件防护罩	宜装	宜装	应装
15	电气设备防雨罩	露天工作的应装	露天工作的应装	露天工作的应装

① 对于桥式起重机，由建筑物登上起重机门与大车运行机构之间；由司机室登上桥架的舱口门与小车运行机构之间；设在运动部分的司机室在进入司机室的通道口与小车运行机构之间，应装设联锁保护。

② 对于装卸桥，设在运动部分的司机室在进入司机室的通道口与小车运行机构之间，应装设联锁保护。

二、轨道运行常见的问题

1. 小车运行的问题

小车运行常见问题是过轨道接头时的冲击、小车"三条腿"现象、运行偏斜造成夹轨或车轮与轨道不完全接触，严重时会发生脱轨。小车三条腿现象是指在运行过程中，小车的四个车轮不能同时与轨道接触，形成只有三个车轮与轨道接触的现象。其主要原因是两个轨道的平行度和平面度、轨道的垂直下挠和水平弯曲，以及轨道接头的高度差超过标准要求，这些问题与起重机金属结构直接有关，小车车轮的制造与安装误差与磨损也是重要原因。出现小车三条腿现象需及时修复。

2. 大车运行的问题

大车运行的主要问题是"啃轨"，啃轨是指在运行过程中，在水平侧向力作用下，车轮轮缘与轨道头部侧面摩擦，造成接触面磨损的现象，多发生在大跨度、重型、冶金起重机上。

在正常运行情况下，起重机的车轮轮缘与轨道之间保持一定的间隙，例如，分别驱动时为 20～30mm，集中驱动时为 40mm。但是，如果车身歪斜，车轮就不在踏面中间运行，从而造成轮缘与轨道一侧强行接触，造成啃轨。

（1）啃轨的危害　起重机运行啃轨会造成如下危害。

① 降低车轮的使用寿命。中等工作级别的起重机在正常情况下，经过淬火处理的车轮，可以使用 10 年或更长的时间。而啃轨严重的起重机车轮，只能使用 1～2 年或更短的时间。

② 磨损轨道。起重机啃轨严重时，会将轨道磨出台阶，甚至轨道报废。

③ 增加运行阻力。运行正常的起重机，停车时的惯性运行距离较长，若停车时惯性距离短即为一般性啃轨。如果把控制器手柄放在一挡上，还开不动车，说明阻力很大，属于严重啃轨。根据测定，严重啃轨的起重机运行阻力是正常运行阻力的 1.5～3.5 倍。由于运行阻力增加，使运行电动机和传动机构超载运行，严重时会损坏电动机或扭断传动轴等。

④ 损伤厂房结构。起重机啃轨必然产生水平侧向力，这种侧向力将导致轨道横向位移和固定轨道的螺栓松动；啃轨还将引起起重机整机剧烈振动。这些都将不同程度地损伤厂房结构。

⑤ 造成脱轨事故。啃轨严重，特别是当轨道接头间隙较大时，车轮可能爬到轨顶，造成起重机脱轨事故。对于只有外侧轮缘的小车车轮，当轨距变小时，更容易造成脱轨。

（2）啃轨的判断　啃轨的表现形式很多，有时只有一个车轮啃轨，有时几个车轮同时啃轨，有时往返运行同侧啃轨，有时则分别啃磨轨道两侧。检查起重机是否啃轨，可根据下列迹象判断：

① 钢轨侧面有一条明亮的痕迹，严重时，痕迹上带有毛刺；

② 车轮轮缘内侧有亮斑并有毛刺；

③ 钢轨顶面有亮斑；

④ 起重机行驶时，在短距离内轮缘与钢轨的间隙有明显的改变；

⑤ 起重机在运行中，特别是在启动、制动时，车体走偏，扭摆。

（3）啃轨的原因分析　啃轨原因是多方面的，概括起来有轨道在安装或使用中产生的缺陷，轨道基础的破坏、下沉或变形，车轮尺寸或装配偏斜超差，桥架变形等。这应通过安全检查，及时发现问题，针对具体原因采取相应对策解决。

① 车轮加工或安装偏差造成啃轨

a. 车轮的平行度不良。如图 5-59 所示，车轮踏面中心线 AA 与钢轨中心线 OO 形成一个夹角 α，通常当 $\alpha > 0.5°$ 时就会发生啃轨。这种情况下，如果四个车轮中只有一个车轮偏斜，运行中会有轻度的啃轨；如果有两个车轮都向同一方向倾斜，就会引起比较严重的啃轨，若偏斜的两个车轮中有主动轮，则啃轨情况更为严重；如果四个车轮都向同一方向倾斜，啃轨情况最为严重。

　　b. 车轮的垂直度不良。如图 5-60 所示，由于车轮踏面和钢轨顶面的接触面积变小，单位面积的压力就会增大，造成车轮磨损不均匀，甚至会在踏面上磨出环形沟槽。由于车轮垂直度不良引起的啃轨，起重机运行时常伴有嘶嘶声。

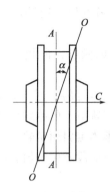

图 5-59　平行度不良

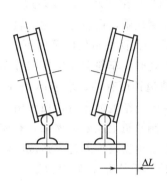

图 5-60　垂直度不良

　　c. 车轮的跨距、对角线不等和两车轮直线性不良。图 5-61（a）所示的情况是桥式起重机大车跨距（$L_1 < L_2$）不等、对角线（$D_1 < D_2$）不等，右侧车轮直线性不好（偏差为 e）。啃轨的特征是一条轨道的两侧都被啃，同一条轨道上的两个车轮一个啃轨道的内侧，一个啃轨道的外侧，并且啃轨的方向和地段都不固定。

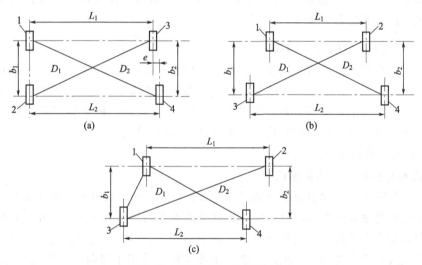

图 5-61　车轮跨距、对角线偏差

　　图 5-61（b）所示的情况是桥式起重机大车轮的相对位置呈梯形，车轮跨距不等（$L_1 < L_2$），对角线不等（$D_1 < D_2$）。起重机在运行过程中，跨距小的那一对（组）车轮啃轨道的外侧，跨距大的那一对车轮啃轨道的内侧。

　　图 5-61（c）所示的情况是桥式起重机大车轮相对的位置呈平行四边形，车轮对角线不等（$D_1 > D_2$）。起重机啃轨车轮在对角线位置上。

　　图 5-61（b）、（c）所示的啃轨特征是：两条轨道同时被啃内侧或外侧。除了车轮的偏差之外，轨道跨距偏差过大也有可能使起重机啃轨。所以，对这类啃轨现象，应首先对同一轨道上运行的几台起重机进行跨距检查，如果各台起重机偏差都在允许偏差之内，那么啃轨的

原因是轨道的偏差度大。

d. 车轮的直径不等。车轮（指主动轮）直径不等，就使左右两侧的运行速度产生偏差，车体就会走斜，因而造成啃轨。

② 由于轨道安装偏差过大造成啃轨

a. 两条轨道相对标高偏差过大，起重机在运行过程中容易发生横向移动，使较高一侧的轨道外侧被啃，而较低一侧的轨道内侧被啃。

b. 同一侧两根钢轨的顶面不在同一平面内，如轨道顶面的倾斜方向相反，当起重机运行到接头处时，车轮会发生横向移动，造成啃轨。

c. 轨道顶面有油、水或冰霜等，都可能使车轮打滑、车体走斜而啃轨。特别是冬季，夜间两条轨道结上冰露后，白天由于建筑物的遮影，会使一侧轨道上的冰霜先受日光照射溶化，另一侧轨道上还残留冰霜，有冰霜一侧轨道打滑，造成车体走斜而啃轨。

由于轨道安装偏差过大造成啃轨的特征，是起重机在某一地段发生啃轨。

③ 传动系统偏差造成啃轨

a. 分别驱动的两套传动机构中，如果一侧齿轮间隙较另一侧大，或者某一侧传动轴上的键松动，从而使两侧车轮产生速度差，车体走斜而啃轨。这种啃轨常发生在启动阶段。

b. 两套制动器闸瓦的松紧程度不同，也会使车体走斜而啃轨。

c. 分别驱动的两台电动机转速差过大，或者两个电动机线头接反，都会使车体走斜啃轨。

④ 金属结构严重变形造成啃轨　金属结构变形严重时，使车轮产生对角线偏差、跨距偏差、直线性偏差等也会造成啃轨。

三、桥架型起重机的金属结构

桥架型起重机的起吊载荷复杂多变，作为整台起重机承载和连接骨架的金属结构，只有满足强度、刚度和稳定性的要求才能保证起重机的使用性能和安全。起重机安全工作的寿命主要取决于金属结构不发生破坏的工作年限，而不是由任何其他装置和零部件的寿命所决定。因此，金属结构的破坏会给起重机带来极其严重的后果。

（一）金属结构的形式及连接

1. 金属结构的基本部件和形式

根据受力特征不同，起重机的金属结构的部件可分三类：梁和桁架是主要承受弯矩的部件；柱是主要承受轴向压力的部件；压弯构件是既承受轴向压力又承受弯矩的部件。这些基本构件根据其受力和外形尺寸又可分别设计成格构式、实腹式或混合式的结构形式。

（1）实腹式构件主要由钢板组成，也称箱形构件，适用于载荷大、外形尺寸小的场合。承受横向弯曲的实腹杆件叫做梁，承受轴向压力的实腹构件叫做箱型柱。实腹式构件具有制造工艺简单（可采用自动焊）、应力集中较小、疲劳强度较高、通用性强、机构的安装检修方便等优点。缺点是自重较大、刚性稍差。

（2）格构式构件是由型钢、钢管或组合截面杆件连接而成的杆系结构。构件的自重轻，风的通过性好。缺点是制造工艺复杂，不便于采用自动焊，节点处应力集中较大。适用于受力相对较小、外形尺寸相对较大的场合。桁架是由杆件组成的受横向弯曲的格构式结构，是金属结构中的一种主要结构形式。

（3）混合式构件部分为实腹结构，部分为杆系结构。其特点和使用条件均介于格构式构件和实腹式构件之间。

2. 金属结构的连接

金属结构的连接主要有焊接、铆接和螺栓连接三种方法。结构部件之间的连接，有时采用铰接，即两个相连的部件都有带孔的凸耳，用销轴穿过，实现两个部件之间的铰连接。

（1）焊接是通过把连接构件的连接处局部加热成液态或胶体状态，加压或填充金属使两构件永久连接成一体的加工方法。它具有制造简便、易于实现自动化操作、不削弱杆件的截面、省工省料等特点。目前，焊接代替了铆接和普通螺栓连接，已成为最主要的连接方法。它的缺点是连接的刚度较大，在内应力影响下结构存在残余变形。起重机金属结构主要采用气焊和电弧焊。

（2）铆接和普通螺栓连接是用铆钉或螺栓穿过连接构件上预先打好的孔，夹紧构件的连接方法。由于这种连接会削弱构件的截面，费工费料，在起重机制造业中，已被焊接逐渐取代。铆接和螺栓连接主要用于结构的安装接头中。

（3）高强度螺栓连接是靠很高的螺栓预紧力使连接构件间产生摩擦力来传递内力，互相之间不发生滑动。高强度螺栓连接工作可靠、安装迅速，从一般结构到重型结构都可采用，是一种有广阔应用前景的连接方法。

（二）桥架型起重机的金属结构

桥架类型起重机的金属结构主要有梁或桁架与梁端构成的桥架、梁或桁架与支腿（柱）组成的门架。实腹式、格构式和混合式的结构都有门架。

1. 桥式起重机的金属结构

桥架是桥式起重机的主要承载结构。桥架由主梁、端梁、走台、栏杆、轨道和司机室构成（见图5-62）。双梁桥式起重机大多采用矩形断面实腹式箱型结构，箱型主梁由上下板（盖板）和两块腹板焊接而成，并通过设置横隔板、高强度预拉钢索或钢筋、三角筋板来提高梁的承载能力。走台固定在主梁外侧，两个端梁位于主梁端头，轨道置于上翼缘板上。根据轨道的位置不同，以及主梁断面的差异，形成各种各样的箱型梁。普通箱型双梁桥架的小车轨道置于箱型梁中心线，称为正轨箱型梁［见图5-63（a）］；轨道正对主腹板的顶上，称为偏轨箱型梁［见图5-63（b）］；轨道在主梁中心线和主腹板中间的上翼缘板上，称为半偏轨箱型梁［见图5-63（c）］，这样的结构使焊接工艺得到改善。单梁起重机用压模封闭截面加强的工字钢梁作为主梁［见图5-63（d）］，大大增加了梁的抗弯和抗扭刚度。

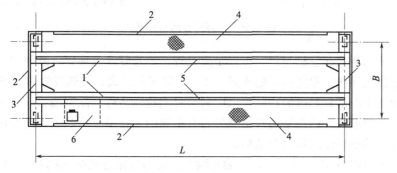

图 5-62　桥式起重机的桥架

1—主梁（或主桁架）；2—栏杆（或辅助桁架）；3—端梁；4—走台（或水平桁架）；5—轨道；6—操纵室

2. 门式起重机的金属结构及其稳定性问题

（1）门式起重机的金属结构　门式起重机由主梁、支腿、栏杆走台、轨道和司机室等组成门架，称为带腿的桥架起重机。各种门架的结构形式见图5-64所示，其主梁有单梁也有

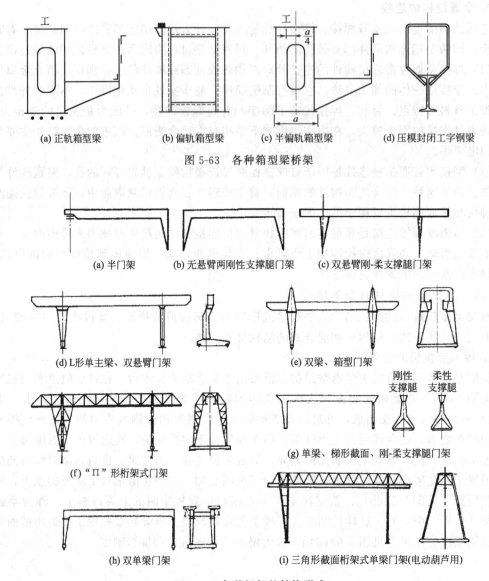

(a) 正轨箱型梁　(b) 偏轨箱型梁　(c) 半偏轨箱型梁　(d) 压模封闭工字钢梁

图 5-63　各种箱型梁桥架

(a) 半门架　　(b) 无悬臂两刚性支撑腿门架　　(c) 双悬臂刚-柔支撑腿门架

(d) L形单主梁、双悬臂门架　　　　(e) 双梁、箱型门架

刚性　　柔性
支撑腿　支撑腿

(f) "Ⅱ" 形桁架式门架　　　　(g) 单梁、梯形截面、刚-柔支撑腿门架

(h) 双单梁门架　　　　(i) 三角形截面桁架式单梁门架(电动葫芦用)

图 5-64　各种门架的结构形式

双梁，梁的形式与桥式起重机相似，可以是无悬臂、单悬臂或双悬臂，悬伸到支腿外侧的悬臂部分扩大了作业面积。单梁门架的支腿有 L、C 等多种形式，支腿或弯曲或倾斜形成较大的空间，使起重小车带着起吊的物品可以顺利通过支腿，运行到悬臂端。门式起重机有时制成单支腿的半门架形式。门架结构有箱型的也有桁架的，箱型结构制造工艺性好些，桁架结构的通风性好。装卸桥常采用桁架结构。

　　门式起重机跨度在 30m 以下时，主梁和两个支腿做成刚性连接的结构；如果超过 30m，门架常常采用一个支腿和主梁成铰连接，或支腿采用一挠一刚结构，以改善由于跨度大、两侧支腿运行不同步或受温度影响而出现卡轨现象。

　　（2）门式起重机的稳定性问题　门式起重机和装卸桥存在稳定性问题。稳定性是指起重机在自重和外载荷作用下抵抗倾翻的能力，以及室外轨道起重机防风防滑的能力。门式起重机和装卸桥均需要进行抗倾覆稳定性和防风防滑安全性的验算。

抗倾覆稳定性是指在最不利的载荷组合条件下，起重机抗倾覆的能力。包括纵向稳定性和横向稳定性。纵向稳定性是指起重机在垂直轨道方向的稳定性，需验算无风静载和有风动载两种工况。横向稳定性是指起重机在沿轨道方向的稳定性，需要验算非工作状态下最大风力时的自重稳定性。

防风防滑安全性是指在轨道上运行的露天起重机被风吹走的可能性，需验算工作状态和非工作状态两种工况。

（三）金属结构的变形与报废

1. 主梁变形的危害及安全要求

主梁常见的变形有在跨中和悬臂端出现下挠、旁弯，主梁腹板出现超规定的波浪变形、端梁变形，桥架的对角线超差变形等。变形原因是多方面的，有金属结构在制造过程中产生的残余内应力，安装过程中的缺陷，超负荷不合理使用，工作环境高温的影响等，正常载荷长期作用也会引起变形，非正常因素的影响则加速了变形的进程。

桥架或门架的承载主梁是桥架型起重机的主要受力构件，主梁变形对起重机的性能会产生很大的影响，如果不及时修复，很有可能会造成严重的设备事故和人身伤害事故。

具体而言，主梁变形可形成以下的直接危害。

（1）对小车运行的影响。主梁下挠后，小车在运行时不但要克服正常的运行阻力，而且要克服由于主梁下挠而产生的爬坡阻力，这势必降低小车运行机构的使用寿命，甚至损坏机构，如烧坏运行电动机等。此外，当主梁下挠较大时，小车制动时打滑"溜车"，影响起重机正常工作。

（2）对大车运行机构的影响。主梁下挠时，会使集中驱动的传动机构随之下沉，传动轴弯曲，严重时可能造成联轴器齿部折断或连接螺栓断裂等。

（3）对小车轨道的影响。主梁下挠往往引起主梁的水平旁弯。旁弯严重时，双轮缘小车发生运行夹轨，单轮缘小车可能脱轨。另外，如果两根主梁下挠的程度不同，还会出现小车运行"三条腿"现象。

为补偿在吊载作用下的下挠度，主梁预先设计成具有一定上拱度（如简支梁的跨中上拱度一般为跨度的千分之一），悬臂梁端设计为一定的上翘度，使主梁弹性变形的曲线无论在空载或满载均较为平缓。但随着时间的推移，长期负载的作用，不可避免地会使预拱度和上翘度降低，进而出现下挠变形。

金属结构的变形实质是结构的刚性问题，起重机结构的静态刚性以在规定的载荷作用于指定位置时，结构在某一位置处的静态弹性变形值来表征。为保证安全，必须对起重机主梁的下挠度实施必要的控制，其表达式如下：

$$f \leqslant [f]$$

对于电动单梁起重机，当满载小车位于跨中时，主梁由于额定起升载荷和小车自重在跨中引起垂直静挠度，其主梁跨中的允许挠度值应满足下式要求：

$$[f] \leqslant S/700$$

对于普通轮式起重机和门式起重机，当满载小车位于跨中时，主梁由于额定起升载荷和小车自重在跨中引起垂直静挠度，其主梁跨中的允许挠度值应满足下式要求：

$$[f] \leqslant S/800$$

对于具有悬臂的门式起重机和装卸桥，当满载的小车位于悬臂上的有效工作位置时，该处由于额定起升载荷和小车自重引起垂直静挠度，悬臂梁端部的允许挠度值为：

$$[f] \leqslant (1/350 \sim 1/300)L$$

式中 f——满载小车位于跨中时主梁跨中在水平线以下的下挠度值，mm；

  $[f]$——主梁的允许挠度值，mm；

  S——梁或起重机的跨度，m；

  L——悬臂的有效长度，m。

2. 金属结构的报废

依据《起重机安全规程》GB 6067.1—2010 的规定，金属结构出现下列情况时应予报废：

（1）主要受力构件（特别是主梁、支腿）失去整体稳定性时不应再修复，应当报废。

（2）主要受力构件发生明显腐蚀时，应当进行检查和测量。当主要受力构件断面腐蚀达设计厚度的 10% 时，如不能修复，应报废。

（3）主要受力构件产生裂纹时，应根据受力情况和裂纹情况（裂纹发生的部位、方向、长度，以及裂纹尺寸与构件厚度的关系等）采取阻止裂纹继续扩展的措施，并采取加强或改变应力分布的措施，否则停止使用。

（4）主要受力构件因产生塑性变形，使工作机构不能正常地安全运行时，如不能修复，应报废。

（四）司机室

司机室是金属结构的组成部分，提供司机操作所需要的作业空间。司机室内布置有操纵设备、司机座椅和成套的控制显示装置，应考虑为操作者创造良好的作业环境，使司机的工作安全、舒适、高效。

1. 司机室的种类

（1）按是否运动分为固定式和移动式。

桥架型起重机的司机室一般为固定式，装在无滑线一侧的桥架上。司机室也有移动式的，随小车一起运行，例如，大跨度的装卸桥、港口卸船机等的司机室，大多与起重小车连接在一起。

（2）按与外界的关系分为敞开式和封闭式。

对于无特殊要求的厂房内工作的司机室一般是敞开式的［见图 5-65(a)］；在有粉尘和有害气体的场所、露天以及高温车间工作的起重机，司机室一般为封闭式的［见图 5-65(b)］。

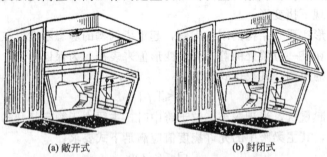

(a) 敞开式   (b) 封闭式

图 5-65 起重机司机室

2. 司机室的安全技术要求

除流动式起重机外，司机室一般都连接到较高的金属结构件上。其安全要求应从司机室的钢结构、与其他金属结构的连接、安装位置、室内的空间尺寸，以及对作业环境的要求等各方面综合考虑。

（1）满足结构安全要求：

① 司机室必须安全可靠。司机室与悬挂或支撑部分的连接必须牢固。

② 司机室的顶部应能承受 $25kN/m^2$ 的静载荷。

③ 桥式起重机司机室，一般应设在无导电裸滑线的一侧。

（2）满足高处作业安全要求：

① 敞开式司机室应设有高度不小于 1m 的护栏，并应可靠地将司机室围护起来。

② 司机室底面与下方地面、通道、走台等的距离超过 2m 时，一般应设置走台。

③ 除流动式起重机外，司机室外面有走台时，门应向外开；没有走台时，门应向里开；有无走台都可采用滑动式拉门。

（3）满足人机安全要求。该安全要求设计的主要依据是人体测量参数、操作参数和视线参数。

① 司机室应提供足够的操作和检修空间，一般能容纳两人。除流动式起重机外，司机室内净空高度不应小于 2m，满足坐站交替的工作需要。

② 操纵器的布置应符合人手臂和腿脚的运动特性，显示器、信号和报警装置应符合人视听器官的感觉特性，并便于操作和维修。

③ 窗的尺寸与位置应保证司机有良好的视野，坐在座椅上应能看到工作范围内的取物装置在任何位置时的情况。还应根据需要设置下视和上视窗口。闭式操纵室玻璃窗的设计还应考虑到擦拭外侧玻璃的方便。

④ 司机座椅应安装可靠，舒适可调，不易疲劳。

⑤ 提供必要的照明，保证夜班作业需要。固定式照明装置的电源电压不应超过 220V，可携式照明装置的电源电压不应超过 36V。

（4）满足劳动卫生要求：

① 在高温、有尘、有毒等环境下工作的起重机，应设计成封闭式司机室。露天工作的起重机，应装设有防风、防雨、防晒设施的司机室。

② 除极端恶劣的气候条件外，在工作期间司机室内部的工作温度宜保持在 15～30℃ 之间。长期在高温环境下工作的司机室（如某些冶金起重机），应设降温装置，底板下方应设置隔热板。

③ 在高温环境存在热辐射的司机室，应装设有效的隔热层。受热辐射的窗玻璃应采用防红外线辐射的钢化玻璃。

④ 司机座椅要有防振措施。

（5）其他安全要求：

① 除流动式起重机和司机室底部无碰人危险的起重机外，与起重机一起移动的司机室，其底面距下方地面、通道、走台等净空高度不应小于 2m。

② 窗玻璃应采用钢化玻璃或夹层玻璃，并应只能从司机室里面安装。

③ 装设必要的应急设备，以便在事故状态下，司机能安全地撤出，或避免事故对司机的危害。配备灭火器、电铃或警报器，必要时还应设置通信联系装置。

四、桥架型起重机安全技术检验

安全技术检验适用于桥架型起重机的产品制造、安装和使用等各个环节，未经检验合格的起重机禁止使用。安全技术检验包括技术鉴定和负荷试验。其目的是综合检验起重设备的运转质量，及时发现和消除由于设计、制造、装配、安装和使用等原因造成的缺陷，保证达到设计的技术性能和安全要求。

为了防止机械设备的隐蔽缺陷在检验中造成重大事故，必须遵守先单机后联机、先空载后负载、先低速后高速、运行时间先短时后长时的原则。强化维护检查的安全措施，并建立必要的记录。检查结果应存档。

（一）技术鉴定

技术鉴定是负荷试验前的技术检验，目的在于检查起重设备的基本状况是否正常，发现和消除设备存在的某些隐蔽缺陷，确保后续检查工作的安全。

1. 工作机构部分

（1）检查各零部件和装置是否齐备、完好、磨损程度，是否需要报废。重点零部件如制动器、吊钩、钢丝绳、滑轮和卷筒、减速器、车轮等的磨损程度。

（2）检查各部分的安装、连接、配合和固定是否可靠。

（3）检查各机构的运转是否正常、平稳，装置的动作是否灵敏，有无异响以及润滑情况。

2. 金属结构部分

（1）检查主要受力构件的变形及失稳情况，结构主梁的刚度变形（下挠度和水平旁弯）、主梁腹板的稳定性（局部翘曲或塌陷）、桥架对角线超差变形等。

（2）检查各结构的高强度螺栓的连接、焊缝是否开裂，主要受力构件断面腐蚀情况，必要时，对主梁焊缝进行无损探伤。

（3）检查轨道的平直度、平行度、接头的高度差，与轨道基础的连接，轨道自身的磨损和缺陷。

3. 电气部分

检查电气元件、电气保护装置的性能和可靠性，接地和接地电阻，绝缘和绝缘电阻，电气照明和信号灯等。

4. 安全防护装置和措施

（1）检查安全防护装置是否齐全，装置的动作是否灵敏、可靠。

（2）检查安全标记是否清晰，是否符合标准要求。

技术鉴定合格后，方能进行负荷试验。

（二）负荷试验

1. 空载试验

空载试验的目的在于进一步试验工作机构的状态和运转的可靠性，各连接部分的工作性能。空载试运转期间，还应检查润滑和发热情况，运转是否平稳，有无异常的噪声和振动，各连接部分密封性能或紧固性等。若有异常现象，应立即停车检查并加以排除。检查的技术要求及测试方法包括：

（1）对各运行机构先用手转动，应无卡塞现象；再通电从慢速到额定速度运行，应无冲击、无振动地平稳运行。

（2）大车和小车沿全行程往返三次，检查其运行机构情况。不得有卡轨现象，主动轮应全程与轨道接触。

（3）试验各安全防护装置，包括起升机构、运行机构的极限开关，各机构的联锁开关及紧急开关等，应达到动作可靠。

2. 静载试验

静载试验的目的是检验起重机金属结构的承载能力和工作性能指标，检查变形情况。检查的技术要求及测试方法包括：

（1）超载试验测量主梁永久变形。在跨中起升 1.25 倍的额定载荷，吊离地面 100～200mm，停悬 10 min 后卸载，如此重复三次，主梁不应产生永久变形。各部分不得有裂纹和连接松动等缺陷。

（2）空载测量主梁实际上拱值。经超载试验无永久变形后，将空载小车开至跨端，检查实际上拱值。

（3）测量主梁静刚度（跨中下挠度）。小车在跨中负荷为额定载荷，检查主梁跨中的下挠度。对于一般桥架类型起重机，当小车处于跨中起升额定载荷，主梁跨中的下挠度值在水平线下达到跨度的 1/700 时，如不能修复，则应报废。

门式起重机需要按与桥式起重机同样方法步骤，分别对主梁和悬臂端的下挠度进行检验。在检验时，将其小车分别停在门架跨中和有效悬臂处，主梁跨中的下挠度值不超过跨度的 1/700，悬臂端的下挠度值不超过有效悬臂长度的 1/350。

3. 动载试验

动载试验的目的是检查起重机机构的负载运行特性、金属结构的动态刚度，以及在机构运行状态下安全装置动作的可靠和灵敏性。

试验的技术要求及测试方法为起吊 1.1 倍的额定载荷，同时开动两个机构，循环做重复地启动、正向运动、停车、反向运转等动作，累计时间不应少于 1h。各机构动作应灵敏，工作平稳可靠，各项性能参数应达到要求。各限位开关及安全保护联锁装置的动作应准确可靠，各零部件应无裂纹等损坏现象，各连接处不得松动，各电动机、接触器等电气设备应无过热现象。

在用起重机可只进行额定载荷的动载试验。

第六节　流动式起重机安全技术

流动式起重机属于旋转臂架式起重机。由于靠自身的动力系统驱动，也称为自行式起重机，其中采用充气轮胎装置的被称为轮式起重机。流动式起重机可以长距离行驶，灵活转换作业场地，机动性好，因而得到广泛应用。

一、流动式起重机的种类

流动式起重机主要有汽车起重机、轮胎起重机和履带式起重机，它们的特性简要介绍如下。

1. 汽车起重机

汽车起重机使用汽车底盘，具有汽车的行驶通过性能，行驶速度快。缺点是运行不能负载，起重时必须打支腿。但因其机动灵活，可快速转移的特点，使之成为我国流动式起重机中使用量最多的起重机。

2. 轮胎起重机

轮胎起重机采用专门设计的轮胎底盘，轮距较宽，稳定性好，可前后左右四面作业，在平坦的地面上可不用支腿负载行驶。

3. 履带式起重机

履带式起重机是用履带底盘，靠履带装置行走的起重机。与轮式起重机相比有其突出的特点：履带与地面接触面积大、比压小，可在松软、泥泞地面上作业；牵引系数高、爬坡度大，可在崎岖不平的场地上行驶；履带支撑面宽大，稳定性好，一般不需要设置支腿装置。

弱点是笨重，行驶速度慢，对路面有损坏作用，制造成本较高。

二、流动式起重机的常见事故

流动式起重机区别于其他类型起重机的最大特点就是起重机的机动性强。作业场所和环境多变、汽车的行驶功能和起重功能兼备以及复杂的结构，使操作难度增大。除了一般起重事故，如由吊具损坏、捆绑不当、机构故障、结构件破坏、人为等原因造成的重物坠落以及一般机械伤害事故外，流动式起重机常见事故是丧失稳定性导致的倾翻、臂架破坏、夹挤伤害，以及在转移作业场地过程中发生的道路交通事故等。下面仅就起重作业中，流动式起重机常见事故作一说明。

1. 失稳倾翻

从理论上讲，倾翻的根本原因是作用在起重机上的力矩不平衡，倾覆力矩超过稳定力矩。从实际情况看，产生倾覆力矩的因素是多方面的，除超载、操作失误这些比较明显的原因外，还有风力、工作速度不当引起的惯性力，支腿支撑基础劣化，臂架端部的变形下挠，或其他一些随机的、不确定因素，各种因素往往交织在一起。这些非起重量超载原因的影响，使起重机实际操作的复杂性增加，给正确判断造成困难。

2. 臂架破坏

臂架是流动式起重机最主要的承力金属结构，在起重作业时，承受压、弯的联合作用，在强度、刚度和稳定性方面的失效都有可能引发臂架结构破坏。变幅机构故障还会导致臂架坠落，其后果的严重程度等同于重物坠落。

3. 触电

流动式起重机在输电线附近作业时，触碰高压带电体或与之距离过近，都可能引发触电伤害。在输电线下进行起重作业时，起重机任何部位及吊物与输电线的距离必须大于《起重机械安全规程》的规定，目前有些地方安全生产法规甚至规定禁止在输电线下面进行起重作业。

4. 挤压

受作业场地条件所限，起重机与其他设备或建筑结构物之间缺少足够的安全距离，当回转作业时，回转部分的金属结构或吊载对人员造成夹挤伤害。

三、流动式起重机安全装置

流动式起重机安全装置配置要求详见表 5-28。

表 5-28　流动式起重机安全装置配置要求

序号	安全防护装置	汽车起重机	轮胎起重机	履带起重机
1	力矩限制器	起重量<16t,宜装		应装
		起重量≥16t,应装		
2	上升极限位置限制器	应装		应装
3	幅度指示器	应装		应装
4	水平仪	起重量≥16t,应装		应装
5	防止吊臂后倾装置	应装		应装
6	支腿回缩锁定装置	应装		应装
7	回转定位装置	应装		应装
8	倒退报警装置	应装		应装
9	暴露的活动零部件的防护罩	应装		应装
10	电气设备的防雨罩	应装		应装

四、流动式起重机使用安全技术管理

流动式起重机在使用过程中，除了遵循起重机通用的操作技术外，还应针对自身特性，遵循以下安全要求。

1. 起重作业前的准备

（1）了解作业环境，平整作业场地，清除障碍物，确定搬运路线。在阴暗或夜间条件下作业，应对照明给予充分注意，保证司索工和起重机司机能清楚地观察操作场地情况。

（2）划定作业危险区域，必要时，应加临时围栏或设置警示标记。危险区域范围需考虑起重机、臂架和配重的可能移动（回转）范围，以及吊载意外坠落可能涉及的范围。

（3）作业场地的地面应坚实，不得下陷；松软地面应在支腿下垫上木板或枕木。支腿伸出垫好后，起重机应保持水平。

（4）对使用的起重机和吊装工具进行安全检查。必要时，作无负荷运转检查。安全装置、警报装置、制动器等必须灵敏可靠。

（5）在高压线附近作业，事前应向电业管理部门了解情况，研究安全对策。

2. 起重作业操作要求

（1）控制起重的工作幅度和臂架仰角，起吊前调整好幅度，尽量避免带载变幅，起吊重物时不准落臂。严格按起重机的特性曲线限定的起重量和起升高度作业。操作人员必须遵守"十不吊"，即：①指挥信号不明或违章指挥不吊；②超载不吊；③工件捆绑不牢不吊；④吊物上面有人不吊；⑤安全装置不灵不吊；⑥工件埋在地下不吊；⑦光线阴暗视线不清不吊；⑧棱角物件无防护措施不吊；⑨斜拉工件不吊；⑩六级以上强风不吊。

（2）起重机带载回转要平稳，特别是在接近额定起重量时，防止快速回转的离心力或突然回转制动，引起吊载外偏摆，增大工作幅度，造成倾翻事故。在旋转时，无论周围是否有人，都要鸣笛示警。

（3）流动式起重机的稳定性是后方大于侧方，在从后方向侧方回转时，要注意控制转速，防止倾翻。汽车起重机应尽量避免在前方作业。

（4）注意支腿基础情况，防止垫块破坏或基础下沉而造成起重机倾翻。严禁带载荷调整支腿，如需调整支腿，应将重物落地后方可进行。

（5）司机在物品处于悬吊状态时，不准离开司机室，必须把起重物落到地面，方可离开。

（6）了解当天的气象情况，对瞬时大风和风向给以关注。大幅度作业、回转或物品起升较高时，要注意风力和风向的影响。风力6级以上须停止作业。

（7）汽车起重机禁止吊载行走。轮胎起重机和履带起重机可在允许小起重量范围内带载移动，臂架一定要处于行驶前方。行驶时要锁紧旋转装置，路面要平整坚实，根据路况选择挡位低速行进，避免急刹车，防止吊重摆动。

（8）在高压输电线附近作业应安排专人监看，禁止越过电线吊拉。起重机任何部位与输电线的最小距离应不小于表5-29的规定距离。

表5-29　起重机与输电线的最小距离

输电线路电压/kV	<1	1～20	35～110	154	220	330
最小距离/m	1.5	2	4	5	6	7

图片 1

图片 2

图片 3

图片 4

图片 5

图片 6

图片 7

图片 8

图片 9

五、流动式起重机事故案例

以下一组图片（图片 1～图片 9）记录了在实施事故救援过程中连续发生的起重事故的过程，值得深思。

第七节　起重作业安全操作技术

整个起重作业过程中，起重机司机、司索工与指挥人员紧密配合，是保证物料搬运安全的关键。

一、吊运前的准备

吊运前的准备工作包括以下内容：

（1）正确佩戴个人防护用品，包括安全帽、工作服、工作鞋和手套；高处作业还必须佩戴安全带和工具包等防护用品。

（2）检查清理作业场地，确定搬运路线，清除障碍物；室外作业要了解当天的天气预报。流动式起重机要将支撑地面垫实垫平，防止作业中地基沉陷。

（3）对使用起重机和吊装工具、辅件进行安全检查，消除不安全因素。

（4）熟悉被吊物品（种类、数量、危险程度、包装状况以及与周围联系），必要时，根据有关技术数据（如重量、几何尺寸、精密程度、变形要求），确定吊点位置和捆绑方式，进行最大受力计算。

（5）编制作业方案。对于大型、重要的物件的吊运，或多台起重机共同作业的吊装，事先要在有关人员参与下，由指挥、起重机司机和司索工共同讨论，编制作业方案，必要时报请有关部门审查批准。

（6）预测可能出现的事故，采取有效的预防措施和应急措施。

二、起重机司机通用安全操作要求

各类起重机司机的通用安全操作要求包括如下。

（1）认真交接班，对吊钩、钢丝绳、制动器、安全防护装置的可靠性进行认真检查，发现不正常现象及时报告。

（2）开机作业前，应确认以下事项。

① 要将所有控制器置于零位。

② 确认起重机上及作业危险区没有其他人员方可开机，人员未撤离到安全区之前不得开机。

③ 起重机移动部分的运行范围内不应有障碍物，与障碍物的最小距离在 0.5m 以上。

④ 若电源断路装置加锁或有标牌时，务必由有关人员除去后方可闭合。

⑤ 流动式起重机应按要求平整好场地，牢固可靠地打好支腿。

（3）开车前，必须鸣铃或示警；操作中接近人时，应给断续铃声以示警。

（4）司机在正常操作过程中，禁止下列行为：

① 利用极限位置限制器停车；

② 利用打反车进行制动；

③ 作业过程中进行检查和维修；

④ 带载调整起升、变幅机构的制动器。汽车、轮胎起重机不得带载变幅。

⑤ 吊物从人头顶上通过。吊物和起重臂下不得站人。

（5）严格按指挥信号操作，对紧急停止信号，无论何人发出，都必须立即执行。

（6）吊载接近或达到额定值，或起吊危险品（液态金属、有害物、易燃易爆物）时，吊前应认真检查制动器，并用小高度、短行程试吊，确认没有问题后再吊。

（7）起重机各部位、吊载及辅助用具，与输电线的最小距离应满足表 5-29 的要求。

（8）有下述情况时，司机不应操作：

① 起重机结构或零部件（吊钩、钢丝绳、制动器、安全防护装置等）有影响安全工作的缺陷和损伤。

② 吊物超载或有超载可能，吊物重量不清、埋置或被其他物体挤压、歪拉斜吊。

③ 吊物捆绑不牢或吊挂不稳，重物棱角与吊索之间未加衬垫，被吊物上有人或有浮置物。

④ 工作地昏暗，看不清场地、吊物和指挥信号。

（9）工作中突然断电时，应将所有控制器置零位，关闭总电源。开始新工作前，应先检查起重机工作是否正常。

（10）有主、副两套起升机构的，不允许同时利用主、副钩工作（设计允许的专用起重机除外）。

（11）用两台或多台起重机吊运同一重物时，每台起重机都不得超载。吊运过程应保持钢丝绳垂直，保持参加作业的起重机之间运行同步。吊运时，有关负责安全技术人员应在场指导。

（12）露天作业的轨道起重机，当风力大于 6 级时，应停止作业；当工作结束时，应锚定住起重机。

三、司索工安全操作要求

司索工主要从事地面工作，例如准备吊具、捆绑挂钩、摘钩卸载等，多数情况还担任地面指挥任务。司索工的工作质量与整个搬运作业安全关系极大。

1. 准备吊具

根据吊物的重量和重心选择吊具，如果是目测估算，应增大 20% 来选择吊具。每次吊装都要对吊具进行认真的安全检查，如果是旧吊索应根据情况降级使用，绝不可侥幸超载或使用报废吊具。

2. 捆绑吊物

① 对吊物进行必要的归类、清理和检查，吊物不能被其他物体挤压，被埋或被冻的物

体要完全挖出，切断一切与周围的管、线联系，防止造成超载。

② 清除吊物表面或空腔内浮摆的杂物，将可移动的零件锁紧或捆牢，形状或尺寸不同的物品不经特殊捆绑不得混吊，防止坠落伤人。

③ 捆扎部位的毛刺要打磨平滑、尖棱利角应加垫物，防止起吊吃力后损坏吊索；表面光滑的吊物应采取措施来防止起吊后吊索滑动或吊物滑脱。

④ 捆绑吊挂后余留的不受力绳索应紧系在吊物或吊钩上，不得留有绳头悬索，以防在吊运过程中钩挂人或物。

⑤ 吊运大而重的物体应加诱导绳，诱导绳长应能使司索工既可握住绳头，同时又能避开吊物正下方，以便意外时司索工可利用该绳控制吊物。

3. 挂钩起钩

① 吊钩要位于被吊物重心的正上方，不准斜拉吊钩硬钩，防止提升后吊物翻转、摆动。

② 吊物高大需要垫物攀高挂钩、摘钩时，脚踏物一定要垫实稳固，禁止使用易滚动物体（例如圆木、管子、滚筒等）作脚踏垫物，防止人员跌伤。

③ 挂钩要坚持五不挂：超重或吊物重量不明不挂、重心位置不清楚不挂、尖棱利角易滑工件无衬垫物不挂、吊具及配套工具不合格或报废不挂、包装松散捆绑不良不挂，将不安全隐患消除在挂钩前。

④ 当多人吊挂同一吊物时，应由一专人负责指挥，在确认吊挂完备，所有人员都站在安全位置以后，才可发出起钩信号。

⑤ 起钩时，地面人员不应站在吊物倾翻、坠落可能波及的地方；如果作业场地为斜面，则应站在斜面上方（不可在死角），防止吊物坠落后继续沿斜面滚落伤人。

4. 摘钩卸载

① 吊物运输到位前，选择好安放位置，卸载时不要挤压电气线路和其他管线，不要阻塞通道。

② 针对不同吊物种类采取不同措施加以支撑、楔住、垫稳、归类摆放，不得混码、互相挤压、悬空摆放，防止滚落、侧倒、塌垛。

③ 摘钩应等所有吊索完全松弛再进行，确认所有吊索从钩上卸下再起钩，不允许抖绳摘索，更不许利用起重机抽索。

5. 搬运过程的指挥

① 无论采用何种指挥信号，必须规范、准确、明了。

② 指挥者所处位置应能全面观察作业现场，并使司机、司索工都可清楚看到或听到指挥信号。

③ 在整个过程中（特别是重物悬挂在空中时），指挥者和司索工都不得擅离职守，密切注意观察吊物及周围情况，及时发出指挥信号。

第八节　起重机械的安全监察

起重机械的制造、安装、改造、维修、使用、检验检测及其监督检查（除房屋建筑工地和市政工程工地用起重机械的安装、使用的监督管理按照有关法律、法规的规定执行外），均应当按照《起重机械安全监察规定》执行。

依据《起重机械安全监察规定》，国家质量监督检验检疫总局（以下简称国家质检总局）负责全国起重机械安全监察工作，县以上地方质量技术监督部门负责本行政区域内起重机械的安全监察工作。

一、起重机械制造

在起重机械制造环节应当遵守以下规定。

1. 具有起重机械制造的资质

起重机械制造单位应当依法取得起重机械制造许可，方可从事相应的制造活动。起重机械制造许可实施分级管理。起重机械制造许可证有效期为 4 年。

制造单位应当在许可证有效期届满 6 个月前提出书面换证申请；经审查后，许可部门应当在有效期满前做出准予许可或者不予许可的决定。

起重机械制造许可证有效期届满而未换证的，不得继续从事起重机械制造活动。

2. 符合安全技术规范要求

制造单位应当采用符合安全技术规范要求的起重机械设计文件。

按照安全技术规范的要求，应当进行型式试验的起重机械产品、部件或者试制起重机械新产品、新部件，必须进行整机或者部件的型式试验。

制造单位应当在被许可的场所内制造起重机械；但结构不可拆分且运输超限的，可以在使用现场制造，由制造现场所在地的检验检测机构按照安全技术规范等要求进行监督检验。

制造单位不得将主要受力结构件（主梁、主副吊臂、主支撑腿、标准节，下同）全部委托加工或者购买并用于起重机械制造。

主要受力结构件需要部分委托加工或者购买的，制造单位应当委托取得相应起重机械类型和级别资质的制造单位加工或者购买其加工的主要受力结构件并用于起重机械制造。

3. 提交完整的随机文件

起重机械出厂时，应当附有①设计文件（包括总图、主要受力结构件图、机械传动图和电气、液压系统原理图）、②产品质量合格证明、③安装及使用维修说明、④监督检验证明、⑤有关型式试验合格证明等文件。

二、起重机械安装、改造、维修

改造，是指改变原起重机械主要受力结构件、主要材料、主要配置、控制系统，致使原性能参数与技术指标发生改变的活动。

维修，是指拆卸或更换原有主要零部件、调整控制系统、更换安全附件和安全保护装置，但不改变起重机械的原性能参数与技术指标的修理活动。

重大维修，是指拆卸或者更换原有主要受力结构件、主要配置、控制系统，但不改变起重机械的原性能参数与技术指标的维修活动。

在起重机械安装、改造、维修环节应当遵守以下规定。

1. 具备起重机械安装、改造、维修的资质

起重机械安装、改造、维修单位应当依法取得安装、改造、维修许可，方可从事相应的活动。

起重机械安装、改造、维修许可实施分级管理。从事起重机械改造活动，应当具有相应类型和级别的起重机械制造能力。起重机械安装、改造、维修许可证有效期为 4 年。

安装、改造、维修单位应当在许可证有效期届满 6 个月前提出书面换证申请；经审查后，许可部门应当在有效期满前做出准予许可或者不予许可的决定。

起重机械安装、改造、维修许可证有效期届满而未换证的，不得继续从事起重机械安装、改造、维修活动。

2. 履行告知义务

从事安装、改造、维修的单位应当按照规定向质量技术监督部门告知,告知后方可施工。对流动作业并需要重新安装的起重机械,异地安装时,应当按照规定向施工所在地的质量技术监督部门办理安装告知后方可施工。

施工前告知应当采用书面形式,告知内容包括:单位名称、许可证书号及联系方式,使用单位名称及联系方式,施工项目、拟施工的起重机械、监督检验证书号、型式试验证书号、施工地点、施工方案、施工日期,持证作业人员名单等。

3. 申请监督检验

从事安装、改造、重大维修的单位应当在施工前向施工所在地的检验检测机构申请监督检验。检验检测机构应当到施工现场实施监督检验。

4. 技术资料移交

安装、改造、维修单位应当在施工验收后 30 日内,将安装、改造、维修的技术资料移交使用单位。

三、起重机械使用

在起重机械使用过程中应当遵守以下规定。

1. 办理使用登记

起重机械在投入使用前或者投入使用后 30 日内,使用单位应当按照规定到登记部门办理使用登记。

流动作业的起重机械,使用单位应当到产权单位所在地的登记部门办理使用登记。

起重机械使用单位发生变更的,原使用单位应当在变更后 30 日内到原登记部门办理使用登记注销;新使用单位应当按规定到所在地的登记部门办理使用登记。

起重机械报废的,使用单位应当到登记部门办理使用登记注销。

2. 履行规定的义务

起重机械使用单位应当履行的义务包括:

(1) 使用具有相应许可资质的单位制造并经监督检验合格的起重机械;

(2) 建立健全相应的起重机械使用安全管理制度;

(3) 设置起重机械安全管理机构或者配备专(兼)职安全管理人员从事起重机械安全管理工作;

(4) 对起重机械作业人员进行安全技术培训,保证其掌握操作技能和预防事故的知识,增强安全意识;

(5) 对起重机械的主要受力结构件、安全附件、安全保护装置、运行机构、控制系统等进行日常维护保养,并做出记录;

(6) 配备符合安全要求的索具、吊具,加强日常安全检查和维护保养,保证索具、吊具安全使用;

(7) 制定起重机械事故应急专项预案,并且定期进行事故应急演练。

3. 建立起重机械安全技术档案

起重机械安全技术档案应当包括以下内容:

(1) 设计文件、产品质量合格证明、监督检验证明、安装技术文件和资料、使用和维护说明;

(2) 安全保护装置的型式试验合格证明;

（3）定期检验报告和定期自行检查的记录；

（4）日常使用状况记录；

（5）日常维护保养记录；

（6）运行故障和事故记录；

（7）使用登记证明。

4. 按规定期限完成起重机械的检验

起重机械定期检验周期最长不超过 2 年，不同类别的起重机械检验周期按照相应安全技术规范执行。

使用单位应当在定期检验有效期届满 1 个月前，向检验检测机构提出定期检验申请。

流动作业的起重机械异地使用的，使用单位应当按照检验周期等要求向使用所在地检验检测机构申请定期检验，使用单位应当将检验结果报登记部门。

5. 旧起重机械的使用要求

旧起重机械应当符合下列要求，使用单位方可投入使用：

（1）具有原使用单位的使用登记注销证明；

（2）具有新使用单位的使用登记证明；

（3）具有完整的安全技术档案；

（4）监督检验和定期检验合格。

6. 起重机械承租

起重机械承租使用单位应当在承租使用期间对起重机械进行日常维护保养并记录，对承租起重机械的使用安全负责。

禁止承租使用下列起重机械：

（1）没有在登记部门进行使用登记的；

（2）没有完整安全技术档案的；

（3）监督检验或者定期检验不合格的。

7. 起重机械的拆卸

起重机械的拆卸应当由具有相应安装许可资质的单位实施。

起重机械拆卸施工前，应当制定周密的拆卸作业指导书，按照拆卸作业指导书的要求进行施工，保证起重机械拆卸过程的安全。

8. 起重机械的报废

起重机械具有下列情形之一的，使用单位应当及时予以报废并采取解体等销毁措施：

（1）存在严重事故隐患，无改造、维修价值的；

（2）达到安全技术规范等规定的设计使用年限或者报废条件的。

此外，起重机械出现故障或者发生异常情况，使用单位应当停止使用，对其全面检查，消除故障和事故隐患后，方可重新投入使用。发生起重机械事故，使用单位必须按照有关规定要求，及时向所在地的主管部门和相关部门报告。

第九节　使用单位对桥式起重机的安全管理

使用单位对桥式起重机的安全管理，主要包括建立、健全起重机械的规章制度、建立起重机械安全技术档案、起重机械的检验检查以及对起重作业人员的培训考核管理等。

一、建立、健全起重机械的规章制度

起重机使用单位至少建立、健全以下规章制度：

（1）安全技术操作规程；

（2）设备管理制度；

（3）日常检查管理制度；

（4）维护保养管理制度；

（5）定期报检管理制度；

（6）人员培训管理制度；

（7）交接班管理制度；

（8）事故报告和应急救援管理制度；

（9）技术档案管理制度。

需要指出，上述规章制度应根据企业外部及内部的变化及要求，及时进行修订。

二、定期检验

在用起重机必须进行定期检验，定期检验周期为每 2 年 1 次，其中吊运熔融和炽热金属的起重机每年 1 次。

检验机构根据各类别起重机械的作业环境、工作级别以及事故隐患风险程度等因素，经市（地）级质量技术监督部门或者省级质量技术监督部门同意，可以缩短定期检验周期。

定期检验至少包括以下内容：

（1）运行情况、维护保养记录审查；

（2）作业环境和外观检查；

（3）司机室检查；

（4）金属结构检验；

（5）轨道检验；

（6）主要零部件检验；

（7）电气和控制系统检验；

（8）安全保护、防护装置检验；

（9）性能试验，包括空载试验、额定载荷试验等。

使用单位在起重机定期检验合格有效期届满前 1 个月内，应当向特种设备检验检测机构提出定期检验要求。未经定期检验或者检验不合格的起重机，不得继续使用。

起重机出现故障或者发生异常情况，使用单位应当立即对其进行检查，消除事故隐患后，方可重新投入使用。

停止使用 1 年以上（含 1 年）的起重机，再次使用前，使用单位应当进行全面检查，并且经特种设备检验检测机构按照定期检验要求检验合格。

三、使用单位内部检查

使用单位内部检查通常包括日常检查、常规检查和全面检查。

除日常检查外，使用单位应当对在用起重机进行定期的自行检查和日常维护保养，至少每月进行一次常规检查，每年进行一次全面检查，必要时进行试验验证，并且做记录。

根据设备工作的繁重程度和环境条件的恶劣程度，确定检查周期和增加检查内容。自行检查和日常维护保养发现异常情况，应当及时进行处理。

（一）日常检查

起重机每班使用前，应当对制动器、吊钩、钢丝绳、滑轮、安全保护装置和电气系统等进行检查，发现异常时，应当在使用前排除，并且做好相应记录。

（二）常规检查

在用起重机常规检查至少包括以下内容：

（1）起重机工作性能；

（2）安全保护、防护装置有效性；

（3）电气线路、液压或者气动的有关部件的泄漏情况及其工作性能；

（4）吊钩及其闭锁装置、吊钩螺母及其防松装置；

（5）制动器性能及其零件的磨损情况；

（6）联轴器运行情况；

（7）钢丝绳磨损和绳端的固定情况；

（8）链条的磨损、变形、伸长情况。

（三）全面检查

在用起重机全面检查至少包括以下内容：

（1）常规检查的内容；

（2）金属结构的变形、裂纹、腐蚀及其焊缝、铆钉、螺栓等连接情况；

（3）主要零部件的变形、裂纹、磨损等情况；

（4）指示装置的可靠性和精度；

（5）电气和控制系统的可靠性等。

四、起重作业人员的培训考核管理

起重作业人员作为特种作业人员，其培训考核依据《特种作业人员安全技术培训考核管理规定》实施。

主要内容包括特种作业人员的安全技术培训、考核、发证、复审及其监督管理工作。

1. 培训

特种作业人员应当接受与其所从事的特种作业相应的安全技术理论培训和实际操作培训。从事特种作业人员安全技术培训的机构，必须按照有关规定取得安全生产培训资质证书后，方可从事特种作业人员的安全技术培训。

2. 考核

特种作业人员的考核包括考试和审核两部分。考试由考核发证机关或其委托的单位负责；审核由考核发证机关负责。

特种作业操作资格考试包括安全技术理论考试和实际操作考试两部分。考试不及格的，允许补考1次。经补考仍不及格的，重新参加相应的安全技术培训。

离开特种作业岗位6个月以上的特种作业人员，应当重新进行实际操作考试，经确认合格后方可上岗作业。

3. 发证

符合特种作业人员条件并经考试合格的特种作业人员，应当向其户籍所在地或者从业所在地的考核发证机关申请办理特种作业操作证，并提交身份证复印件、学历证书复印件、体检证明、考试合格证明等材料。

特种作业操作证有效期为6年，在全国范围内有效。特种作业操作证由安全监管总局统一式样、标准及编号。

特种作业操作证遗失的，应当向原考核发证机关提出书面申请，经原考核发证机关审查同意后，予以补发。

特种作业操作证所记载的信息发生变化或者损毁的，应当向原考核发证机关提出书面申请，经原考核发证机关审查确认后，予以更换或者更新。

4. 复审

特种作业操作证每3年复审1次。

特种作业人员在特种作业操作证有效期内，连续从事本工种10年以上，严格遵守有关安全生产法律法规的，经原考核发证机关或者从业所在地考核发证机关同意，特种作业操作证的复审时间可以延长至每6年1次。

特种作业操作证需要复审的，应当在期满前60日内，由申请人或者申请人的用人单位向原考核发证机关或者从业所在地考核发证机关提出申请，并提交下列材料：社区或者县级以上医疗机构出具的健康证明；从事特种作业的情况；安全培训考试合格记录。

特种作业操作证有效期届满需要延期换证的，应当按照规定申请延期复审。

特种作业操作证申请复审或者延期复审前，特种作业人员应当参加必要的安全培训并考试合格。安全培训时间不少于8个学时，主要培训法律、法规、标准、事故案例和有关新工艺、新技术、新装备等知识。

申请复审合格的，由考核发证机关签章、登记，予以确认；不合格的，说明理由。申请延期复审的，经复审合格后，由考核发证机关重新颁发特种作业操作证。

申请人对复审或者延期复审有异议的，可以依法申请行政复议或者提起行政诉讼。

第六章　锅炉、压力容器、压力管道安全

第一节　锅炉安全

锅炉是使燃烧产生的热能把水加热或变成蒸汽的热力设备，尽管锅炉的种类繁多，结构各异，但都是由"锅"和"炉"以及为保证"锅"和"炉"正常运行所必需的附件、仪表及附属设备等三大类（部分）组成。

"锅"是指锅炉中盛放水和蒸汽的密封受压部分，是锅炉的吸热部分，主要包括汽包、对流管、水冷壁、联箱、过热器、省煤器等。"锅"再加上给水设备就组成锅炉的汽水系统。

"炉"是指锅炉中燃料进行燃烧、放出热能的部分，是锅炉的放热部分，主要包括燃烧设备、炉墙、炉拱、钢架和烟道及排烟除尘设备等。

锅炉的附件和仪表很多，如安全阀、压力表、水位表及高低水位报警器、排污装置、汽水管道及阀门、燃烧自动调节装置、测温仪表等。

锅炉的附属设备也很多，一般包括给水系统的设备（如水处理装置、给水泵）；燃料供给及制备系统的设备（如给煤、磨粉、供油、供气等装置）；通风系统设备（如鼓、引风机）和除灰排渣系统设备（除尘器、出渣机、出灰机）。

总之，锅炉是一个复杂的组合体，运行时需要各个部分、各个环节密切协调，任何一个环节发生了故障，都会影响锅炉的安全运行。所以，作为特种设备的锅炉的安全监督与管理应特别予以重视。

锅炉按用途可分为工业锅炉、电站锅炉、船舶锅炉等，本教材主要介绍工业锅炉的相关内容，以便进行安全管理。

一、锅炉的级别划分

按照锅炉安全技术监察规程的规定，根据锅炉额定工作压力 p（表压，单位为 MPa，对蒸汽锅炉代表额定蒸汽压力，对热水锅炉代表额定出水压力，对有机热载体锅炉代表额定出口压力）、额定出水温度 t（单位为℃）、额定热功率 Q（单位为 MW）以及额定蒸发量 D（单位为 t/h）等参数指标，将锅炉的级别分为 A 级锅炉、B 级锅炉、C 级锅炉和 D 级锅炉四个级别。

1. A 级锅炉

A 级锅炉是指 $p \geqslant 3.8\text{MPa}$ 的锅炉，包括：

(1) 超临界锅炉，$p \geqslant 22.1\text{MPa}$；

(2) 亚临界锅炉，$16.7\text{MPa} \leqslant p < 22.1\text{MPa}$；

(3) 超高压锅炉，$13.7\text{MPa} \leqslant p < 16.7\text{MPa}$；

(4) 高压锅炉，$9.8\text{MPa} \leqslant p < 13.7\text{MPa}$；

(5) 次高压锅炉，$5.3\text{MPa} \leqslant p < 9.8\text{MPa}$；

(6) 中压锅炉，$3.8\text{MPa} \leqslant p < 5.3\text{MPa}$。

2. B 级锅炉

(1) 蒸汽锅炉，$0.8\text{MPa} < p < 3.8\text{MPa}$；

（2）热水锅炉，$p<3.8\text{MPa}$ 并且 $t\geqslant120℃$；

（3）气相有机热载体锅炉，$Q>0.7\text{MW}$；液相有机热载体锅炉，$Q>4.2\text{MW}$。

3. C 级锅炉

（1）蒸汽锅炉，$p\leqslant0.8\text{MPa}$ 并且 $V>50\text{L}$（V 为设计正常水位水容积，下同）；

（2）热水锅炉，$p<3.8\text{MPa}$ 并且 $t<120℃$；

（3）气相有机热载体锅炉，$0.1\text{MW}<Q\leqslant0.7\text{MW}$；液相有机热载体锅炉，$0.1\text{MW}<Q\leqslant4.2\text{MW}$。

4. D 级锅炉

（1）蒸汽锅炉，$p\leqslant0.8\text{MPa}$ 并且 $30\text{L}\leqslant V\leqslant50\text{L}$；

（2）汽水两用锅炉（注），$p\leqslant0.04\text{MPa}$ 并且 $D\leqslant0.5\text{t/h}$；

（3）仅用自来水加压的热水锅炉，并且 $t\leqslant95℃$；

（4）气相有机热载体锅炉，$Q\leqslant0.1\text{MW}$；液相有机热载体锅炉，$Q\leqslant0.1\text{MW}$。

注：其他汽水两用锅炉按照出口蒸汽参数和额定蒸发量分属以上各级锅炉。

二、工业锅炉安全附件

工业锅炉安全附件主要是指安全阀、压力表、水位表及高低水位报警器、排污装置、汽水管道及阀门、燃烧自动调节装置、测温仪表等，这些安全附件是锅炉运行中的重要组成部分，特别是安全阀、压力表、水位表是保证蒸汽锅炉安全运行的基本附件，常被称为蒸汽锅炉的三大安全附件；热水锅炉必须配备安全阀、压力表和测温仪表，才能保证其安全运行。

1. 安全阀

安全阀是锅炉设备中的重要安全附件之一，它能自动开启排汽以防止锅炉压力超过规定限度。安全阀通常应该具有的功能是：当锅炉中介质压力超过允许压力时，安全阀自动开启，排汽降压，同时发出鸣叫声向工作人员报警；当介质压力降到允许工作压力之后，自动"回座"关闭，使锅炉能够维持运行；在锅炉正常运行中，安全阀保持密闭不漏。

（1）安全阀的种类及特点　工业锅炉上通常装设的安全阀有三种：弹簧式安全阀、杠杆式安全阀和静重式安全阀。

① 弹簧式安全阀　弹簧式安全阀的结构如图 6-1 所示。它是利用介质压力和弹簧压力之间的压力差变化，达到自动开启和关闭的要求。锅炉正常工作时，弹簧压力大于作用在阀芯上的介质压力，将阀芯紧压在阀座上；当锅炉压力升高，使作用在阀芯上的介质压力超过弹簧压力时，弹簧被压缩，阀杆带动阀芯上升，安全阀呈开启状态，介质从阀芯与阀座之间排出；当排汽使压力降到稍低于正常工作压力时，作用在阀芯上的介质压力小于弹簧压力，弹簧即伸长，使阀芯紧压在阀座上，安全阀又呈关闭状态。

弹簧式安全阀具有结构紧凑，灵敏轻便，能承受振动而不致泄漏的优点，是目前锅炉上使用的最为广泛的安全阀。但由于弹簧的性能会随温度和时间等因素的影响而发生变化，使其可靠性较差，因此，在使用中必须定期对安全阀进行校验。

② 杠杆式安全阀　杠杆式安全阀的结构如图 6-2 所示。它主要由阀罩、阀座、阀芯、杠杆、导架和重锤等零件组成。杠杆式安全阀是利用重锤的重量，通过杠杆的力矩作用，将阀芯紧压在阀座上。当锅炉压力升高使介质作用在阀芯上压力超过了重锤通过杠杆作用在阀芯上部的压力时，则介质压力就会把阀芯顶起，介质便从开启处向外排出；当锅内介质压力降低到允许的工作压力时，阀芯又自动地压紧在阀座上，停止向外排出介质。

杠杆式安全阀的优点是结构简单，调整方便，动作灵敏，准确可靠，而且特别适用于温

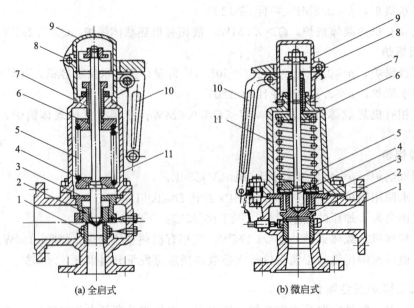

(a) 全启式　　　　　　　　　　(b) 微启式

图 6-1　弹簧式安全阀

1—阀座；2—阀芯；3—阀盖；4—阀杆；5—弹簧；6—弹簧压盖；

7—调整螺钉；8—销子；9—阀帽；10—手柄；11—阀体

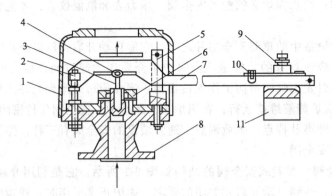

图 6-2　杠杆式安全阀

1—阀罩；2—支点；3—阀杆；4—力点；5—导架；6—阀芯；7—杠杆；

8—阀座；9—固定螺栓；10—调整螺钉；11—重锤

度较高的场合。但与弹簧式安全阀相比，它的结构比较笨重，重锤与阀体的尺寸很不相称，单只安全阀的排气能力受到限制。

③ 静重式安全阀　静重式安全阀的结构如图 6-3 所示。它主要由阀体、阀座、阀芯、环状生铁盘、防飞螺钉和阀罩组成。静重式安全阀是利用加在套盘上的环状生铁盘的重量将阀芯压在阀座上，使锅炉介质压力保持在允许范围之内。当锅炉压力升高，使介质作用于阀芯的力大于生铁盘的总重量时，阀芯被顶起离开阀座，介质向外排泄降压；降压后，当介质作用于阀芯的力小于生铁盘的重量时，阀芯下压与阀座重新紧密结合，介质停止排泄，保持一定压力。

静重式安全阀在压力较高的蒸汽锅炉上已很少应用，但在工作压力较低的热水锅炉上还有应用。

（2）安全阀的整定压力和排放能力　安全阀的整定压力是指安全阀在运行条件下开始开启的预定压力。安全阀应该在什么压力之下开启排汽，是根据锅炉受压组件的承压能力规定的。一般而言，在锅炉正常工作压力下安全阀应处于闭合状态，在锅炉压力超过正常工作压力时安全阀才应开启排汽。但安全阀的开启压力（整定压力）不允许超过锅炉正常工作压力太多，以保证锅炉受压元件有足够的安全裕度，安全阀的开启压力也不应太接近锅炉正常工作压力，以免安全阀频繁开启，损伤安全阀并影响锅炉的正常运行。表 6-1 所示为蒸汽锅炉安全阀整定压力。蒸汽锅炉安全阀整定压力按照表 6-1 的规定进行调整和校验，锅炉上有一个安全阀按照表中较低的整定压力进行调整；对有过热器的锅炉，过热器上的安全阀按照较低的整定压力调整，以保证过热器上的安全阀先开启。

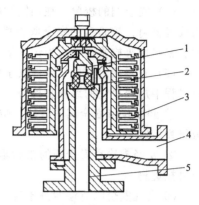

图 6-3　静重式安全阀
1—阀芯；2—阀座；3—生铁块；
4—蒸汽出口；5—蒸汽进口

表 6-1　蒸汽锅炉安全阀整定压力

额定工作压力/MPa	安全阀整定压力	
	最低值	最高值
$p \leqslant 0.8$	工作压力加 0.03MPa	工作压力加 0.05MPa
$0.8 < p \leqslant 5.9$	1.04 倍工作压力	1.06 倍工作压力
$p > 5.9$	1.05 倍工作压力	1.08 倍工作压力

安全阀的启闭压差一般应当为整定压力的 $4\% \sim 7\%$，最大不超过 10%。当整定压力小于 0.3MPa 时，最大启闭压差为 0.03MPa。

安全阀必须有足够的排放能力，在开启排汽后才能起到降压作用。否则，即使安全阀开启排汽，锅炉内的压力仍会继续不断上升。因此，为保证在锅炉用汽单位全部停用蒸汽时也不致锅炉超压，锅炉上所有安全阀的总排汽量，必须大于锅炉的最大连续蒸发量。

（3）安全阀的安装　安全阀应当铅直安装，并且应当安装在锅筒（锅壳）、集箱的最高位置，在安全阀和锅筒（锅壳）之间或者安全阀和集箱之间，不应当装设有取用蒸汽或者热水的管路和阀门。安装安全阀时应该装设排汽管，以防止排汽时伤人。蒸汽锅炉安全阀排汽管应满足以下安全要求：

① 排汽管应当直通安全地点，并且有足够的流通截面积，保证排汽畅通，同时排汽管应当予以固定，不应当有任何来自排汽管的外力施加到安全阀上；

② 安全阀排汽管底部应当装有接到安全地点的疏水管，在疏水管上不应当装设阀门；

③ 两个独立的安全阀的排汽管不应当相连；

④ 安全阀排汽管上如果装有消音器，其结构应当有足够的流通截面积和可靠的疏水装置；

⑤ 露天布置的排汽管如果加装防护罩，防护罩的安装不应当妨碍安全阀的正常动作和维修。

热水锅炉和可分式省煤器的安全阀应当装设排水管（如果采用杠杆安全阀应当增加阀芯两侧的排水装置），排水管应当直通安全地点，并且有足够的排放流通面积，保证排放畅通。在排水管上不应当装设阀门，并且应当有防冻措施。

（4）安全阀的校验　在用锅炉的安全阀每年至少校验一次，安全阀经过校验后，应当加锁或者铅封；校验后的安全阀在搬运或者安装过程中，不能摔、砸、碰撞。安全阀整定压力、密封性等检验结果应当记入锅炉技术档案。

（5）安全阀的维护　要使安全阀经常处于良好的状态，保持灵敏准确，必须在锅炉的运行过程中加强对它的维护和检查。

① 经常保持安全阀的清洁，防止阀体弹簧等被污垢粘满或被锈蚀，防止安全阀排气管被异物堵塞。

② 要经常检查安全阀的铅封是否完好，检查杠杆式安全阀的重锤是否松动、被移动以及另挂重物。

③ 发现安全阀有渗漏迹象时，应及时进行更换或检修。禁止用增加载荷的方法（例如加大弹簧的压缩量或移动重锤、加挂重物等）减除阀的泄漏。

④ 为了防止安全阀的阀瓣和阀座被水垢、污物粘住或堵塞，应定期对安全阀做手动的排放试验。试验时应缓慢操作，轻松地将提升手把或重锤慢慢抬起，听到阀内有蒸汽排出时，慢慢放下。不允许将提升手把或重锤迅速提起又突然放下，这样会使阀瓣在阀座上剧烈振动，冲击损坏密封面。排放试验后，如发现安全阀内有泄漏的声音，则可能是阀瓣倾斜，可以将提升手把或重锤再次提起进行试验。

2. 压力表

压力表是测量和显示锅炉汽水系统压力大小的仪表。严密监视锅炉各受压元件实际承受的压力，将其控制在安全限度之内，是锅炉实现安全运行的基本条件和基本要求，因而压力表是运行操作人员必不可少的"耳目"。锅炉没有压力表、压力表损坏或压力表的装设不符合要求，都不得投入运行或继续运行。

锅炉中应用得最为广泛的压力表是弹簧管式压力表，它具有结构简单、使用方便、准确可靠、测量范围大等优点。

压力表的量程应与锅炉工作压力相适应，通常为锅炉工作压力的 1.5～3 倍，最好为 2 倍。压力表表盘大小应当保证锅炉操作人员能够清楚地看到压力指示值，表盘直径应当不小于 100mm。

压力表安装前应当进行校验，刻度盘上应当划出指示工作压力的红线，注明下次校验日期，校验后应该铅封。压力表每半年至少应校验一次。压力表的连接管不应有漏汽现象，否则会降低压力指示值。

压力表应该装设在便于观察和吹洗的位置，应防止受到高温、冰冻和振动的影响。为避免蒸汽直接进入弹簧弯管影响其弹性；压力表下边应该装设存水弯管。锅炉蒸汽空间设置的压力表应当有存水弯管或者其他冷却蒸汽的措施，热水锅炉用的压力表也应当有缓冲弯管，弯管内径应当不小于 10mm；压力表与弯管之间应当装设三通阀门，以便吹洗管路、卸换、校验压力表。

压力表有下列情况之一时，应当停止使用：

① 有限止钉的压力表在无压力时，指针转动后不能回到限止钉处；没有限止钉的压力表在无压力时，指针离零位的数值超过压力表规定的允许误差；

② 表面玻璃破碎或者表盘刻度模糊不清；

③ 封印损坏或者超过校验期；

④ 表内泄漏或者指针跳动；

⑤ 其他影响压力表准确指示的缺陷。

3. 水位表

水位表是用来显示锅筒（锅壳）内水位高低的仪表。操作人员可以通过水位表观察和调节水位，防止发生锅炉缺水或满水事故，保证锅炉安全运行。

水位表是按照连通器内液柱高度相等的原理装设的。水位表的水连管和汽连管分别与锅筒（锅壳）的水空间和汽空间相连，水位表和锅筒（锅壳）构成连通器，水位表显示的水位即是锅筒（锅壳）内的水位。

锅炉上常用的水位表，有玻璃管式和玻璃板式两种。玻璃管式水位表结构简单，价格低廉，在低压小型锅炉上应用得十分广泛；但玻璃管的耐压能力有限，使用工作压力不宜超过1.6MPa。为防止玻璃管破碎喷水伤人，玻璃管外通常装设有耐热的玻璃防护罩。玻璃板水位表比起玻璃管式水位表，能耐更高的压力和温度，不易泄漏，但结构较为复杂，多用于高压锅炉。

水位表应装在便于观察、冲洗的位置，并有充足的照明；水位表距离操作地面高于6000mm时，应当加装远程水位测量装置或者水位电视监视系统。

水连接管和汽连接管应水平布置，以防止造成假水位；连接管的内径不得小于18mm，连接管应尽可能短；如长度超过500mm或有弯曲时，内径应适当放大；水位表和锅筒（锅壳）之间的汽水连接管上应当装设阀门，锅炉运行时，阀门应当处于全开位置；对于额定蒸发量小于0.5t/h的锅炉，水位表与锅筒（锅壳）之间的汽水连接管上可以不装设阀门。

水位表应有放水旋塞和接到安全地点的放水管，其汽旋塞、水旋塞、放水旋塞的内径，以及水位表玻璃管的内径，不得小于8mm。

水位表应有指示最高、最低安全水位和正常水位的明显标志。水位表玻璃板（管）的最低可见边缘应比最低安全水位低25mm，最高可见边缘应比最高安全水位高5mm。

水位报警器用于在锅炉水位异常（高于最高安全水位或低于最低安全水位）时发出警报，提醒运行人员采取措施，消除险情。额定蒸发量≥2t/h的锅炉，必须装设高低水位报警器，警报信号应能区分高低水位。

三、锅炉安全保护装置的基本要求

（1）蒸汽锅炉应当装设高、低水位报警装置（高、低水位报警信号应当能够区分），额定蒸发量大于或者等于2t/h的锅炉，还应当装设低水位联锁保护装置，保护装置最迟应当在最低安全水位时动作。

（2）额定蒸发量大于或者等于6t/h的锅炉，应当装设蒸汽超压报警和联锁保护装置，超压联锁保护装置动作整定值应当低于安全阀较低整定压力值。

（3）锅炉的过热器和再热器，应当根据机组运行方式、自控条件和过热器、再热器设计结构，采取相应的保护措施，防止金属壁超温；再热蒸汽系统应当设置事故喷水装置，并且能自动投入使用。

（4）安置在多层或者高层建筑物内的锅炉，每台锅炉应当配备超压（温）联锁保护装置和低水位联锁保护装置。

锅炉安全保护装置除了要满足以上的基本要求外，不同类型的锅炉还有其他安全保护要求，详见《锅炉安全技术监察规程》的规定。

四、锅炉水质处理

1. 锅炉给水处理的重要性

锅炉给水，不管是地面或地下水，都含有各种杂质。这些杂质分为三类，即：①固体杂质，如悬浮固体、胶溶固体、溶解于水的盐类和有机物等；②气体杂质，如氧气和二氧化碳；③液体杂质，如油类、酸类、工业废液等。这些含有杂质的水如不经过处理就进入锅炉，就会威胁锅炉的安全运行。例如，溶解在水中的钙、镁的碳酸盐、重碳酸盐、硫酸盐，在加热的过程中能在锅炉的受热面上沉积下来结成坚硬的水垢，水垢会给锅炉运行带来很多害处。由于水垢的导热系数很小，是金属的几十分之一到百分之一，使受热面传热不良。水垢不但浪费燃料，而且使锅炉壁温升高，强度显著下降，这样，在内压力的作用下，管子就会发生变形，或者鼓泡，甚至会引起爆管。另外一些溶解的盐类，在锅炉里会分解出氢氧根，氢氧根的浓度过高，会致锅炉某些部位发生苛性脆化而危害锅炉安全。溶解在水中的氧气和二氧化碳会导致金属的腐蚀，从而缩短锅炉的寿命。

所以，为了确保锅炉的安全，使其经济可靠地运行，就必须对锅炉给水进行必要的处理。

2. 水质标准

对水质的要求，随炉型的不同而不同。低压锅炉主要水质指标有悬浮物、溶解盐类、硬度、碱度、酸度、pH 值、溶解氧等；中、高压锅炉，除上述指标外还有电导率、二氧化硅、铜、铁等。工业锅炉的水质应当符合 GB/T 1576《工业锅炉水质》的规定。

3. 水处理方法

因为各地水质不同，锅炉炉型较多，因此水处理方法也各不相同。在选择水处理方法时要因炉、因水而定。目前水处理方法从两方面进行，一种是炉内水处理，另一种是炉外水处理。

炉内水处理也叫锅内水处理，就是将自来水或经过沉淀的天然水直接加入，向汽包内加入适当的药剂，使之与锅水中的钙、镁盐类生成松散的泥渣沉降，然后通过排污装置排除。这种方法较适于小型锅炉使用，也可作为高、中压锅炉的炉外水处理补充，以调整炉水质量。常用的几种药剂有：碳酸钠、氢氧化钠、磷酸钠、六偏磷酸钠、磷酸氢二钠和一些新型有机防垢剂。

炉外水处理就是在给水进入锅炉前，通过各种物理和化学的方法，把水中对锅炉运行有害的杂质除去，使给水达到标准，从而避免锅炉结垢和腐蚀。常用的方法有，离子交换法，能除去水中的钙、镁离子，使水软化，可防止炉壁结垢，中小型锅炉已普遍使用；阴阳离子交换法，能除去水中的盐类，生产脱盐水（亦称纯水），高压锅炉均使用脱盐水，直流锅炉和超高压锅炉的用水要经二级除盐；电渗析法，能除去水中的盐类，常作为离子交换法的前级处理。有些水在软化前要经机械过滤或石灰法除碱。

溶解在锅炉给水中的氧气、二氧化碳，会使锅炉的给水管道和锅炉本体腐蚀，尤其当氧气和二氧化碳同时存在时，金属腐蚀会更加严重。除氧的方法有：喷雾式热力除氧、真空除氧和化学除氧。使用最普遍的是热力除氧。

五、定期检验

锅炉的定期检验工作包括锅炉在运行状态下进行的外部检验、锅炉在停炉状态下进行的内部检验和水（耐）压试验。

1. 定期检验周期及检验顺序

锅炉的定期检验周期规定如下。

① 外部检验，每年进行一次。

② 内部检验，锅炉一般每 2 年进行一次，成套装置中的锅炉结合成套装置的大修周期

进行；电站锅炉结合锅炉检修同期进行，一般每3～6年进行一次；首次内部检验在锅炉投入运行后一年进行，成套装置中的锅炉和电站锅炉可以结合第一次检修进行。

③ 水（耐）压试验，检验人员或者使用单位对设备安全状况有怀疑时，应当进行水（耐）压试验；因结构原因无法进行内部检验时，应当每3年进行一次水（耐）压试验。

A级锅炉由于检修周期等原因不能按期进行锅炉定期检验时，锅炉使用单位在确保锅炉安全运行（或者停用）的前提下，经过使用单位技术负责人审批后，可以适当延长检验周期，同时向锅炉登记地质量技术监督部门备案。

除正常的定期检验以外，锅炉有下列情况之一时，应当根据具体情况，进行内部检验、外部检验或者水（耐）压试验：

① 移装锅炉投运前；

② 锅炉停止运行1年以上需要恢复运行前。

外部检验、内部检验和水（耐）压试验在同一年进行时，一般首先进行内部检验，然后再进行水（耐）压试验，外部检验。

2. 定期检验前的技术准备

① 审查锅炉的技术资料和运行记录。

② 检验机构根据被检锅炉的实际情况编制检验方案。

③ 进入锅炉内进行检验工作前，检验人员应当通知锅炉使用单位做好检验前的准备工作，设备准备工作应当满足锅炉检修的安全要求（详见本节"六、锅炉运行的安全管理"）。

④ 锅炉使用单位应当根据检验工作的要求进行相应的配合工作。

3. 检验内容

（1）内部检验内容

① 审查上次检验发现问题的整改情况。

② 抽查受压元件及其内部装置。

③ 抽查燃烧室、燃烧设备、吹灰器、烟道等附属设备。

④ 抽查主要承载、支吊、固定件。

⑤ 抽查膨胀情况。

⑥ 抽查密封、绝热情况。

（2）外部检验内容

① 审查上次检验发现问题的整改情况。

② 核查锅炉使用登记及其操作人员资格。

③ 抽查锅炉安全管理制度及其执行情况。

④ 抽查锅炉本体及附属设备运转情况。

⑤ 抽查锅炉安全附件及联锁与保护投运情况。

⑥ 抽查水（介）质处理情况。

⑦ 抽查锅炉操作空间安全状况。

⑧ 审查锅炉事故应急专项预案。

锅炉外部检验可能影响锅炉正常运行，检验检测机构应当事先同使用单位协商检验时间，在使用单位的运行操作配合下进行，并且不应当危及锅炉安全运行。

（3）水（耐）压试验 水（耐）压试验应当符合《锅炉安全技术监察规程》的有关规定。当实际使用的最高工作压力低于锅炉额定工作压力时，可以按照锅炉使用单位提供的最高工作压力确定试验压力；但是当锅炉使用单位需要提高锅炉使用压力（但不应当超过额定工作压力）时，应当按照提高后的工作压力重新确定试验压力进行水（耐）压试验。

六、锅炉运行的安全管理

1. 锅炉启动的安全要点

由于锅炉是一个复杂的装置，包含着一系列部件、辅机，锅炉的正常运行包含着燃烧、传热、工质流动等过程，因而启动一台锅炉要进行多项操作，要用较长的时间，各个环节协同动作，逐步达到正常工作状态。

锅炉启动过程中，其部件、附件等由冷态（常温或室温）变为受热状态，由不承压转变为承压，其物理形态、受力情况等产生很大变化，最易产生各种事故。据统计，锅炉事故约有半数是在启动过程中发生的。因而对锅炉启动必须进行认真准备。

（1）全面检查　锅炉启动之前一定要进行全面检查，符合启动要求后才能进行下一步的操作。启动前的检查应按照锅炉运行规程的规定，逐项进行。主要内容有：检查汽水系统、燃烧系统、风烟系统、锅炉本体和辅机是否完好；检查人孔、手孔、看火门、防爆门及各类阀门、接板是否正常；检查安全附件是否齐全、完好并使之处于启动所要求的位置；检查各种测量仪表是否完好等。

（2）上水　为防止产生过大热应力，上水水温最高不应超过 $90\sim100℃$；上水速度要缓慢，全部上水时间在夏季不小于 1h，在冬季不小于 2h。冷炉上水至最低安全水位时应停止上水，以防受热膨胀后水位过高。

（3）烘炉和煮炉　新装、大修或长期停用的锅炉，其炉膛和烟道的墙壁非常潮湿，一旦骤然接触高温烟气，就会产生裂纹、变形甚至发生倒塌事故。为了防止这种情况，锅炉在上水后启动前要进行烘炉。

烘炉就是在炉膛中用文火缓慢加热锅炉，使炉墙中的水分逐渐蒸发掉。烘炉应根据事先制定的烘炉升温曲线进行，整个烘炉时间根据锅炉大小、型号不同而定，一般为 $3\sim14$ 天。烘炉后期可以同时进行煮炉。

煮炉的目的是清除锅炉蒸发受热面中的铁锈、油污和其他污物，减少受热面腐蚀，提高锅水和蒸汽的品质。

煮炉时，在锅水中加入碱性药剂，如 $NaOH$、Na_3PO_4 或 Na_2CO_3 等。步骤为：上水至最高水位；加入适量药剂（$2\sim4kg/t$）；燃烧加热锅水至沸腾但不升压（开启空气阀或抬起安全阀排汽），维持 $10\sim12h$；减弱燃烧，排污之后适当放水；加强燃烧并使锅炉升压到 $25\%\sim100\%$工作压力，运行 $12\sim24h$；停炉冷却，排除锅水并清洗受热面。

烘炉和煮炉虽不是正常启动，但锅炉的燃烧系统和汽水系统已经部分或大部分处于工作状态，锅炉已经开始承受温度和压力，所以必须认真进行。

（4）点火与升压　一般锅炉上水后即可点火升压；进行烘炉煮炉的锅炉，待煮炉完毕，排水清洗后，再重新上水，然后点火升压。

从锅炉点火到锅炉蒸汽压力上升到工作压力，这是锅炉启动中的关键环节，需要注意以下问题。

① 防止炉膛内爆炸。点火前应开动引风机数分钟给炉膛通风，分析炉膛内可燃物的含量，低于爆炸下限时，才可点火。

② 防止热应力和热膨胀造成破坏。为了防止产生过大的热应力，锅炉的升压过程一定要缓慢进行。如：水管锅炉在夏季点火升压需要 $2\sim4h$，在冬季点火升压需要 $2\sim6h$；立式锅壳锅炉和快装锅炉需要时间较短，为 $1\sim2h$。

③ 监视和调整各种变化。点火升压过程中，锅炉的蒸汽参数、水位及各部件的工作状况在不断变化。为了防止异常情况及事故出现，要严密监视各种仪表指示的变化。另外，也要注意观察各受热面，使各部位冷热交换温度变化均匀，防止局部过热，烧坏设备。

（5）暖管与并汽　所谓暖管，即用蒸汽缓慢加热管道三阀门、法兰等元件，使其温度缓慢上升，避免向冷态或较低温度的管道突然供入蒸汽，以防止热应力过大而损坏管道、阀门等元件。同时将管道中的冷凝水驱出，防止在供汽时发生水击。冷态蒸汽管道的暖管时间一般不少于 2h，热态蒸汽管道的暖管时间一般为 0.5～1h。

并汽也叫并炉、并列，即投入运行的锅炉向共用的蒸汽总管供汽。并汽时应燃烧稳定、运行正常、蒸汽品质合格以及蒸汽压力稍低于蒸汽总管内汽压（低压锅炉低 0.02～0.05MPa；中压锅炉低 0.1～0.2MPa）。

2. 锅炉运行中的安全要点

① 锅炉运行中，保护装置与联锁不得停用。需要检验或维修时，须经有关主要领导批准。

② 锅炉运行中，安全阀每天人为排汽试验一次。电磁安全阀电气回路试验每月应进行一次。安全阀排汽试验后，其起座压力、回座压力、阀瓣开启高度应符合规定，并作记录。

③ 锅炉运行中，应定期进行排污试验。

3. 锅炉停炉时的安全要点

锅炉停炉分正常停炉和紧急停炉（事故停炉）两种。

（1）正常停炉　正常停炉是计划内停炉。停炉中应注意的主要问题是，防止降压降温过快，以避免锅炉元件因降温收缩不均匀而产生过大的热应力。停炉操作应按规定的次序进行。锅炉正常停炉时先停燃料供应，随之停止送风，降低引风。与此同时，逐渐降低锅炉负荷，相应地减少锅炉上水，但应维持锅炉水位稍高于正常水位。锅炉停止供汽后，应隔绝与蒸汽总管的连接，排汽降压。待锅内无汽压时，开启空气阀，以免锅内因降温形成真空。为防止锅炉降温过快，在正常停炉的 4～6h 内，应紧闭炉门和烟道接板。之后打开烟道接板，缓慢加强通风，适当放水。停炉 18～24h，在锅水温度降至 70℃ 以下时，方可全部放水。

（2）紧急停炉　蒸汽锅炉运行中遇有下列情况之一时，应当立即停炉：

① 锅炉水位低于水位表最低可见边缘时；

② 不断加大给水及采取其他措施但是水位仍然继续下降时；

③ 锅炉满水，水位超过最高可见水位，经过放水仍然见不到水位时；

④ 给水泵失效或者给水系统故障，不能向锅炉给水时；

⑤ 水位表、安全阀或者装设在汽空间的压力表全部失效时；

⑥ 锅炉元（部）件受损坏，危及锅炉运行操作人员安全时；

⑦ 燃烧设备损坏、炉墙倒塌或者锅炉构架被烧红等，严重威胁锅炉安全运行时；

⑧ 其他危及锅炉安全运行的异常情况时。

紧急停炉的操作次序是，立即停止添加燃料和送风，减弱引风。与此同时，设法熄灭炉膛内的燃料，对于一般层燃炉可以用砂土或湿灰灭火，链条炉可以开快挡使炉排快速运转，把红火送入灰坑。灭火后即把炉门、灰门及烟道接板打开，以加强通风冷却。锅内可以较快降压并更换锅水，锅水冷却至 70℃ 左右允许排水。但因缺水紧急停炉时，严禁给炉上水，并不得开启空气阀及安全阀快速降压。

4. 锅炉检修的安全要求

锅炉检修时，进入锅炉内作业的人员工作时，应当符合以下要求：

① 进入锅筒（锅壳）内部工作之前，必须用能指示出隔断位置的强度足够的金属堵板（电站锅炉可用阀门）将连接其他运行锅炉的蒸汽、热水、给水、排污等管道可靠地隔开，用油或者气体作燃料的锅炉，必须可靠地隔断油、气的来源；

② 进入锅筒（锅壳）内部工作之前，必须将锅筒（锅壳）上的人孔和集箱上的手孔打开，使空气对流一段时间，工作时锅炉外面有人监护；

③ 进入烟道及燃烧室工作前必须进行通风，并且与总烟道或者其他运行锅炉的烟道可靠隔断，以防爆、防火、防毒；

④ 在锅筒（锅壳）和潮湿的炉膛、烟道内工作而使用电灯照明时，照明电压不超过 24V；在比较干燥的烟道内，有妥善的安全措施，可以采用不高于 36V 的照明电压，禁止使用明火照明。

5. 锅炉安全技术档案

锅炉使用单位应当逐台建立安全技术档案，并且至少包括以下内容：

① 锅炉的出厂技术文件及监检证明；

② 锅炉安装、改造、修理技术资料及监检证明；

③ 水处理设备的安装调试技术资料；

④ 锅炉定期检验报告；

⑤ 锅炉日常使用状况记录；

⑥ 锅炉及其安全附件、安全保护装置及测量调控装置日常维护保养记录；

⑦ 锅炉运行故障和事故记录。

6. 锅炉使用管理制度

锅炉使用管理应当有以下制度、规程：

① 岗位责任制，按照锅炉房人员配备，分别规定班组长、锅炉运行操作人员、维修人员、水处理操作人员等职责范围内的任务和要求；

② 巡回检查制度，明确定时检查的内容、路线和记录的项目；

③ 交接班制度，明确交接班要求，检查内容和交接班手续；

④ 锅炉及辅助设备的操作规程，包括设备投运前的检查及准备工作，启动和正常运行的操作方法，正常停运和紧急停运的操作方法；

⑤ 设备维修保养制度，规定锅炉停（备）用防锈蚀内容和要求以及锅炉本体、安全附件、安全保护装置、自动仪表及辅助设备的维护保养周期、内容和要求；

⑥ 水（介）质管理制度，明确水（介）质定时检测的项目和合格标准；

⑦ 安全管理制度，明确防火、防爆和防止非作业人员随意进入锅炉房、保证通道畅通的措施以及事故应急专项预案等；

⑧ 节能管理制度，符合锅炉节能管理有关安全技术规范的规定。

7. 锅炉使用管理记录

锅炉使用管理的记录包括：

① 锅炉及辅助设备运行记录；

② 水处理设备运行及汽水品质化验记录；

③ 交接班记录；

④ 锅炉及辅助设备维修保养记录；

⑤ 锅炉使用单位人员自行检查记录；

⑥ 锅炉运行故障及事故记录；

⑦ 锅炉停炉保养记录。

七、锅炉常见事故及处理

1. 水位异常引起的事故

（1）缺水事故　缺水事故是最常见的锅炉事故。当锅炉水位低于最低许可水位时称作缺水。在缺水后锅筒和锅管被烧红的情况下，若大量上水，水接触到烧红的锅筒和锅管会产生大量蒸汽，汽压剧增会导致锅炉烧坏、甚至爆炸。

缺水原因：违规脱岗、工作疏忽、判断错误或误操作；水位测量或警报系统失灵；自动给水控制设备故障；排污不当或排污设施故障，加热面损坏；负荷骤变；炉水含盐量过大等。

处理措施：严密监视水位，定期校对水位计和水位警报器，发现缺陷及时消除；注意缺水现象的观察，缺水时水位计玻璃管（板）呈白色；注意监视和调整给水压力和给水流量，并与蒸汽流量相适应；排污应按规程规定，每开一次排污阀，时间不超过30s，排污后关紧阀门，并检查排污是否泄漏；监视汽水品质，控制炉水含量。严重缺水时须立即按紧急停炉程序停炉，关闭蒸汽阀和给水阀，严禁向锅炉内给水，再按应急专项预案的处理方案实施。

（2）满水事故　满水事故是锅炉水位超过了最高许可水位，也是常见事故之一。满水事故会引起蒸汽管道发生水击，易把锅炉本体、蒸汽管道和阀门震坏；此外，满水时蒸汽携带大量炉水，使蒸汽品质恶化。

满水原因：操作人员疏忽大意，违章操作或误操作；水位计、柱塞阀缺陷以及水连管堵塞；自动给水控制设备故障或自动给水调节器失灵，锅炉负荷降低，未及时减少给水量等。

处理措施：如果是轻微满水，应关小鼓风机和引风机的调节门，使燃烧减弱；停止给水，开启排污阀门放水；直到水位正常，关闭所有放水阀，恢复正常运行。如果是严重满水，首先应按紧急停炉程序停炉；停止给水，开启排污阀门放水；开启蒸汽母管及过热器疏水阀门，迅速疏水，水位正常后，关闭排污阀门和疏水阀门，再生火运行。

2. 汽水共腾引起的事故

汽水共腾是锅炉内水位波动幅度超出正常情况，水面翻腾程度异常剧烈的一种现象。其后果是蒸汽大量带水，使蒸汽品质下降；易发生水冲击，使过热器管壁上积附盐垢，影响传热而使过热器超温，严重时会烧坏过热器而引发爆管事故。

汽水共腾原因：锅炉水质没有达到标准；没有及时排污或排污不够，造成锅水中盐碱含量过高；锅水中油污或悬浮物过多；负荷突然增加等。

处理措施：降低负荷，减少蒸发量；开启表面连续排污阀，降低锅水含盐量；适当增加下部排污量，增加给水，使锅水不断调换新水。

3. 燃烧异常引起的事故

燃烧异常主要表现在烟道尾部发生二次燃烧和烟气爆炸。多发生在燃油锅炉和煤粉锅炉内。没有燃尽的可燃物，附着在受热面上，在一定的条件下，重新着火燃烧。尾部燃烧常将省煤器、空气预热器、甚至引风机烧坏。

二次燃烧原因：炭黑、煤粉、油等可燃物能够沉积在对流受热面上是因为燃油雾化不好，或煤粉粒度较大，不易完全燃烧而进入烟道；点火或停炉时，炉膛温度太低，易发生不完全燃烧，大量未燃烧的可燃物被烟气带入烟道；炉膛负压过大，燃料在炉膛内停留时间太短，来不及燃烧就进入尾部烟道。尾部烟道温度过高是因为尾部受热面粘上可燃物后，传热效率低，烟气得不到冷却；可燃物在高温下氧化放热；在低负荷特别是在停炉的情况下，烟气流速很低，散热条件差，可燃物氧化产生的热量积蓄起来，温度不断升高，引起自燃。同时烟道各部分的门、孔或风挡门不严，漏入新鲜空气助燃。

处理措施：立即停止供给燃料，实行紧急停炉，严密关闭烟道、风挡板及各门孔，防止漏风，严禁开引风机；尾部使用灭火装置或用蒸汽吹灭器进行灭火；加强锅炉的给水和排水，保证省煤器不被烧坏，待灭火后方可打开门孔进行检查。确认可以继续运行，先开启引风机 10～15min 后再重新点火。

4. 承压部件损坏引起的事故

（1）锅管爆破事故　锅炉运行中，水冷壁管和对流管爆破是较常见的事故，性质严重，需停炉检修，甚至造成伤亡。爆破时有显著声响，爆破后有喷汽声；水位迅速下降，汽压、给水压力、排烟温度均下降；火焰发暗，燃烧不稳定或熄灭。发生此项事故时，如仍能维持正常水位，可紧急通知有关部门后再停炉，如水位、汽压均不能保持正常，必须按程序紧急停炉。

发生这类事故的原因一般是水质不符合要求，管壁结垢或管壁受腐蚀或受飞灰磨损变薄；升火过猛，停炉过快，使锅管受热不均匀，造成焊口破裂；下集箱积泥垢未排除，阻塞锅管水循环，锅管得不到冷却而过热爆破。

预防措施：加强水质监督；定期检查锅管；按规定升火、停炉及防止超负荷运行。

（2）过热器管道损坏事故　过热器管道损坏会伴随以下现象：过热器附近有蒸汽喷出的响声；蒸汽流量不正常，给水量明显增加；炉膛负压降低或产生正压，严重时从炉膛喷出蒸汽或火焰；排烟温度显著下降。发生这类事故的原因一般是，水质不良，或水位经常偏高，或汽水共腾，以致过热器结垢；引风量过大，使炉膛出口烟温升高，过热器长期超温使用；也可能烟气偏流使过热器局部超温；检修不良，使焊口损坏或水压试验后，管内积水。

事故发生后，如损坏不严重，又生产需要，待备用炉启用后再停炉，但必须密切注意，不能使损坏恶化；如损坏严重，则必须立即停炉。

预防措施：控制水、汽品质，防止热偏差，注意疏水；保证检修质量。

（3）省煤器管道损坏　沸腾式省煤器出现裂纹和非沸腾式省煤器弯头法兰处泄漏是常见的损坏事故，最易造成锅炉缺水。事故发生后的表象是，水位不正常下降；省煤器有泄漏声；省煤器下部灰斗有湿灰，严重者有水流出；省煤器出口处烟温下降。

处理办法是，沸腾式省煤器：加大给水，降低负荷，待备用炉启用后再停炉，若不能维持正常水位则紧急停炉，并利用旁路给水系统，尽力维持水位，但不允许打开省煤器再循环系统阀门。非沸腾式省煤器：开启旁路阀门，关闭出入口的风门，使省煤器与高温烟气隔绝；打开省煤器旁路给水阀门。

事故原因：给水质量差，水中溶有氧和二氧化碳而发生内腐蚀；经常积灰、潮湿而发生外腐蚀；给水温度变化大，引起管道裂缝；管道材质不好。

预防措施：控制给水质量，必要时装设除氧器；及时吹铲积灰；定期检查，做好维护保养工作。

八、锅炉事故案例分析

【吉林省长春市农安县合隆镇天海木业制品厂锅炉爆炸事故】

1. 事故概况

2002 年 3 月 25 日 8 时 50 分左右，位于长春市长农路 20km 处的长春市农安县合隆镇天海木业制品厂院内的一台卧式 2t 蒸汽锅炉在生产使用过程中发生爆炸，事故造成 2 人死亡，

3 人重伤，1 人轻伤，直接经济损失 40 万元，间接经济损失 80 万元。爆炸造成锅炉全部倒塌，相邻的厂房倒塌或者损坏。锅炉本体被解体，锅筒全部开裂，烟管已经飞离锅筒。左联箱炸毁，左水冷壁炸毁，右联箱与水冷壁已经损坏。

该锅炉由吉林省安装公司锅炉受压容器厂于 1986 年制造，由使用单位于 2002 年 1 月自行安装，2002 年 2 月 19 日投入使用，未进行检验。该设备未进行登记注册。

2. 事故原因分析

（1）锅炉发生爆炸时，车间处于正常生产状态，从分汽缸上通往车间的两根主蒸汽管道阀门打开，从分汽缸至车间用汽终端的所有阀门都处于全开的状态，因此锅炉不存在超压爆炸的可能。

（2）经过对锅炉残骸进行检查，未发现腐蚀减薄处，锅炉水垢很少，同时未发现其他损伤。断口金相组织没有变化，是典型的 20G 锅炉钢板。未发现锅炉本体局部过热处，所以不存在锅炉不能承受正常工作压力而导致爆炸的可能。

（3）现场发现锅炉右侧集箱排污阀处于开启状态。据此推断，可能是由于司炉工排污时将锅炉水排干，发现锅炉缺水后又突然大量加水，水在炽热的锅炉钢板上急剧汽化造成锅炉内压力骤然增加而锅炉无法承受发生爆炸。同时在左侧的集箱中存有的高温水在压力突然降至大气压力时，再次汽化后造成伴随爆炸。这也是左侧集箱比右侧集箱爆炸能量大的原因，也验证了现场人员听见两个爆炸声音的现象。

因此，司炉工误操作导致锅炉缺水，又违反操作规程突然加水是导致锅炉发生爆炸事故的直接原因和主要原因。

3. 预防同类事故的措施

（1）加强对锅炉使用的安全管理，依法采购、安装、使用锅炉。

（2）加强对司炉人员进行安全教育，建立健全锅炉安全管理的各项规章制度并教育司炉工严格遵照执行。锅炉未进行登记注册，不得投入使用。

（3）蒸汽锅炉应装设水位控制联锁保护装置等安全附件，且保持灵敏有效。

第二节 压力容器安全

一、压力容器的应用及危险性概述

1. 压力容器的应用

在工业生产中，压力容器的主要作用是储存、运输有压力的气体或液化气体，或者是为这些流体的传热、传质反应提供一个密闭的空间。压力容器具有各式各样的形状结构，从小至容积只有几升的瓶和罐，到大至上万立方米的球形容器或高达上百米的塔式容器。

压缩空气是一种使用的较为普遍的动力源，被广泛用于机械制造、交通运输、建筑、装修、采矿、化工、冶金及国防工业等各个领域各个部门。而压缩空气的主要来源是空气压缩机，压缩机的附属设备如气体冷却器、油水分离器、储气罐、干燥过滤装置等都是压力容器。

制冷装置是食品工业、化学工业和医疗卫生等部门用以制造"人造冷"的一种通用设备。它是利用制冷压缩机将气态的冷冻剂（最常用的是氨和氟利昂）进行压缩，然后在冷凝器中用水将其冷凝为液体，再把这些液化了的冷冻剂通过调节阀节流降压进入蒸发器。由于压力降低，液化冷冻剂在蒸发器内不断蒸发，并吸收大量的热，使其周围的介质和环境温度降低。蒸发后的冷冻剂再回到压缩机，如此连续循环，在蒸发器中便可以连续获得"人造冷"。而制冷装置中的多数设备，如冷凝器、蒸发器、液体冷冻剂储罐等都是压力容器。

有些工业产品的制备需要在较高的温度下进行，因此在生产工艺过程中常常需要将物料加热。加热往往使用水蒸气，因为它是一种较易获得的热源。水蒸气必须是有压力的气体才能方便地输送和使用。用它来对物料进行加热的设备，无论是间接式换热装置（如蒸汽夹套、蒸汽列管加热器等），或者直接式加热设备（蒸煮锅、蒸汽消毒器等）都是一种压力容器。

化工生产中所使用的反应设备大部分也是压力容器。因为有许多化学反应需要在加热的条件下进行，或者在比较高的压力下加速其反应，以提高生产效率。例如，用乙烯和水（高压过热蒸汽）制造乙醇（酒精），就需要在 7MPa 的压力下进行；用氢和氮来制造合成氨，要在 10~100MPa 的压力下才能较好地反应。因此，不但这些反应器本身是压力容器，而且参加反应的介质也要先经过加热、精制或冷却等处理，这些工艺过程所用的设备，都是压力容器。

随着石油化学工业的迅速发展，高分子聚合物的生产不断扩大，高分子聚合物是由单体分子经过聚合反应而得到的，而大部分聚合物反应都需要在较高的压力下进行。例如，用乙烯气体聚合成聚乙烯，低压法需要的压力为 3.5~10MPa，高压法则需要 100~250MPa。因此，制取高分子聚合物的设备不仅聚合釜（进行聚合反应的设备）是压力容器，而且这些单体分子在聚合前的一系列工艺处置过程（如储存、精制、加热等），也都需要压力容器。

由此可见，压力容器在工业生产中的应用是极为普遍的，尤其是在化学工业中，几乎每一个工艺过程都离不开压力容器，而且压力容器还常常是生产中的主要设备。

2. 压力容器的危险性概述

作为特种设备的压力容器是指那些比较容易发生事故、特别是事故危害比较大的特殊设备，一旦发生事故其危害的严重程度与压力容器的工作介质、工作压力及容积等因素密切相关。

压力容器的工作介质是指容器所盛装的，或在容器中参与反应的物质。工作介质是液体的压力容器，由于液体的压缩性很小，因此在卸压时介质的膨胀很小，容器爆炸时所释放的能量也很小。而工作介质是气体的压力容器，因为气体有很大的压缩性，因此在容器爆炸时气体瞬时卸压膨胀所释放的能量也就很大。承载压力和容积相同的压力容器，工作介质为气体的要比介质为液体的爆炸能量大数百倍至数万倍。例如，一个容积为 $10m^3$、工作压力为 1.1MPa（绝对）的容器，如果介质是空气，它爆破时所释放的能量（气体绝对膨胀所做的功）约为 $1.36×10^7$J；如果介质是水，则其爆炸时所释放的能量仅为 $2.2×10^3$J。前者为后者的 6200 倍。由此可见，容器内的介质若为液体，即使容器爆破，其破坏性也是较小的。不过应该注意的是，这里所说的液体，是指常温下的液体，而不包括高于其标准沸点（在标准大气压下的沸点）的饱和液体（如锅炉中汽包的高温饱和水）和沸点低于常温（包括有可能达到的最高使用温度或周围环境温度）的液化气体。饱和液体和液化气体这些介质在容器内只是由于压力较高才呈现液态（实际在容器内是气液并存的饱和状态），如果容器破裂，容器内的压力下降，这些饱和液体即呈现过热状态，并立即蒸发汽化，体积急剧膨胀，发生蒸气爆炸（爆沸），其所释放的能量要比同体积、同压力的饱和蒸气大得多。所以从物质的存在状态方面考虑，具有较大危害性的压力容器的工作介质应该包括压缩气体、水蒸气、液化气体和工作温度高于其标准沸点的饱和液体。当然，压力容器危险性还随着其工作介质的毒性及爆炸危险性的增大而增大。

压力容器的工作压力是指容器在正常使用过程中，所承受的最高压力载荷。一般来说工作压力越高、容器的容积越大，则容器爆炸时气体膨胀所释放的能量越大，事故的危害性越严重。

因此加强对压力容器的管理对实现安全生产至关重要。压力容器的设计、制造、安装、改造、维修、使用、检验都必须遵照《压力容器安全技术监察规程》的规定执行。

二、压力容器的分类

压力容器有多种分类方法。例如，按容器壁厚可分为薄壁容器（指相对壁厚较薄）和厚壁容器；按壳体承压的方式可分为内压容器（壳体内部承压）和外压容器；按容器的工作壁温可分为高温容器、常温容器和低温容器；按壳体的几何形状可分为球形容器、圆筒形容器和其他特殊形状容器；按容器的制造方法可分为焊接容器、锻造容器、铆接容器、铸造容器、有色金属容器和非金属容器；按容器的安放形式可分为立式容器和卧式容器。

从压力容器的使用特点和安全管理方面考虑，压力容器一般分为固定式和移动式两大类。本节主要介绍固定式压力容器。

固定式容器是指除了用于运输储存气体的盛装容器以外的所有容器。这类容器有固定的安装和使用地点，工艺条件和使用操作人员也比较固定，容器一般不是单独装设，而是用管道与其他设备相连接。

1. 按压力大小分类

压力是压力容器最主要的一个工作参数。从安全角度考虑，容器的工作压力越大，发生爆炸事故时的危险也越大。因此，必须对其设计压力进行分级，以便于对压力容器进行分级管理与监督。根据现行《压力容器安全技术监察规程》，按压力容器的设计压力（p）可划分为低压、中压、高压、超高压四个等级，具体的划分标准如下。

① 低压（代号 L） $0.1MPa \leqslant p < 1.6MPa$
② 中压（代号 M） $1.6MPa \leqslant p < 10MPa$
③ 高压（代号 H） $10MPa \leqslant p < 100MPa$
④ 超高压（代号 U） $p \geqslant 100MPa$

压力容器的设计压力在以上四个压力等级范围内的分别称作低压容器、中压容器、高压容器和超高压容器。

这种按压力容器设计压力来划分的压力等级，其划分依据已适当考虑了容器的壁厚、制造方法、使用行业等各方面的因素。从使用压力容器的工业行业来分，基本化学工业、机械制造业以及冶金、采矿、医药、食品、精细化工、日用化工、饮食、服务业等用的压力容器，大多数是低压容器；中压容器多用于石油化学工业；高压容器则主要用于氮肥工业和一部分石油化学工业；超高压容器目前使用还不太多，除实验室设备外，用于工业生产的，大部分是高分子聚合设备和部分人造材料制造，如人造金刚石等。中低压压力容器大部分是用碳钢板卷焊而成，高压容器因器壁较厚，大多采用各种形式的组合装配焊接或锻造而成。

2. 按工艺用途分类

固定式压力容器虽然在各种工业中的具体用途非常繁杂，但根据其在生产工艺过程中所起的作用可以归纳为四大类，即反应压力容器、换热压力容器、分离压力容器、储存压力容器。

① 反应压力容器（代号 R）：主要用于完成介质的物理、化学反应的压力容器。如反应器、反应釜、分解锅、分解塔、聚合釜、高压釜、超高压釜、合成塔、铜洗塔、变换炉、蒸煮锅、蒸球、蒸压釜、煤气发生炉等。

② 换热压力容器（代号 E）：主要用于完成介质的热量交换的压力容器。如管壳式废热锅炉、热交换器、冷却器、冷凝器、蒸发器、加热器、消毒锅、染色器、蒸炒锅、预热锅、蒸锅、蒸脱机、电热蒸气发生器、煤气发生炉水夹套等。

③ 分离压力容器（代号 S）：主要用于完成介质的流体压力平衡和气体净化分离等的压力容器。如分离器、过滤器、集油器、缓冲器、洗涤器、吸收塔、干燥塔、汽提塔、分汽缸、除氧器等。

④ 储存压力容器（代号 C，其中球罐代号 B）：主要是盛装生产用的原料气体、液体、液化气体等的压力容器。如各种类型的储罐。

在一种压力容器中，如同时具备两个以上的工艺作用原理时，应按工艺过程中的主要作用来归类。

3. 按安全重要程度分类

在《压力容器安全监察规程》中，将压力容器按其实用范围的安全重要程度分为三类。

(1) 第三类压力容器（代号为Ⅲ）

① 高压容器。

② 毒性程度为极度和高度危害介质的中压容器。

③ 易燃或毒性程度为中度危害介质、且设计压力 p 与容积 V 的乘积大于或等于 $10MPa \cdot m^3$（$pV \geqslant 10MPa \cdot m^3$）的中压储存容器。

④ 易燃或毒性程度为中度危害介质，且 $pV \geqslant 0.5MPa \cdot m^3$ 的中压反应容器。

⑤ 毒性程度为极度和高度危害介质，且 $pV \geqslant 0.2MPa \cdot m^3$ 的低压容器。

⑥ 高压、中压管壳式余热锅炉，包括用途属于压力容器并主要按压力容器标准、规范进行设计和制造的直接受火焰加热的压力容器。

⑦ 中压搪玻璃压力容器。

⑧ 使用按相应标准中抗拉强度规定值下限大于等于 $540MPa$ 的强度级别较高的材料制造的压力容器。

⑨ 移动式压力容器包括铁路罐车（介质为液化气体、低温液体）或汽车［液化气体运输车（半挂）、低温液体运输车（半挂）、永久气体运输车（半挂）］和罐式集装箱（介质为液化气体、低温液体）等。

⑩ 容积大于等于 $50m^3$ 的球形储罐。

⑪ 容积大于 $50m^3$ 的低温绝热压力容器。

(2) 第二类压力容器（代号为Ⅱ）

① 中压容器。

② 毒性程度为极度和高度危害介质的低压容器。

③ 易燃介质或毒性程度为中度危害介质的低压反应容器和低压储存容器。

④ 低压管壳或余热锅炉。

⑤ 低压搪玻璃压力容器。

(3) 第一类压力容器（代号为Ⅰ） 除列入第三类、第二类的低压容器之外的所有低压容器。

上述分类中涉及的压力容器介质的易燃或毒性程度的依据，在《压力容器安全技术监察规程》中有如下说明：

压力容器中化学介质的毒性程度和易燃介质的划分，参照《压力容器中化学介质毒性危害和爆炸危险程度分类》（HG 20660—2000）的规定。

易燃介质是指与空气混合的爆炸下限不高于10%，或爆炸上限和下限之差值不低于20%的气体。如一甲胺、乙烷、乙烯氯甲烷、环氧乙烷、环丙烷、氢、丁烷、三甲胺、丁二烯、丁烯、丙烷、丙烯、甲烷等。

介质的毒性程度参照《职业性接触毒物危害程度分级》（GB 5044—1985）的规定，按其最高允许浓度的大小分为下列四级。

极度危害（Ⅰ）级　　最高容许质量浓度小于 0.1mg/m³。

高度危害（Ⅱ）级　　最高容许质量浓度 0.1～1.0mg/m³。

中度危害（Ⅲ）级　　最高容许质量浓度 1.0～10mg/m³。

轻度危害（Ⅳ）级　　最高容许质量浓度大于或等于 10mg/m³。

压力容器介质的毒性程度分级原则也是按以上的分级规定中的Ⅰ～Ⅳ级划分标准确定。

① 毒性程度为Ⅰ、Ⅱ级的介质如氟、氟酸、氢氰酸、光气、氟化氢、碳酰氟、氯等。

② 毒性程度为Ⅲ级的介质如二氧化硫、氨、一氧化碳、氯乙烯、甲醇、氧化乙烯、硫化乙烯、二硫化碳、乙炔、硫化氢等。

③ 毒性程度为Ⅳ级的介质如氢氧化钠、四氟乙烯、丙酮等。

压力容器中的介质为混合物质时，应以介质的组分，并按上述毒性程度或易燃介质的划分原则，由设计单位的工艺设计或使用单位的生产技术部门提供介质毒性程度或是否属于易燃介质的依据，无法提供依据时，按毒性危害程度或爆炸危险程度最高的介质确定。

三、压力容器的安全附件

安全附件是承压设备安全、经济运行不可缺少的组成部分。根据压力容器的用途、工作条件、介质性质等具体情况装设必要的安全附件，可提高压力容器的可靠性和安全性。经过检验，安全附件不合格的压力容器不允许投入使用。

压力容器的安全附件包括安全阀、爆破片、紧急放空阀、液位计、压力表、单向阀、限流阀、温度计、喷淋冷却装置、紧急切断装置、防雷击装置等，根据容器的结构、大小和用途分别装设相应的安全附件。例如，在生产过程中可能因物料的化学反应使其内压增加的容器、盛装液化气体的容器、压力来源处没有安全阀和压力表的容器、最高工作压力小于压力来源处压力的容器等必须装设安全阀（或爆破片）和压力表；当容器内的介质具有黏性大、腐蚀或有毒等危险特性时，则应装设爆破片或采用爆破片与安全阀共用的组合式结构；盛装液化气体的容器和槽车还必须安装液面计或自动液面指示器，限流阀或紧急切断装置；低温、高温容器以及其他必须控制壁温的容器，一定要装设测温仪表或超限报警装置；为了防止介质倒流则需装单向阀等。

安全附件的材料必须满足在容器内介质的作用下不发生腐蚀或不发生严重腐蚀的要求。选用安全附件时，其压力等级和使用温度范围必须满足压力容器操作条件的要求。

（一）安全泄压装置

压力容器在运行过程中，由于种种原因，可能出现器内压力超过它的最高许用压力（一般为设计压力）的情况。为了防止超压，确保压力容器安全运行，一般都装有安全泄压装置，以自动、迅速地排出容器内的介质，使容器内压力不超过它的最高许用压力。压力容器常见的安全泄压装置有安全阀和爆破片。压力容器安全泄压装置的安全泄放量必须达到相关要求，安全泄放量就是指压力容器在超压时为保证其压力不再升高，在单位时间内所必须泄放的气量。

1. 安全阀

压力容器在正常工作压力运行时，安全阀保持严密不漏；当压力超过设定值时，安全阀在压力作用下自行开启，使容器泄压，以防止容器或管线的破坏；当容器压力泄至正常值时，它又能自行关闭，停止泄放。

此外，安全阀开放时，由于容器内的气体从阀中高速喷出，常常发出较大的声响，从而也起到了自动报警的作用。

为了防止超压运行，除在运行中压力不可能超过设计压力的容器以外，原则上所有压力容器都应装设安全阀。

安全阀的额定泄放量必须大于容器的安全泄放量。

(1) 安全阀的种类　安全阀按其整体结构及加载机构形式来分，常用的有杠杆式和弹簧式两种。它们是利用杠杆与重锤或弹簧弹力的作用，压住容器内的介质，当介质压力超过杠杆与重锤或弹簧弹力所能维持的压力时，阀芯被顶起，介质向外排放，器内压力迅速降低；当器内压力小于杠杆与重锤或弹簧弹力后，阀芯再次与阀座闭合。

弹簧式安全阀的加载装置是一个弹簧，通过调节螺母，可以改变弹簧的压缩量，调整阀瓣对阀座的压紧力，从而确定其开启压力的大小。弹簧式安全阀结构紧凑，体积小，动作灵敏，对振动不太敏感，可以装在移动式容器上，缺点是阀内弹簧受高温影响时，弹性有所降低。

杠杆式安全阀靠移动重锤的位置或改变重锤的质量来调节安全阀的开启压力。它具有结构简单、调整方便、比较准确以及适用较高温度的优点。杠杆式安全阀比较笨重，难以用之于高压容器。

(2) 安全阀的选用　《压力容器安全技术监察规程》规定，安全阀的制造单位，必须有国家主管部门颁发的制造许可证才可制造。安全阀出厂应当随带产品质量证明书，并且在产品上装设牢固的金属铭牌。安全阀的产品质量证明书与金属铭牌应当符合有关标准的要求。

安全阀的选用，应根据容器的工艺条件及工作介质的特性，从安全阀的安全泄放量、加载机构、封闭机构、气体排放方式、工作压力范围等方面考虑。

安全阀的排放量是选用安全阀的关键因素，安全阀的排放量必须不小于容器的安全泄放量。

从气体排放方式来看，对盛装有毒、易燃或污染环境的介质容器，应选用封闭式安全阀。

选用安全阀时，要注意它的工作压力范围，要与压力容器的工作压力范围相匹配。

(3) 安全阀的安装　安全阀应垂直向上安装在压力容器本体的液面以上气相空间部位，或与连接在压力容器气相空间上的管道相连接。安全阀确实不便装在容器本体上，而用短管与容器连接时，则接管的直径必须大于安全阀的进口直径，接管上一般禁止装设阀门或其他引出管。压力容器一个连接口上装设数个安全阀时，则该连接口入口的面积，至少应等于数个安全阀的面积总和。压力容器与安全阀之间，一般不宜装设中间截止阀门，对于盛装易燃、毒性程度为极度、高度、中高度危害或黏性介质的容器，为便于安全阀更换、清洗，可装截止阀，但截止阀的流通面积不得小于安全阀的最小流通面积，并且要有可靠的措施和严格的制度，以保证在运行中截止阀保持全开状态并加铅封。

选择安装位置时，应考虑到安全阀的日常检查、维护和检修的方便。安装在室外露天的安全阀要有防止冬季阀内水分冻结的可靠措施。装有排气管的安全阀，排气管的最小截面积应大于安全阀内的出口截面积，排气管应尽可能短而直，并且不得装阀。安装杠杆式安全阀时，必须使它的阀杆保持在铅垂的位置。所有进气管、排气管连接法兰的螺栓必须均匀上紧，以免阀体产生附加应力，破坏阀体的同心度，影响安全阀的正常动作。

（4）安全阀的维护和检验 安全阀在安装前应由专业人员进行水压试验和气密性试验，经试验合格后进行调整校正。安全阀的开启压力不得超过容器的设计压力。校正调整后的安全阀应进行铅封。

要使安全阀动作灵敏可靠和密封性能良好，必须加强日常维护检查。安全阀应经常保持清洁，防止阀体弹簧等被油垢脏物所粘住或被腐蚀。还应经常检查安全阀的铅封是否完好。气温过低时，有无冻结的可能性，检查安全阀是否有泄漏。对杠杆式安全阀，要检查其重锤是否松动或被移动等。如发现缺陷，要及时校正或更换。

安全阀要定期检验，每年至少校验一次。

2. 爆破片

《固定式压力容器安全技术监察规程》TSG R0004—2009 规定：安全阀不能可靠工作时，应当装设爆破片装置，或采用爆破片装置与安全阀装置组合的结构。

爆破片是一种断裂型的安全泄压装置。爆破片具有密封性能好，反应动作快以及不易受介质中粘污物的影响等优点。但它是通过膜片的断裂来卸压的，所以卸压后不能继续使用，容器也被迫停止运行。因此它只是在不宜安装安全阀的压力容器上使用。例如：存在爆燃或异常反应而压力倍增、安全阀由于惯性来不及动作；介质昂贵剧毒，不允许任何泄漏；运行中会产生大量沉淀或粉状粘附物，妨碍安全阀动作。

爆破片的结构比较简单。它的主零件是一块很薄的金属板，用一副特殊的管法兰夹持着装入容器的引出的短管中，也有把膜片直接与密封垫片一起放入接管法兰的。容器在正常运行时，爆破片虽可能有较大的变形，但它能保持严密不漏。当容器超压时，膜片即断裂排泄介质，避免容器因超压而发生爆炸。

爆破片的设计压力一般为工作压力的 1.25 倍，对压力波动幅度较大的容器，其设计破裂压力还要相应大一些。但在任何情况下，爆破片的爆破压力都不得大于容器设计压力。一般爆破片材料的选择、膜片的厚度以及采用的结构形式，均是经过专门的理论计算和试验测试而定的。

运行中应经常检查爆破片法兰连接处有无泄漏，爆破片有无变形。通常情况下，爆破片应每年更换一次，发生超压而未爆破的爆破片应该立即更换。

（二）压力表

压力表是测量压力容器中介质压力的一种计量仪表。

1. 压力表的分类与结构

压力表的种类较多，按它的作用原理和结构，可分为液柱式、弹性元件式、活塞式和电量式四大类。压力容器大多使用弹性元件式的单弹簧管压力表。

弹性元件式压力测量仪表是利用弹性元件的弹性力与被测压力相互平衡的原理，根据弹性元件的变形程度来确定被测的压力值。它的优点是结构牢固、密封可靠，具有较高的准确度，对使用条件的要求也不高。缺点是使用期间必须经常检修、校验，且不宜用于测定频率较高的脉动压力和具有强烈振动的场合。

根据弹性元件结构特点，这类压力测量仪表又可分为单（圈）弹簧管式、螺旋形（多圈）弹簧管式、薄膜式（又分为波纹平膜式和薄膜式）、波纹筒式和远距离传送式等多种形式。目前，在压力容器中广泛采用单弹簧管式压力表。当工作介质具有腐蚀性时，也常采用波纹平膜式压力表。

① 单弹簧管式压力表是将压力介质通入弹簧弯管内，利用弯管受内压变形，并经放大后读出其压力值。根据变形量的传递机构又可分为扇形齿轮式和杠杆式两种，如图 6-4 所示。

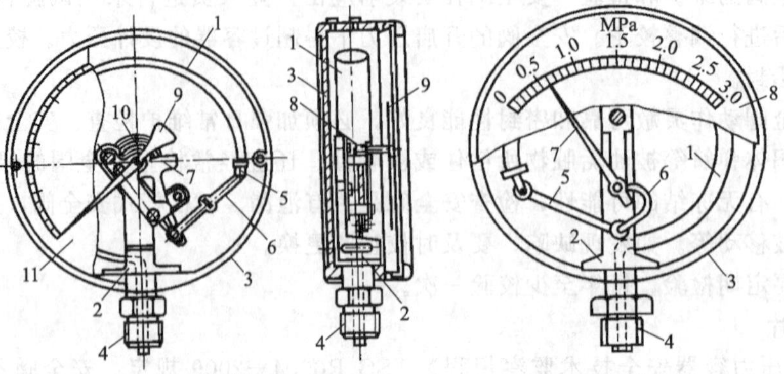

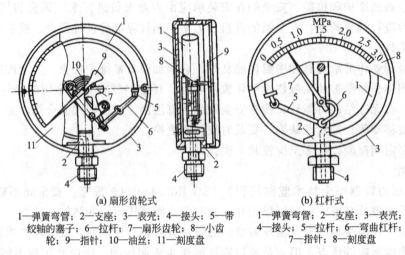

(a) 扇形齿轮式
1—弹簧弯管；2—支座；3—表壳；4—接头；5—带铰轴的塞子；6—拉杆；7—扇形齿轮；8—小齿轮；9—指针；10—油丝；11—刻度盘

(b) 杠杆式
1—弹簧弯管；2—支座；3—表壳；4—接头；5—拉杆；6—弯曲杠杆；7—指针；8—刻度盘

图 6-4　单弹簧管式压力表

扇形齿轮式单弹簧管式压力表制造简单、轻便、操作可靠、价格低廉，有均匀易读的刻度，压力的测量范围广。因此，在无其他特殊要求的场合，一般都使用这种压力表，如图 6-4(a) 所示。

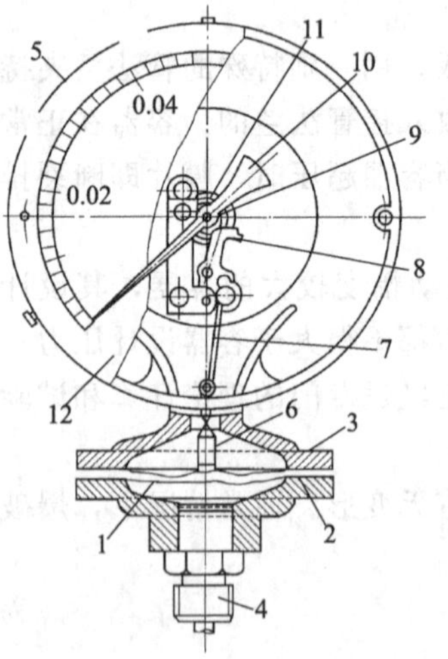

图 6-5　波纹平膜式压力表
1—平面薄膜；2—下法兰；3—上法兰；4—接头；5—表壳；6—销柱；7—拉杆；8—扇形齿轮；9—小齿轮；10—指针；11—油丝；12—刻度盘

杠杆式的单弹簧管式压力表由于采用杠杆传动机构，将弹簧弯管在压力作用下的变形量按一定比例放大，因此它具有更高的准确度，而且比较耐振，但其指针只能在 90°的范围内转动，如图 6-4(b) 所示。

② 波纹平膜式压力表的结构如图 6-5 所示。它的弹性元件是波纹形的平面薄膜，当薄膜下侧通入压力介质时，薄膜受压向上凸起，通过传动机构，从而读出压力的数值。由于薄膜中心的最大挠度不能超过 1.5～2mm，因此要用较高的传动比。

这种压力表对振动和冲击不太敏感，最主要的优点是它可在薄膜底面用抗腐蚀金属制成保护膜，因此在石油化工中常用来测量具有腐蚀性介质的压力。但波纹平膜式压力表的灵敏度和准确度都较低且不能应用于较高压力。其压力使用范围一般小于 3.0MPa。

2. 压力表的选用

压力表应该根据被测压力的大小、安装位置的高低、介质的性质（如温度、腐蚀性质等）来选择精度等级、最大量程、表盘大小以及隔离装置。

装在压力容器上的压力表，其表盘刻度极限值应为容器最高工作压力的 1.5～3 倍，最好为 2 倍。压力表量程越大，允许误差的绝对值也越大，视觉误差也越大。

按容器的压力等级要求，设计压力小于 1.6MPa 压力容器使用的压力表的精度不应当低于 2.5 级，设计压力大于等于 1.6MPa 压力容器使用的压力表的精度不应当低于 1.6 级。

为便于操作人员能清楚准确地看出压力指示，压力表盘直径不能太小。在一般情况下，表盘直径不应小于 100mm。如果压力表距离观察地点远，表盘直径增大，距离超过 2m 时，表盘直径最好不小于 150mm；距离超过 5m 时，不要小于 250mm。超高压容器压力表的表盘直径应不小于 150mm。

3. 压力表的安装

安装压力表时，为便于操作人员观察，应将压力表安装在最醒目的地方，并要有充足的照明，同时要注意避免受辐射热、低温及振动的影响。装在高处的压力表应稍微向前倾斜，但倾斜角不要超过 30°。压力表接管应直接与容器本体相接。为了便于卸换和校验压力表，压力表与容器之间应装设三通旋塞。旋塞应装在垂直的管段上，并要有开启标志，以便核对与更换。蒸汽容器，在压力表与容器之间应装有存水弯管。盛装高温、强腐蚀及凝结性介质的容器，在压力表与容器连接管路上应装有隔离缓冲装置，使高温或腐蚀介质不和弹簧弯管直接接触，依据液体的腐蚀性选择隔离液。

4. 压力表的使用

使用中的压力表，应根据设备的最高工作压力，在它的刻度盘上画明警戒红线，但注意不要涂画在表盘玻璃上，一则会产生很大的视差，二则玻璃转动导致红线位置发生变化，使操作人员产生错觉，造成事故。

压力表应保持洁净，表盘上玻璃要明亮透明，使表内指针指示的压力值能清楚易见。压力表的接管要定期吹洗。在容器运行期间，如发现压力表指示失灵，刻度不清，表盘玻璃破裂，泄压后指针不回零位，铅封损坏等情况，应立即校正或更换。

压力表的维护和校验应符合国家计量部门的有关规定。压力表安装前应当进行校验，在用压力表一般每六个月校验一次。通常压力表上应有校验标记，注明下次校验日期或校验有效期。校验后的压力表应加铅封。未经校验合格和无铅封的压力表均不准安装使用。

（三）液位计

一般压力容器的液面显示多用玻璃板液位计。石油化工装置的压力容器，如各类液化石油气体的储存压力容器，选用各种不同作用原理、构造和性能的液位指示仪表。介质为粉体物料的压力容器，多数选用放射性同位素料位仪表，指示粉体的料位高度。

不论选用何种类型的液位计或仪表，均应符合《固定式压力容器安全技术监察规程》TSG R004—2009 规定的安全要求，主要有以下几方面。

① 应根据压力容器的介质、最高工作压力和温度正确选用。

② 在安装使用前，低、中压容器（设计压力小于 10MPa）液位计，应进行 1.5 倍液位计公称压力的液压试验；高压容器（设计压力大于等于 10MPa）液位计，应进行 1.25 倍液位计公称压力的液压试验。

③ 盛装 0℃ 以下介质的压力容器，应选用防霜液位计。

④ 寒冷地区室外使用的液位计，应选用夹套型或保温型结构的液位计。

⑤ 用于易燃、毒性程度为极度、高度危害介质的液化气体压力容器上，应采用板式或自动液面指示计，并应有防止泄漏的保护装置。

⑥ 要求液面指示平稳的，不应采用浮子（标）式液位计。

⑦ 液位计应安装在便于观察的位置。如液位计的安装位置不便于观察，则应增加其他辅助设施。大型压力容器还应有集中控制的设施和警报装置。液位计的最高和最低安全液位，应做出明显的标志。

⑧ 压力容器运行操作人员，应加强对液位计的维护管理，经常保持完好和清晰。

应对液位计实行定期检修制度，使用单位可根据运行实际情况，在管理制度中具体规定。

液位计有下列情况之一的，应停止使用：超过检验周期；玻璃板（管）有裂纹、破碎；阀件固死；经常出现假液位。

此外，使用放射性同位素料位检测仪表，应严格执行国务院发布的《放射性同位素与射线装置放射防护条例》的规定，采取有效保护措施，防止使用现场放射危害。需要控制壁温的压力容器上，应当装设测试壁温的测温仪表（或温度计）。测温仪表应当定期校验。

化工生产过程中，有些反应压力容器和储存压力容器还装有液位检测报警、温度检测报警、压力检测报警及联锁等，既是生产监控仪表，也是压力容器的安全附件，都应该按有关规定的要求，加强管理。

四、压力容器的定期检验

压力容器的定期检验是指在压力容器使用的过程中，每隔一定期限采用各种适当而有效的方法，对容器的各个承压部件和安全装置进行检查和必要的试验。通过检验，发现容器存在的缺陷，使它们在还没有危及容器安全之前即被消除或采取适当措施进行特殊监护，以防压力容器在运行中发生事故。压力容器在生产中不仅长期承受压力，而且还受到介质的腐蚀或高温流体的冲刷磨损，以及操作压力、温度波动的影响。因此，在使用过程中会产生缺陷。有些压力容器在设计、制造和安装过程中存在着一些原有缺陷，这些缺陷将会在使用中进一步扩展。

无论是原有缺陷，还是在使用过程中产生的缺陷，如果不能及早发现或消除，任其发展扩大，势必在使用过程中导致严重爆炸事故。压力容器实行定期检验，是及时发现缺陷，消除隐患，保证压力容器安全运行的重要的必不可少的措施。

1. 定期检验的要求

压力容器的使用单位，必须认真安排压力容器的定期检验工作，按照《压力容器定期检验规则》的规定，由取得检验资格的单位和人员进行检验。并将年检计划报主管部门和当地的锅炉压力容器安全监察机构。锅炉压力容器安全监察机构负责监督检查。

2. 定期检验的内容

定期检验工作主要包括检验方案制定、检验前的准备、检验实施、缺陷及问题的处理、检验结果汇总、出具检验报告等。具体检验内容包括如下。

（1）外部检查　外部检查指专业人员在压力容器运行中定期在线检查。检查的主要内容是：压力容器及其管道的保温层、防腐层、设备铭牌是否完好；外表面有无裂纹、变形、腐蚀和局部鼓包；所有焊缝、承压元件及连接部位有无泄漏；安全附件是否齐全、可靠、灵活好用；承压设备的基础有无下沉、倾斜，地脚螺钉、螺母是否齐全完好；有无振动和摩擦；运行参数是否符合安全技术操作规程；运行日志与检修记录是否保存完整。

（2）内外部检验　内外部检验指专业检验人员在压力容器停机时的检验。检验内容除外部检查的全部内容外，还包括以下内容的检验：腐蚀、磨损、裂纹、衬里情况、壁厚测量、金相检验、化学成分分析和硬度测定。

（3）全面检验　全面检验除内、外部检验的全部内容外，还包括焊缝无损探伤和耐压试验。焊缝无损探伤长度一般为容器焊缝总长度的20%。耐压试验是承压设备定期检验的主要项目之一，目的是检验设备的整体强度和致密性。绝大多数承压设备进行耐压试验时用水作介质，故常常把耐压试验叫做水压试验。

外部检查和内外部检验内容及安全状况等级（共分5个等级）的评定，见《压力容器定期检验规则》。

3. 定期检验的周期

压力容器的检验周期应根据容器的制造和安装质量、使用条件、维护保养等情况，由企业依据《压力容器定期检验规则》自行确定。

一般情况下，使用单位应按规定至少对在用压力容器进行一次年度检查。

压力容器一般应当于投用后 3 年内进行首次定期检验。下次的检验周期，由检验机构根据压力容器的安全状况等级，按照以下要求确定：

① 安全状况等级为 1、2 级的，一般每 6 年一次；

② 安全状况等级为 3 级的，一般 3～6 年一次；

③ 安全状况等级为 4 级的，应当监控使用，其检验周期由检验机构确定，累计监控使用时间不得超过 3 年，在监控使用期间，使用单位应当制定有效的监控措施；

④ 安全状况等级为 5 级的，应当对缺陷进行处理，否则不得继续使用；

⑤ 应用基于风险的检验（RBI）技术的压力容器，按照《固定式压力容器安全技术监察规程》7.8.3 的要求确定检验周期。

有以下情况之一的压力容器，定期检验周期可以适当缩短：

① 介质对压力容器材料的腐蚀情况不明或者介质对材料的腐蚀情况异常的；

② 材料表面质量差或者内部有缺陷的；

③ 使用条件恶劣或者使用中发现应力腐蚀现象的；

④ 改变使用介质并且可能造成腐蚀现象恶化的；

⑤ 介质为液化石油气并且有应力腐蚀现象的；

⑥ 使用单位没有按规定进行年度检查的；

⑦ 检验中对其他影响安全的因素有怀疑的。

使用标准抗拉强度下限值大于或者等于 540MPa 低合金钢制造的球形储罐，投用一年后应当开罐检验。

安全状况等级为 1、2 级的压力容器，符合以下条件之一的，定期检验周期可以适当延长：

① 聚四氟乙烯衬里层完好，其检验周期最长可以延长至 9 年；

② 介质对材料腐蚀速率每年低于 0.1mm（实测数据）、有可靠的耐腐蚀金属衬里（复合钢板）或者热喷涂金属（铝粉或者不锈钢粉）涂层，通过 1～2 次定期检验确认腐蚀轻微或者衬里完好的，其检验周期最长可以延长至 12 年。

装有催化剂的反应容器以及装有充填物的大型压力容器，其检验周期根据设计文件和实际使用情况由使用单位、设计单位和检验机构协商确定，报使用登记机关（即办理《使用登记证》的质量技术监督部门）备案。

对无法进行定期检验或者不能按期进行定期检验的压力容器，按如下规定进行处理：

① 设计文件已经注明无法进行定期检验的压力容器，由使用单位提出书面说明，报使用登记机关备案；

② 因情况特殊不能按期进行定期检验的压力容器，由使用单位提出申请并且经过使用单位主要负责人批准，征得原检验机构同意，向使用登记机关备案后，可延期检验，或者由使用单位提出申请，按照《固定式压力容器安全技术监察规程》第 7.8 条的规定办理；对无法进行定期检验或者不能按期进行定期检验的压力容器，使用单位均应当制定可靠的安全保障措施。

五、压力容器的主要破坏形式

压力容器常见的破坏形式有韧性破坏、脆性破坏、疲劳破坏、腐蚀破坏和蠕变破坏等。此处主要介绍上述几种破坏形式的主要特征，其他内容详见本书第二章中的介绍，此处不再赘述。

1. 韧性破坏

韧性破坏是容器在压力作用下，器壁上产生的应力达到材料的强度极限而发生破裂的一种破坏形式。

韧性破裂的主要特征是：破裂容器具有明显的形状改变和较大的塑性变形。如最大圆周伸长率常达 10% 以上，容积增大率也往往高于 10%，有的甚至达 20%，断口呈暗灰色纤维状，断口不平齐，呈撕裂状，与主应力方向成 45°角。韧性破裂一般没有碎片或有少量碎片。

2. 脆性破坏

容器没有明显变形而突然发生破裂，根据破裂时的压力计算，器壁的应力也远远没有达到材料的强度极限，有的甚至还低于屈服极限，这种破裂现象和脆性材料的破坏很相似，称为脆性破坏。又因它是在较低的应力状态下发生的，故又叫低应力破坏。

脆性破坏的主要特征是：破裂容器一般没有明显的伸长变形，而且大多裂成较多的碎片，常有碎片飞出。如将碎片组拼起来测量，其周长、容积和壁厚与爆炸前相比没有变化或变化很小。脆性破坏大多数在使用温度较低的情况下发生，而且往往在瞬间发生。其断口齐平并与主应力方向垂直，形貌呈闪烁金属光泽的结晶状。

3. 疲劳破坏

疲劳破坏是指压力容器在反复的加压过程中，壳体的材料长期受到交变载荷的作用，出现金属疲劳而产生开裂的破坏形式。

疲劳破坏的主要特征是：破裂容器本体没有产生明显的整体塑性变形，但它又不像脆性破裂那样使整个容器脆断成许多碎片，而只是一般的开裂，使容器泄漏而失效。容器的疲劳开裂必须是在多次反复载荷以后，所以只有那些较频繁的间歇操作或操作压力大幅度波动的容器才有条件产生。

4. 腐蚀破坏

腐蚀破坏是指容器壳体由于受到介质的腐蚀作用而产生的一种破坏形式。

钢的腐蚀破坏形式从它的破坏现象来分，可分为均匀腐蚀、点腐蚀、晶间腐蚀、应力腐蚀和疲劳腐蚀等。

均匀腐蚀使容器壁厚逐渐减薄，以导致强度不足而发生破坏。化学腐蚀、电化学腐蚀是造成设备大面积均匀腐蚀的主要原因。

点腐蚀有的使容器产生穿透孔而造成破坏；也有由于点腐蚀造成腐蚀处应力集中，在反复交变载荷作用下，成为疲劳破裂的始裂点，如果材料的塑性较差，或处在低温使用的情况下，也可能产生脆性破坏。

晶间腐蚀是一种局部的、选择性的腐蚀破坏。这种腐蚀破坏沿金属晶粒的边缘进行，金属晶粒之间的结合力因腐蚀受到破坏，材料的强度及塑性几乎完全丧失，在很小的外力作用下即会损坏。这是一种危险性比较大的腐蚀破坏形式。因为它不在器壁表面留下腐蚀的宏观迹象，也不减小厚度尺寸，只是沿着金属的晶粒边缘进行腐蚀，使其强度及塑性大为降低，因而容易造成容器在使用过程中损坏。

应力腐蚀又称腐蚀开裂，是金属在腐蚀性介质和拉伸应力的共同作用下而产生具有脆性破裂特点的一种破坏形式。

疲劳腐蚀也称腐蚀疲劳，它是金属材料在腐蚀和应力的共同作用下引起的一种破坏形式，它的结果也是造成金属断裂而破坏。与应力腐蚀不同的是由交变的拉伸应力和介质对金属的腐蚀作用所引起。

化工压力容器常见的介质腐蚀有：

① 液氨对碳钢及低合金钢容器的应力腐蚀；

② 硫化氢对钢制压力容器的腐蚀；

③ 热碱液对钢制压力容器的腐蚀（俗称苛性脆化或碱脆）；

④ 一氧化碳对瓶的腐蚀；

⑤ 高温高压氢气对钢压力容器的腐蚀（俗称氢脆）；

⑥ 氯离子引起的不锈钢容器的应力腐蚀。

5．蠕变破坏

蠕变破坏是指设计选材不当或运行中超温、局部过热而导致压力容器发生蠕变的一种破坏形式。

蠕变破坏的主要特征是：蠕变破坏具有明显的塑性变形，破坏总是发生在高温下，经历较长的时间，破坏时的应力一般低于材料在使用温度下的强度极限。

六、压力容器的安全技术管理和安全使用

1．压力容器的安全技术管理

为了确保压力容器的安全运行，必须加强对压力容器的安全管理，及时消除隐患，防患于未然，不断提高其安全可靠性。根据《固定式压力容器安全技术监察规程》TSG R0004—2009 的规定，压力容器的安全技术管理主要包括以下内容。

（1）压力容器的安全技术管理　要做好压力容器的安全技术管理工作，首先要从组织上保证。这就要求企业要设置专门的机构，配备专业人员即具有压力容器专业知识的工程技术人员负责压力容器的技术管理及安全监察工作。

压力容器的技术管理工作内容主要有：贯彻执行有关压力容器的安全技术规程；编制压力容器的安全管理规章制度，依据生产工艺要求和容器的技术性能制定压力容器的安全操作规程；参与压力容器的入厂检验、竣工验收及试车；检查压力容器的运行、维修和压力附件校验情况；压力容器的校验、修理、改造和报废等技术审查；编制压力容器的年度定期检修计划，并负责组织实施；向主管部门和当地劳动部门报送当年的压力容器的数量和变动情况统计报表、压力容器定期检验的实施情况及存在的主要问题；压力容器的事故调查分析和报告、检验、焊接和操作人员的安全技术培训管理和压力容器使用登记及技术资料管理。

（2）建立压力容器的安全技术档案　压力容器的技术档案是正确使用容器的主要依据，以便全面掌握容器的情况，摸清容器的使用规律，防止发生事故。容器调入或调出时，其技术档案必须随同容器一起调入或调出。对技术资料不齐全的容器，使用单位应对其所缺项目进行补充。

压力容器的技术档案应包括：压力容器的产品合格证，质量证明书，登记卡片，设计、制造、安装技术等原始的技术文件和资料，检查鉴定记录，验收单，检修方案及实际检修情况记录，运行累计时间表，年运行记录，理化检验报告，竣工图以及中高压反应容器和储运容器的主要受压元件强度计算书等。

（3）对压力容器使用单位及人员的要求 压力容器的使用单位，在压力容器投入使用前应按要求向地、市锅炉压力容器安全监察机构申报和办理使用登记手续。

压力容器使用单位，应在工艺操作规程中明确提出压力容器安全操作要求。其内容至少应当包括：

① 压力容器的操作工艺指标（含最高工作压力、最高或最低工作温度）。

② 压力容器的岗位操作法（含开、停车的操作程序和注意事项）。

③ 压力容器运行中应当重点检查的项目和部位，运行中可能出现的异常现象和防止措施，以及紧急情况的处置和报告程序。

压力容器使用单位应当对压力容器及其安全附件、安全保护装置、测量调控装置、附属仪器仪表进行经常性日常维护保养，对发现的异常情况，应当及时处理并且记录。

压力容器使用单位要认真组织好压力容器的年度检查工作，年度检查至少包括压力容器安全管理情况检查、压力容器本体及运行状况检查和压力容器安全附件检查等。对年度检查中发现的安全隐患要及时消除。年度检查工作可以由压力容器使用单位的专业人员进行，也可以委托有资格的特种设备检验机构进行。

压力容器使用单位应当对出现故障或者发生异常情况的压力容器及时进行全面检查，消除事故隐患；对存在严重事故隐患，无改造、维修价值的压力容器，应当及时予以报废，并办理注销手续。

对于已经达到设计寿命的压力容器，如果要继续使用，使用单位应当委托有资格的特种设备检验机构对其进行全面检验（必要时进行安全评估），经使用单位主要负责人批准后，方可继续使用。

压力容器内部有压力时，不得进行任何维修。对于特殊的生产工艺过程，需要带温带压紧固螺栓时，或出现紧急泄漏需进行带压堵漏时，使用单位应当按设计规定制定有效的操作要求和防护措施，作业人员应当经过专业培训并且持证操作，且需经过使用单位技术负责人批准。在实际操作时，使用单位安全生产管理部门应当派人进行现场监督。

以水为介质产生蒸汽的压力容器，必须做好水质管理和监测，没有可靠的水处理措施，不应投入运行。

运行中的压力容器，还应保持容器的防腐、保温、绝热、静电接地等措施完好。

压力容器检验、维修人员在进入压力容器内部进行工作前，使用单位应当按《压力容器定期检验规则》的要求，做好准备和清理工作。达不到要求时，严禁人员进入。

压力容器使用单位应当对压力容器作业人员定期进行安全教育与专业培训，并做好记录，保证作业人员具备必要的压力容器安全作业知识、作业技能，及时进行知识更新，确保作业人员掌握操作规程及事故应急措施，按章作业。压力容器的作业人员应当持证上岗。

压力容器发生下列异常现象之一时，操作人员应立即采取紧急措施，并且按规定的报告程序，及时向有关部门报告。

① 压力容器工作压力、介质温度或壁温超过规定值，采取措施仍不能得到有效控制。

② 压力容器主要受压元件发生裂缝、鼓包、变形、泄漏等危及安全的现象。

③ 安全附件失灵。

④ 接管、紧固件损坏，难以保证安全运行。

⑤ 发生火灾等，直接威胁到压力容器安全运行。

⑥ 过量充装。

⑦ 压力容器液位异常，采取措施仍不能得到有效控制。

⑧ 压力容器与管道发生严重振动，危及运行安全。

⑨ 低温绝热压力容器外壁局部存在严重结冰、介质压力和温度明显上升。

⑩ 其他异常情况。

2. 压力容器的安全使用

严格按照岗位安全操作规程的规定，精心操作和正确使用压力容器，科学而精心地维护保养是保证压力容器安全运行的重要措施，即使压力容器的设计、制造和安装质量优良，如果操作不当同样会发生重大事故。

（1）压力容器的安全操作　操作压力容器时要集中精力，勤于检查和调节。操作动作应平稳，应缓慢操作，避免温度、压力的骤升骤降，防止压力容器的疲劳破坏。阀门的开启要谨慎，开停车时各阀门的开关状态以及开关的顺序不能搞错。要防止憋压闷烧、防止高压介质窜入低压系统，防止性质相抵触的物料相混以及防止液体和高温物料相遇。

操作时，操作人员应严格控制各种工艺指数，严禁超压、超温、超负荷运行，严禁冒险性、试探性试验。并且要在压力容器运行过程中定时、定点、定线地进行巡回检查，认真、准时、准确地记录原始数据。主要检查操作温度、压力、流量、液位等工艺指标是否正常；着重检查容器法兰等部位有无泄漏，容器防腐层是否完好，有无变形、鼓包、腐蚀等缺陷和可疑迹象，容器及连接管道有无振动、磨损；检查安全阀、爆破片、压力表、液位计、紧急切断阀以及安全联锁、报警装置等安全附件是否齐全、完好、灵敏、可靠。

若压力容器在运行中发生故障，出现下列情况之一，操作人员应立即采取措施停止运行，并尽快向有关领导汇报。

① 容器的压力或壁温超过操作规程规定的最高允许值，采取措施后仍不能使压力或壁温降下来，并有继续恶化的趋势。

② 容器的主要承压元件产生裂纹、鼓包或泄漏等缺陷，危及容器安全。

③ 安全附件失灵。

④ 接管断裂、紧固件损坏，难以保证容器安全运行。

⑤ 发生火灾，直接影响容器的安全操作。

停止容器运行的操作，一般应切断进料，卸放器内介质，使压力降下来。对于连续生产的容器，紧急停止运行前必须与前后有关工段做好联系工作。

（2）压力容器的维护保养　压力容器的维护保养工作一般包括防止腐蚀，消除"跑、冒、滴、漏"和做好停运期间的保养。

化工压力容器内部受工作介质的腐蚀，外部受大气、水或土壤的腐蚀。目前大多数容器采用防腐层来防止腐蚀，如金属涂层、无机涂层、有机涂层、金属内衬和搪瓷玻璃等。检查和维护防腐层的完好，是防止容器腐蚀的关键。如果容器的防腐层自行脱落或受碰撞而损坏，腐蚀介质和材料直接接触，则很快会发生腐蚀。因此，在巡检时应及时清除积附在容器、管道及阀门上面的灰尘、油污、潮湿和有腐蚀性的物质，经常保持容器外表面的洁净和干燥。

生产设备的"跑、冒、滴、漏"不仅浪费化工原料和能源，污染环境，而且往往造成容器、管道、阀门和安全附件的腐蚀。因此要做好日常的维护保养和检修工作，正确选用连接方式、垫片材料、填料等，及时消除"跑、冒、滴、漏"现象，消除振动和摩擦，维护保养好压力容器和安全附件。

另外，还要注意压力容器在停运期间的保养。容器停用时，要将内部的介质排空放净。尤其是腐蚀性介质，要经排放、置换或中和、清洗等技术处理。根据停运时间的长短以及设备和环境的具体情况，有的在容器内、外表面涂刷油漆等保护层；有的在容器内用专用器皿盛放吸潮剂。对停运容器要定期检查，及时更换失效的吸潮剂。发现油漆等保护层脱落时，应及时补上，使保护层经常保持完好无损。

七、压力容器事故案例分析

【重庆天原化工总厂压力容器爆炸事故】

1. 事故概况

2004 年 4 月 15 日 21 时，重庆天原化工总厂氯氢分厂 1 号氯冷凝器列管腐蚀穿孔，造成含铵盐水泄漏到液氯系统，生成大量易爆的三氯化氮。16 日凌晨发生排污罐爆炸，1 时 23 分全厂停车，2 时 15 分左右，排完盐水后 4h 的 1 号盐水泵在静止状态下发生爆炸，泵体粉碎性炸坏。

16 日 17 时 57 分，在抢险过程中，忽然听到连续两声爆响，液氯储罐内的三氯化氮忽然发生爆炸。爆炸使 5 号、6 号液氯储罐罐体破裂解体并炸出 1 个长 9m、宽 4m、深 2m 的坑，以坑为中心，在 200m 半径内的地面上和建筑物上有大量散落的爆炸碎片。爆炸造成 9 人死亡，3 人受伤，该事故使重庆市江北区、渝中区、沙坪坝区、渝北区的 15 万名群众疏散，直接经济损失 277 万元。

2. 事故原因分析

事故爆炸直接因素关系链为：设备腐蚀穿孔→盐水泄漏进入液氯系统→氯气与盐水中的铵反应生成三氯化氮→三氯化氮富集达到爆炸浓度（内因）→启动事故氯处理装置振动引爆三氯化氮（外因）。

(1) 直接原因

① 设备腐蚀穿孔导致盐水泄漏，是造成三氯化氮形成和富集的原因，而三氯化氮富集达到爆炸浓度是事故的直接原因之一。

根据重庆大学的技术鉴定和专家的分析，造成氯气泄漏和盐水流失的原因是 1 号氯冷凝器列管腐蚀穿孔。腐蚀穿孔的原因主要有 5 个：

a. 氯气、液氯、氯化钙冷却盐水对氯气冷凝器存在普遍的腐蚀作用。

b. 列管内氯气中的水分对碳钢的腐蚀。

c. 列管外盐水中由于离子电位差异对管材发生电化学腐蚀和点腐蚀。

d. 列管与管板焊接处的应力腐蚀。

e. 使用时间较长，并未进行耐压试验，使腐蚀现象未能在明显腐蚀和腐蚀穿孔前及时发现。

1992 年和 2004 年该液氯冷冻岗位的氨蒸发系统曾发生泄漏，造成大量的氨进入盐水，生成了含高浓度铵的氯化钙盐水。1 号氯冷凝器列管腐蚀穿孔，导致含高浓度铵的氯化钙盐水进入液氯系统，生成并大量富集具有极具危险性的三氯化氮爆炸物，为 16 日演变为爆炸事故埋下了重大事故隐患。

② 启动事故氯处理装置造成振动，引起三氯化氮爆炸，也是事故的直接原因。

经调查证实，厂方现场处理人员未经指挥部同意，为加快氯气处理的速度，在对三氯化氮富集爆炸的危险性认识不足的情况下，急于求成，判定失误，凭借以前操纵处理经验，自行启动了事故氯处理装置，对 4 号、5 号、6 号液氯储罐（计量槽）及 1 号、2 号、3 号汽化器进行抽吸处理。在抽吸过程中，事故氯处理装置水封处的三氯化氮因与空气接触和振动而首先发生爆炸，爆炸形成的巨大能量通过管道传递到液氯储罐内，搅动和振动了液氯储罐中的三氯化氮，导致 4 号、5 号、6 号液氯储罐内的三氯化氮爆炸。

（2）间接原因

① 压力容器设备管理混乱，设备技术档案资料不齐全，两台氯液气分离器未见任何技术和法定检验报告，发生事故的冷凝器 1996 年 3 月投入使用后，一直到 2001 年 1 月才进行首检，没进行耐压试验。事故发生前的两年无维修、保养、检查记录，致使设备腐蚀现象未能在明显腐蚀和腐蚀穿孔前及时发现。

② 安全生产责任制落实不到位。2004 年 2 月 12 日，公司与该厂签订安全生产责任书以后，该厂未按规定将目标责任分解到厂属各单位。

③ 安全隐患整改督促检查不力。重庆天原化工总厂对自身存在的安全隐患整改不力，该厂"2.14"氯化氢泄漏事故后，引起了市领导的高度重视，市委、市政府领导对此作出了重要批示。为此，公司和该厂虽然采取了一些措施，但是没有认真从管理上查找事故的原因和总结教训，在责任追究上采取以经济处罚代替行政处分，因而没有让有关事故责任人员从中吸取事故的深刻教训，整改的措施不到位，督促检查力度也不够，以至于在安全方面存在的问题没有得到有效整改。"2.14"事故后，本应增添盐酸合成尾气和四氯化碳尾气的监控系统，但直到"4.16"事故发生时都尚未配备。

④ 对三氯化氮爆炸的机理和条件研究不成熟，相关安全技术规定不完善。有关专家在《关于重庆天原化工总厂"4.16"事故原因分析报告的意见》中指出："目前，国内对三氯化氮爆炸的机理、爆炸的条件缺乏相关技术资料，对如何避免三氯化氮爆炸的相关安全技术标准尚不够完善"，"因含高浓度铵的氯化钙盐水泄漏到液氯系统，导致爆炸的事故在我国尚属首例"。这表明此次事故对三氯化氮的处理方面，确实存在很大程度的复杂性、不确定性和不可预见性。这次事故是目前氯碱行业现有技术条件下难以预测、没有先例的事故，人为因素不是主导作用。同时，全国氯碱行业尚无对氯化钙盐水中铵含量定期分析的规定，该厂氯化钙盐水十多年来从未更换和检测，造成盐水中的铵不断富集，为生成大量的三氯化氮创造了条件，并为爆炸的发生留下了重大的隐患。

3. 预防同类事故的措施

（1）提高认识，加强领导，高度重视危险化学品行业的安全生产。正确处理安全生产与发展经济、与企业经济效益的关系，落实安全责任和安全防范措施，切实解决危险化学品行业的安全问题，把事故隐患消灭在事故发生之前。

（2）严格安全准入，深化专项整治，切实提高危险化学品行业的整体安全水平。按照国家规定，严格执行危险化学品行业的准入标准，从源头上制止不具备安全生产条件的企业进入危险化学品行业。对生产工艺与设备、储存方式和设备不符合国家规定标准的；对压力容器未定期检测、检验或者经检测、检验不合格的；对企业主要负责人、特种作业人员、关键岗位人员未经正规安全培训并取得任职和上岗资格的；对经安全评估确认没有达到安全生产条件的；对近年以来发生重特大安全事故的危险化学品生产经营单位一律责令停产整顿，经认定符合条件后才能恢复生产。对经停产整顿后仍然不具备安全生产条件的危险化学品生产经营单位一律封闭。

（3）加大安全投入，加快技术进步，提高氯碱行业本质安全水平。对大多数氯碱企业沿用液氨间接冷却氯化钙盐水生产液氯的传统工艺进行改革，并对冷冻盐水中含铵量进行监控或添置自动报警装置。加强对三氯化氮的深入研究，彻底弄清其物化性质、爆炸机理和防治技术，尽快形成一套安全、成熟、可靠的预防和处理三氯化氮的应急技术，并在氯碱行业推广。

（4）完善应急预案，建立安全生产应急救援体系。建立应急管理体制，建立市级安全生产应急救援指挥中心，定期实施应急联动演练，以利于把事故的危害降到最小限度。

第三节　气瓶安全

执行《气瓶安全监察规程》规定的气瓶是指在正常环境下（−40～60℃）可重复充气使用的，公称工作压力为 1.0～30MPa（表压），公称容积为 0.4～1000L 的盛装压缩气体、液化气体或溶解气体等的移动式压力容器。

属于特种设备的气瓶是指适用于正常环境温度（−40～60℃）下使用的、公称工作压力大于或等于 0.2MPa（表压）且压力与容积的乘积大于或等于 1.0MPa·L 的盛装气体、液化气体和标准沸点等于或低于 60℃ 的液体的气瓶。

一、气瓶的分类

1. 按充装介质的性质分类

（1）压缩气体气瓶　压缩气体因其临界温度小于−10℃，常温下呈气态，所以称为压缩气体，如氢、氧、氮、空气、煤气及氩、氦、氖、氙等。这类气瓶一般都以较高的压力充装气体，目的是增加气瓶的单位容积充气量，提高气瓶利用率和运输效率。常见的充装压力为 15MPa，也有充装压力为 20～30MPa 的。

（2）液化气体气瓶　液化气体气瓶充装时都以低温液态灌装。有些液化气体的临界温度较低，装入瓶内后受环境温度的影响而全部汽化。有些液化气体的临界温度较高，装瓶后在瓶内始终保持气液平衡状态，因此可分为高压液化气体和低压液化气体。

高压液化气体：临界温度大于或等于−10℃，且小于或等于 70℃。常见的有乙烯、乙烷、二氧化碳、氧化亚氮、六氟化硫、氯化氢、三氟氯甲烷（F-13）、三氟甲烷（F-23）、六氟乙烷（F-116）、氟己烯等。常见的充装压力有 15MPa 和 12.5MPa 等。

低压液化气体：临界温度大于 70℃。如溴化氢、硫化氢、氨、丙烷、丙烯、异丁烯、1,3-丁二烯、1-丁烯、环氧乙烷、液化石油气等。《气瓶安全监察规程》规定，液化气体气瓶的最高工作温度为 60℃。低压液化气体在 60℃ 时的饱和蒸气压都在 10MPa 以下，所以这类气体的充装压力都不高于 10MPa。

（3）溶解气体气瓶　是专门用于盛装乙炔的气瓶。由于乙炔气体极不稳定，故必须把它溶解在溶剂（常见的为丙酮）中。气瓶内装满多孔性材料，以吸收溶剂。乙炔瓶充装乙炔气，一般要求分两次进行，第一次充气后静置 8h 以上，再第二次充气。

2. 按制造方法分类

（1）钢制无缝气瓶　以钢坯为原料，经冲压拉伸制造，或以无缝钢管为材料，经热旋压收口收底制造的钢瓶。瓶体材料为采用碱性平炉、电炉或吹氧碱性转炉冶炼的镇静钢，如优质碳钢、锰钢、铬钼钢或其他合金钢。这类气瓶用于盛装压缩气体和高压液化气体。

（2）钢制焊接气瓶　以钢板为原料，经冲压卷焊制造的钢瓶。瓶体及受压元件材料为采用平炉、电炉或氧化转炉冶炼的镇静钢，要求有良好的冲压和焊接性能。这类气瓶用于盛装低压液化气体。

（3）缠绕玻璃纤维气瓶　是以玻璃纤维加黏结剂缠绕或碳纤维制造的气瓶。一般有一个铝制内筒，其作用是保证气瓶的气密性，承压强度则依靠玻璃纤维缠绕的外筒。这类气瓶由于绝热性能好、重量轻，多用于盛装呼吸用压缩空气，供消防、毒区或缺氧区域作业人员随身背挎并配以面罩使用。一般容积较小（1～10L），充气压力多为15～30MPa。

3. 按公称工作压力分类

气瓶按公称工作压力分为高压气瓶和低压气瓶。

高压气瓶公称工作压力（MPa）有：　　　30　　20　　15　　12.5　　8

低压气瓶公称工作压力（MPa）有：　　　5　　3　　2　　1.6　　1

钢瓶公称容积和公称直径见表 6-2。

表 6-2　钢瓶公称容积和公称直径

公称容积 V_g/L	10	16	25	40	50	60	80	100	150	120	400	600	800	1000
公称直径 DN/mm		200			250			300		400		600		800

二、气瓶的安全附件

气瓶的安全附件是气瓶安全使用的保障，是气瓶的重要组成部分。气瓶的安全附件包括气瓶专用爆破片、安全阀、易熔合金塞、瓶阀、瓶帽、液位计、防振圈、紧急切断和充装限位装置等。

1. 安全泄压装置

气瓶的安全泄压装置，用于防止气瓶在遇到火灾等高温时，瓶内气体受热膨胀而发生破裂爆炸。

气瓶常见的泄压附件有气瓶专用爆破片和易熔合金塞。

气瓶专用爆破片装在瓶阀上，其爆破压力略高于瓶内气体的最高温升压力。爆破片多用于高压气瓶上，有的气瓶不装爆破片。《气瓶安全监察规程》对是否必须装设爆破片，未做明确规定。气瓶装设爆破片有利有弊，一些国家的气瓶不采用爆破片这种安全泄压装置。

易熔合金塞一般装在低压气瓶的瓶肩上，当周围环境温度超过气瓶的最高使用温度时，易熔塞的易熔合金熔化，瓶内气体排出，避免气瓶爆炸。

2. 其他附件（防振圈、瓶帽、瓶阀）

气瓶装有两个防振圈，是气瓶瓶体的保护装置。气瓶在充装、使用、搬运过程中，常常会因滚动、振动、碰撞而损伤瓶壁，以致发生脆性破坏。这是气瓶发生爆炸事故常见的一种直接原因。

瓶帽是瓶阀的防护装置，它可避免气瓶在搬运过程中因碰撞而损坏瓶阀，保护出气口螺纹不被损坏，防止灰尘、水分或油脂等杂物落入阀内。

瓶阀是控制气体出入的装置，一般是用黄铜或钢制造。充装可燃气体的钢瓶的瓶阀，其出气口螺纹为左旋，盛装助燃气体的气瓶，其出气口螺纹为右旋。瓶阀的这种结构可有效地防止可燃气体与非可燃气体的错装。

三、气瓶的颜色

国家标准《气瓶颜色标记》对气瓶的颜色、字样和色环做了严格的规定。常见气瓶的颜色见表 6-3。

表 6-3　常见气瓶的颜色

序号	气瓶名称	化学式	外表面颜色	字样	字样颜色	色环	
1	氢	H_2	深绿	氢	红	$P=14.7MPa$	不加色环
						$P=19.6MPa$	黄色环一道
						$P=29.4MPa$	黄色环二道
2	氧	O_2	天蓝	氧	黑	$P=14.7MPa$	不加色环
						$P=19.6MPa$	白色环一道
						$P=29.4MPa$	白色环二道
3	氨	NH_3	黄	液氨	黑		
4	氯	Cl_2	草绿	液氯	白		
5	空气		黑	空气	黄		
6	氮	N_2	黑	氮	黑	$P=14.7MPa$	不加色环
						$P=19.6MPa$	白色环一道
						$P=29.4MPa$	白色环二道
7	二氧化碳	CO_2	铝白	液化二氧化碳		$P=14.7MPa$	不加色环
						$P=19.6MPa$	黑色环一道
8	乙烯	C_2H_4				$P=12.2MPa$	不加色环
						$P=14.7MPa$	白色环一道
						$P=19.6MPa$	白色环二道

四、气瓶的安全管理

1. 充装安全

为了保证气瓶在使用或充装过程中不因环境温度升高而处于超压状态，必须对气瓶的充装量严格控制。确定压缩气体及高压液化气体气瓶的充装量时，要求瓶内气体在最高使用温度（60℃）下的压力，不超过气瓶的最高许用压力。对低压液化气体气瓶，则要求瓶内液体在最高使用温度下，不会膨胀至瓶内满液，即要求瓶内始终保留有一定气相空间。

气瓶充装过程需注意以下问题。

（1）气瓶充装过量，是气瓶破裂爆炸的常见原因之一。因此必须加强管理，严格执行《气瓶安全监察规程》的安全要求，严禁过量充装。充装超量的气瓶不准出厂。充装压缩气体的气瓶，要按不同温度下的最高允许充装压力进行充装，防止气瓶在最高使用温度下的压力超过气瓶的最高许用压力。充装液化气体的气瓶，必须严格按规定的充装系数充装，不得超量。

（2）防止不同性质气体混装。气体混装是指在同一气瓶内灌装两种气体（或液体）。如果这两种介质在瓶内发生化学反应，将会造成气瓶爆炸事故。如原来装过可燃气体（如氢气等）的气瓶，未经置换、清洗等处理，甚至瓶内还有一定量余气，又灌装氧气，结果瓶内氢气与氧气发生化学反应，产生大量反应热，瓶内压力急剧升高，气瓶爆炸，酿成严重事故。

（3）属下列情况之一的，应先进行处理，否则严禁充装：

① 钢印标记、颜色标记不符合规定，对瓶内介质未确认的；

② 附件损坏、不全或不符合规定的；

③ 瓶内无剩余压力的；

④ 超过检验期限的；

⑤ 经外观检查，存在明显损伤，需进一步检验的；

⑥ 氧化或强氧化性气体气瓶沾有油脂的；

⑦ 易燃气体气瓶的首次充装或定期检验后的首次充装，未经置换或抽真空处理的。

2. 储存安全

储存气瓶时，应遵守下列《气瓶安全监察规程》规定的安全要求：

（1）应置于专用仓库储存，气瓶仓库应符合《建筑设计防火规范》的有关规定；

（2）仓库内不得有地沟、暗道，严禁明火和其他热源，仓库内应通风、干燥、避免阳光直射；

（3）盛装易起聚合反应或分解反应气体的气瓶，必须根据气体的性质控制仓库内的最高温度、规定储存期限，并应避开放射线源；

（4）空瓶与实瓶应分开放置，并有明显标志，毒性气体气瓶和瓶内气体相互接触能引起燃烧、爆炸、产生毒物的气瓶，应分室存放，并在附近设置防毒用具或灭火器材；

（5）气瓶放置应整齐，戴好瓶帽。立放时，要妥善固定；横放时，头部朝同一方向。

此外，还应注意以下问题：

（1）气瓶的储存应有专人负责管理。管理人员、操作人员、消防人员应经安全技术培训，了解气瓶、气体的安全知识。

（2）氧气瓶、液化石油气瓶，乙炔瓶与氧气瓶、氯气瓶不能同储一室。

（3）气瓶专用仓库（储存间）应符合《建筑设计防火规范》，应采用二级以上防火建筑。与明火或其他建筑物应有符合规定的安全距离。易燃、易爆、有毒、腐蚀性气体气瓶库的安全距离不得小于 15m。

（4）气瓶专用仓库要有便于装卸、运输的设施。库内不得有暖气、水、煤气等管道通过，也不准有地下管道。照明灯具及电器设备应是防爆的。

（5）地下室或半地下室不能储存气瓶。

（6）瓶库有明显的"禁止烟火"、"当心爆炸"等各类必要的安全标志。

（7）瓶库应有运输和消防通道，设置消防栓和消防水池。在固定地点备有专用灭火器、灭火工具和防毒用具。

（8）储存的气瓶要固定牢靠，要留有通道。储存数量、号位的标志要明显。

（9）实瓶一般应立放储存。卧放时，应防止滚动。

（10）实瓶的储存数量应有限制，在满足当天使用量和周转量的情况下，应尽量减少储存量。

（11）瓶库账目清楚，数量准确，按时盘点，账物相符。

（12）建立并执行气瓶进出库制度。

3. 使用安全

使用气瓶应遵守下列《气瓶安全监察规程》的规定：

（1）采购和使用有制造许可证的企业的合格产品，不使用超期未检的气瓶；

（2）使用者必须到已办理充装注册的单位或经销注册的单位购气；

（3）气瓶使用前应进行安全状况检查，对盛装气体进行确认，不符合安全技术要求的气瓶严禁入库和使用；使用时必须严格按照使用说明书的要求使用气瓶；

（4）气瓶的放置地点，不得靠近热源和明火，应保证气瓶瓶体干燥。盛装易起聚合反应或分解反应的气体的气瓶，应避开放射性线源；

（5）气瓶立放时，应采取防止倾倒的措施；

（6）夏季应防止曝晒；

（7）严禁敲击、碰撞；

（8）严禁在气瓶上进行电子电焊引弧；

（9）严禁用温度超过 40℃的热源对气瓶加热；

（10）瓶内气体不得用尽，必须留有剩余压力或重量，永久气体气瓶的剩余压力应不小于 0.05MPa；液化气体气瓶应留有不少于 0.5%～1.0%规定充装量的剩余气体；

（11）在可能造成回流的使用场合，使用设备上必须配置防止倒灌的装置，如单向阀、止回阀、缓冲罐等；

（12）液化石油气瓶用户及经销者，严禁将气瓶内的气体向其他气瓶倒装，严禁自行处理气瓶内的残液；

（13）气瓶投入使用后，不得对瓶体进行挖补、焊接修理；

（14）严禁擅自更改气瓶的钢印和颜色标记。

使用过程中，还应注意以下问题：

（1）使用气瓶者应学习气体与气瓶的安全技术知识，在技术熟练人员的指导监督下进行操作练习，合格后才能独立使用。

（2）使用前应对气瓶进行检查，如发现气瓶颜色、钢印等辨别不清，检验超期，气瓶损伤（变形、划伤、腐蚀），气体质量与标准规定不符等现象，应拒绝使用并做妥善处理。

（3）按照规定，正确、可靠地连接调压器、回火防止器、输气、橡胶软管、缓冲器、气化器、焊割炬等，检查、确认没有漏气现象。连接上述器具前，应微开瓶阀吹除瓶阀出口的灰尘、杂物。

（4）气瓶使用时，一般应立放（乙炔瓶严禁卧放使用），不得靠近热源。与明火、可燃与助燃气体气瓶之间距离，不得小于 10m。

（5）使用易起聚合反应或分解反应的气体的气瓶，应远离射线、电磁波、振动源。

（6）防止日光曝晒、雨淋、水浸。

（7）移动气瓶应手搬瓶肩转动瓶底，移动距离较远时可用轻便小车运送，严禁抛、滚、滑、翻和肩扛、脚端。

（8）不准用气瓶做支架和铁砧。

（9）注意操作顺序。开启瓶阀应轻缓，操作者应站在阀出口的侧后；关闭瓶阀应轻而严，不能用力过大，避免关得太紧、太死。

（10）瓶阀冻结时，不准用火烤。可把瓶移入室内或温度较高的地方或用 40℃以下的温水浇淋解冻。

（11）注意保持气瓶及附件清洁、干燥，禁止沾染油脂、腐蚀性介质、灰尘等。

（12）保护瓶外油漆防护层，既可防止瓶体腐蚀，也是识别标记，可以防止误用和混装。瓶帽、防振圈、瓶阀等附件都要妥善维护、合理使用。

（13）气瓶使用完毕，要送回瓶库或妥善保管。

五、气瓶的检验

气瓶的定期检验，应由取得检验资格的专门单位负责进行。未取得资格的单位和个人，不得从事气瓶的定期检验。

各类气瓶的检验周期，不得超过下列规定：

① 盛装腐蚀性气体的气瓶、潜水气瓶以及常与海水接触的气瓶，每 2 年检验一次。

② 盛装一般性气体的气瓶，每 3 年检验一次。

③ 盛装惰性气体的气瓶，每 5 年检验一次。

④ 液化石油气钢瓶，对在用的 YSP118 和 YSP118-Ⅱ 型钢瓶，自钢瓶钢印所示的制造

日期起，每 3 年检验一次；其余型号的钢瓶自制造日期起至第 3 次检验的检验周期均为 4 年，第 3 次检验的有效期为 3 年。

⑤ 低温绝热气瓶，每 3 年检验一次。

⑥ 车用液化石油气钢瓶每 5 年检验一次，车用压缩天然气钢瓶，每 3 年检验一次。

气瓶在使用过程中，发现有严重腐蚀、损伤或对其安全可靠性有怀疑时，应提前进行检验。库存和使用时间超过一个检验周期的气瓶，启用前应重新进行检验。

气瓶检验单位，对要检验的气瓶，逐只进行检验，并按规定出具检验报告。未经检验和检验不合格的气瓶不得使用。

六、气瓶事故案例分析

【常州市城南钢瓶检测站环氧乙烷钢瓶爆炸事故】

1. 事故概况

2002 年 4 月 12 日 13 时许，常州市城南钢瓶检测站站长金某安排职工夏某等 6 人将 1 只 400L 的待检测环氧乙烷钢瓶滚到作业现场进行残液处理；金某在作业现场指挥。夏某将瓶阀门打开后未见余气和残液流出，将阀门卸下，仍没有残液和余气流出，夏某即将阀门重新装上并关好。金某叫夏某将钢瓶底部的一只易熔塞座螺栓旋松。旋松后，即听到有"滋滋"的漏气声，金某说："让它慢慢漏吧，不要去动它了"。于是工人们都去干其他工作了。到 15 时左右，金某离开单位。职工陈某在现场对待检测的数只氯气钢瓶进行排放余氯（气）处理，职工孟某、温某、张某 3 人在现场用铁锹清理地烘炉的煤渣。15 时 20 分左右，检测站作业现场环氧乙烷钢瓶忽然发生爆炸，造成正在作业现场的陈、孟、张、温等 4 人受伤，经抢救无效，陈、孟、张 3 人先后在 6 日内死亡。事故造成 3 人死亡，1 人重伤，直接经济损失 40 万元，间接经济损失 300 万元。

经勘察分析，4 月 12 日 13 时许，环氧乙烷气体泄放出来，到发生爆炸时为止近 2h。环氧乙烷气体相对密度较大，沉浮于地面并与空气形成爆炸性混合物，而该钢瓶内仍有 200 多公斤液相环氧乙烷。孟某等 3 名工人用铁锹清理地烘炉煤渣时，由于摩擦、碰撞，引起环氧乙烷与空气的混合气体爆炸，并迅速引发环氧乙烷钢瓶内液相环氧乙烷爆炸（环氧乙烷的爆炸时间为 0.002s；速度为 350～550m/s；温度达 1200℃）。爆炸导致现场的地操式行车向东南方向倾斜，地烘炉到爆炸钢瓶之间的接近地面部分电线和抛磨机被烧坏；而其上部的电线未见烧焦痕迹。爆炸还造成现场 1km² 范围内多处民宅门窗玻璃破损。

2. 事故原因分析

（1）事故直接原因

① 金某违章指挥是这起事故的直接原因，也是主要原因。该钢瓶检测站站长金某违反规定，在未确认气瓶内存在残液的情况下，指挥野蛮操作，卸、装环氧乙烷瓶阀，松开底部易熔塞座螺栓，任意泄放环氧乙烷气体，导致环氧乙烷气体大量泄放，造成爆炸事故的严重隐患。

② 孟某等 3 人无知操作，也是这起事故的直接原因。孟某等 3 人在清理地烘炉时，由于单位未及时给他们进行环氧乙烷危险特性的安全教育，不知环氧乙烷危险特性，在存在环氧乙烷和空气混合气体的环境条件下，使用铁锹清理煤渣因摩擦、碰撞等原因，导致了爆炸事故的发生。

（2）间接原因

① 该钢瓶检测站安全管理混乱，制度不健全是这起事故的间接原因；也是重要原因。

该单位现场治理混乱，现场操作职员都未经过专门培训，受利益驱动，超范围承接业务，从而导致了该起事故的发生。

② 该钢瓶检测站未按国家关于气瓶定期检验的规定进行工作，存在诸多隐患。

③ 检测站专职安全员安全管理工作不到位，未严格执行安全员岗位责任制。

④ 该钢瓶检测站挂靠的主管部门对挂靠单位安全工作疏于监管。

3. 预防同类事故的措施

（1）认真吸取事故教训，严格审查气瓶检验站条件，组织全面认真细致的安全检查，对经检查不符合安全生产基本条件的取证单位，要采取果断措施，吊扣或吊销其充装、检验许可证，以杜绝类似或重复事故的发生。

（2）重点检查残液处理装置的完好性，对充装检测单位的所有职工进行各类介质的理化参数、危险特性、法规等内容的专门培训。

【宁夏永宁县金丰纸业有限公司液氯钢瓶爆裂事故】

1. 事故概况

2003年9月6日13时30分左右，宁夏永宁县金丰纸业有限公司一液氯瓶发生爆裂，造成119人有刺激、中毒症状，其中33人在医院接受医疗观察治疗。

事故钢瓶为800L液氯钢瓶，于1981年制造，由银川市制钠厂液氯充装站充装。事发时，该瓶已超过检验周期，处于露天静置状态，未投入使用。爆破口位于气瓶有角阀一侧，封头护罩固定焊缝内侧约25mm处的母材沿环向裂开，长约750mm，最小壁厚不足4mm，母材内表面光滑，外侧有明显的呈条状腐蚀迹象。

2. 事故原因分析

（1）事故钢瓶属于超过安全使用年限的报废气瓶，且腐蚀严重，钢瓶充装液氯后，在露天下曝晒存放，是发生爆裂事故并导致液氯泄漏的直接原因。

（2）气瓶使用单位对气瓶的储存管理不当是造成爆裂泄漏的主要原因。

（3）气瓶充装单位没有对所充装的气瓶超过使用年限进行报废处理，反而进行充装，是造成事故的重要原因。

3. 预防同类事故的措施

（1）有关部门督促充装单位和使用单位加大在用气瓶安全检查的力度，避免使用超期未检或报废的气瓶。

（2）气瓶充装单位应严格按照《气瓶安全监察规程》和有关标准规定，设专人对气瓶逐只进行充装前检查，必要时测定气瓶壁厚。规程标准禁止充装的气瓶，一律不得充装。

（3）气瓶检验单位按规定项目和周期对气瓶进行检验，对不符合安全要求的气瓶，进行破坏性报废处理。

（4）气瓶使用单位使用前，应进行检查，超过标准规定使用年限的气瓶，不得使用；不符合安全技术要求的气瓶严禁使用。使用和储存气瓶必须严格遵守使用和储存的要求和规定。

第四节　压力管道安全

一、压力管道概述

管道输送是与铁路、公路、水运、航运并列的五大运输行业之一，越来越广泛地用于石油、化工、冶金、电力及城市燃气和供热系统中，担负着输送易燃、易爆、高温、腐蚀、有毒及放射性介质的重要任务，且管道数量不断增加，在国民经济中占有重要地位。如输送原油、燃气、各类工艺物料、有毒气体、有害气体等介质的管道。压力管道作为一种承压设备，除可导致本身爆破外，还会因介质泄漏引起爆炸、火灾、中毒等恶性事故。因此，必须加强对压力管道的安全管理。

《特种设备安全监察条例》国务院令第 549 号规定，压力管道是指利用一定的压力，用于输送气体或者液体的管状设备，其范围规定为最高工作压力大于或者等于 0.1MPa（表压）的气体、液化气体、蒸汽介质或者可燃、易爆、有毒、有腐蚀性、最高工作温度高于或者等于标准沸点的液体介质，且公称直径大于 25mm 的管道。

《压力管道安全管理与监察规定》明确指出：压力管道是指在生产、生活中使用的可能引起燃爆或中毒等危险性较大的特种设备。具体来说，指具有下列属性的管道。

（1）输送 GB 5044《职业性接触毒物危害程度分级》中规定的毒性程度为极度危害介质的管道。

（2）输送 GB 50160—2008《石油化工企业设计防火规范》及 GB 50016—2006《建筑设计防火规范》中规定的火灾危险性为甲、乙类介质的管道。

（3）最高工作压力≥0.1MPa（表压，下同），输送介质为气（汽）体、液化气体的管道。

（4）最高工作压力≥0.1MPa，输送介质为可燃、易爆、有毒、有腐蚀性的或最高工作温度高于或者等于标准沸点的液体的管道。

（5）前四项规定的管道的附属设施及安全保护装置等。

二、压力管道的结构及主要参数

1. 压力管道的结构

压力管道的结构并非是固定的，根据它所处的位置不同，功能有差异，所需要的元器件就不同。图 6-6 中的管道构成的元器件较多。系统中除直管还有 19 个元器件，大致可以分为管子、管件、阀门、连接件、附件和支架等。

管子是管道的基本组成部分，根据实际情况选用各种规格、材料、压力等级的管子。管件是将管子连接起来的元件。在管道转向的地方用弯头（4、12，18），根据方向要求可以使用 45°或者 90°标准的成型弯头。在管路中常常有分支、相交的情况，这时可以使用三通（6）、四通（8）。三通有等径三通和异径三通。等径三通的三个接口直径相等，异径三通的主管方向接口直径相等而支管方向接口的直径小于主管方向接口直径。支管轴线与主管轴线垂直的三通为正三通，支管轴线与主管轴线成一角度的为斜接三通（7）。处于管线交叉处用四通（8）。在不同管径管子连接处用异径管（9），异径管有同心与偏心两种，同心异径管形状成轴对称，应力分布情况较好，偏心异径管一侧在一条直线上，通常将这一侧置于下方，不论管径是否有变化，支撑高度宜相等，对支架设计较为方便，但这种异径管在上述这一侧180°的方向，母线形状变化特别大，应力集中现象尤为严重。波纹管（1）也是一种管件，它可以吸收管道热膨胀变形，减小管道在温度变化时引起的长度变化而在管道的某个局部产生过大的应力。

阀门是管道中重要的组成部分，图 6-6 中 2，10，13 均是阀门，阀门的作用不尽相同，阀门品种很多，有电磁阀、电动阀、液压阀等。

连接件用于管道组成件可拆连接点处相邻元器件间的连接，一般包括法兰、密封垫片和螺栓螺母，也有使用螺纹连接的。在一些特殊的场合，如疏水器（15）两端用活接头（14），

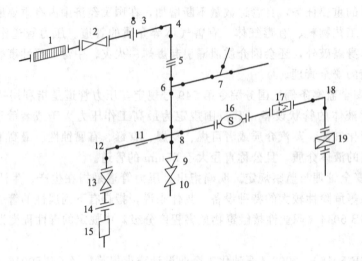

图 6-6　压力管道结构图

1—波纹管；2,10,13—阀门；3—"8"字形盲通板；4,12,18—弯头；5—节流孔板；
6—三通；7—斜接三通；8—四通；9—异径管；11—滑动支架；14—活接头；
15—疏水器；16—视镜；17—过滤器；19—阻火器

以便维修更换时拆卸。

附件是管道中的一些小型设备，如视镜（16）、"8"字形盲通板（3）、节流孔板（5）、过滤器（17）和阻火器（19）等。

支架是管道的支撑件，除短小的管道直接连接到两个设备无需设支架外，一般都要设支架支撑管道，以限制管道位移和承重。管道支架主要有固定支架、导向支架、滑动支架（11）、刚性吊架、可调刚性吊架等。

2. 压力管道主要参数

压力管道的主要参数有管道的设计压力、工作压力、设计温度、工作温度、公称直径等。

压力管道的设计压力是指在正常操作过程中，在相应设计温度下，管道可能承受的最高工作压力。

压力管道的工作压力是指管子、管件、阀门等管道组成件在正常运行条件下承受的压力。

压力管道的设计温度是管道在正常操作过程中，在相应设计压力下，管道可能承受的最高或最低温度。

压力管道的工作温度是指管道在正常操作条件下的温度。

压力管道的公称直径是指用标准的尺寸系列表示管子、管件、阀门等口径的名义内径。

三、压力管道的分类与分级

在石油、化工等工业生产装置中安装有大量各种用途的管道，不同用途管道的操作参数和输送介质的性质差别很大，因此其重要程度和危险性也不同。为了保证各种管道在设计条件下均能安全可靠地运行，对重要程度不同的管道有不同的设计、制造和施工要求。目前在工程上主要采用对管道分级（类）的方法解决这一问题。国内对压力管道的分级（类）方法主要按管道的用途、设计类别、设计压力、输送介质、管道材质等进行分类。

1. 压力管道的分类

① 根据用途分类。可以划分为工业管道（GC 类）、公用管道（GB 类）和长输管道（GA 类）。

工业管道是指企业、事业单位所属的用于输送工艺介质的工艺管道、公用工程管道及其他辅助管道，包括延伸出工厂边界线，但归属企、事业单位管辖的工艺管线。公用管道是指城市或乡镇范围内用于公用事业或民用的燃气管道和热力管道。长输管道是指产地、储存库、使用单位间用于输送商品介质的管道。

② 根据管道承受内部压力分类。可以分为真空管道、中低压管道、高压管道、超高压管道。

③ 根据输送介质种类分类。可以分为蒸汽管道、燃气管道、工艺管道等。

④ 根据管道材料分类。可以分为合金钢管道、不锈钢管道、碳钢管道、有色金属管道、非金属管道、复合材料管道等。

⑤ 根据管道敷设方式分类。可以分为地下管道和架空管道。

2. 压力管道的分级

（1）长输管道（GA 类）分级

① 符合下列条件之一的长输管道为 GA1 级：

a. 输送有毒、可燃、易爆气体介质，最高工作压力 ≥4.0MPa 的长输管道。

b. 输送有毒、可燃、易爆液体介质，最高工作压力 ≥6.4MPa 且输送距离 ≥200km 的长输管道。

② GA1 级以外的长输管道为 GA2 级。

（2）公用管道（GB 类）分级

GB 类管道分为 GB1 城镇燃气管道和 GB2 城镇热力管道两个级别。

（3）工业管道（GC 类）分级

① 符合下列条件之一的工业管道为 GC1 级：

a. 输送 GB 5044—1985《职业性接触毒物危害程度分级》中毒性程度为极度危害介质的管道。

b. 输送 GB 50160—2008《石油化工企业设计防火规范》及 GB 50016—2006《建筑设计防火规范》中规定的火灾危险性为甲、乙类可燃气体或甲类可燃液体介质，且设计压力 ≥4.0MPa 的管道。

c. 输送可燃流体介质、有毒流体介质，设计压力 ≥4.0MPa，且设计温度 ≥400℃ 的管道。

d. 输送流体介质，且设计压力 ≥10.0MPa 的管道。

② 符合下列条件之一的工业管道为 GC2 级：

a. 输送 GB 50160—2008《石油化工企业设计防火规范》及 GB 50016—2006《建筑设计防火规范》中规定的火灾危险性为甲、乙类可燃气体或甲类可燃液体介质，且设计压力 <4.0MPa 的管道。

b. 输送可燃流体介质、有毒流体介质，设计压力 <4.0MPa，且设计温度 ≥400℃ 的管道。

c. 输送非可燃流体介质、无毒流体介质，设计压力 <10.0MPa，且设计温度 ≥400℃ 的管道。

d. 输送流体介质，设计压力 <10.0MPa，且设计温度 <400℃ 的管道。

③ 符合下列条件之一的工业管道为 GC3 级：

a. 输送可燃流体介质、有毒流体介质，设计压力＜1.0MPa，且设计温度＜400℃的管道。

b. 输送非可燃流体介质、无毒流体介质，设计压力＜4.0MPa，且设计温度＜400℃的管道。

四、压力管道安全装置

在生产过程中，为避免管道内介质的压力超过允许的操作压力而造成灾害性事故的发生，一般是利用泄压装置来及时排放管道内的介质，使管道内介质的压力迅速下降。管道中采用的安全泄压装置主要有安全阀、爆破片、视镜、阻火器，或在管道上加安全水封和安全放空管。

1. 安全阀

安全阀作为超压保护装置，其功能是：当管道压力升高超过允许值时，阀门开启全量排放，以防止管道压力继续升高，当压力降低到规定值时，阀门及时关闭，以保护设备和管路的安全运行。

压力管道中常用的安全阀有弹簧式安全阀和隔离式安全阀。弹簧式安全阀可分为封闭式弹簧安全阀、非封闭式弹簧安全阀、带扳手的弹簧安全阀；隔离式安全阀就是在安全阀入口串联爆破片装置。在采用隔离式安全阀时，对爆破片有一定的要求，首先要求爆破过程不得产生任何碎片，以免损伤安全阀，或影响安全阀的开启与回座的性能；其次是要求爆破片抗疲劳和承受背压的能力强等。

2. 爆破片

爆破片的功能是：当压力管道中的介质压力大于爆破片的设计承受压力时，爆破片破裂，介质释放出管道，压力迅速下降，从而起到保护主体设备和压力管道的作用。

爆破片的品种规格很多，有反拱带槽型、反拱带刀型、反拱脱落型、正拱开缝型、普通正拱型，应根据操作要求允许的介质压力、介质的相态、管径的大小等来选择合适的爆破片。有的爆破片最好和安全阀串联，如反拱带刀型爆破片；有的爆破片还不能和安全阀串联，如普通正拱型爆破片。从爆破片的发展趋势看，带槽型爆破片的性能在各方面均优于其他形式。尤其是反拱带槽型爆破片，具有抗疲劳能力强、耐背压、允许工作压力高和动作响应时间短等优点。

3. 视镜

视镜多用在排液或受槽前的回流、冷却水等液体管路上，以观察液体流动情况。

常用的视镜有钢制视镜、不锈钢视镜、铝制视镜、硬聚氯乙烯视镜、耐酸酚醛塑料视镜、玻璃管视镜等。

视镜系根据输送介质的化学性质、物理状态及工艺对视镜功能的要求来选用。视镜的材料基本上和管子材料相同。如碳钢管采用钢制视镜，不锈钢管子采用不锈钢视镜，硬聚氯乙烯管子采用硬聚氯乙烯视镜，需要变径的可采用异径视镜，需要多面窥视的可采用双面视镜，需要它代替三通功能的可选用三通视镜。一般视镜的操作压力≤0.25MPa。钢制的视镜，操作压力≤0.6MPa。

4. 阻火器

阻火器是一种防止火焰蔓延的安全装置，通常安装在易燃易爆气体管路上。当某一段管道发生事故时，不至于影响另一段的管道和设备。某些易燃易爆的气体如乙炔气，充灌瓶与压缩机之间的管道，要求设 3 个阻火器。

阻火器的种类较多，主要有：碳素钢壳体镀锌铁丝网阻火器，不锈钢壳体不锈钢丝网阻火器，钢制砾石阻火器，碳钢壳体铜丝网阻火器，波形散热片式阻火器，铸铝壳体铜丝网阻火器等。

阻火器的选用应满足以下要求：

① 阻火器的壳体要能承受介质的压力和允许的温度，还要能耐介质的腐蚀。

② 填料要有一定强度，且不能和介质起化学反应。

③ 根据介质的化学性质、温度、压力来选用合适的阻火器。

一般介质，使用压力≤1.0MPa，温度＜80℃时均采用碳素钢壳体镀锌铁丝网阻火器。特殊的介质如乙炔气管道，要采用特殊的阻火器。

5. 其他安全装置

压力管道的安全装置还有压力表、安全水封及安全放空管等。压力表的作用主要是显示压力管道内的压力大小。安全水封既能起到安全泄压的作用，还有在发生火灾事故时阻止火势蔓延的作用。放空管主要起到安全泄压的作用。

五、压力管道安全管理

按照《压力管道安全管理与监察规定》，压力管道使用单位负责本单位的压力管道安全管理工作，并应履行以下职责。

（1）贯彻执行有关安全法律、法规和压力管道的技术规程、标准，建立、健全本单位的压力管道安全管理制度。

（2）配备专职或兼职专业技术人员负责压力管道安全管理工作。

（3）确保压力管道及其安全设施符合国家的有关规定；对于新建、改建、扩建的压力管道及其安全设施不符合国家有关规定时，应拒绝验收。

（4）建立压力管道技术档案，并到企业所在地的主管部门办理登记手续。

（5）对压力管道操作人员和压力管道检查维护人员进行安全技术培训；经考试合格后，才能上岗。

（6）制定并实施压力管道定期检验计划，安排附属仪器仪表、安全保护装置、测量调控装置的定期校验和检修工作。

（7）对事故隐患及时采取措施进行整改，重大事故隐患应以书面形式报告省级以上安全主管部门和省级以上行政主管部门。

（8）对输送可燃、易爆或有毒介质的压力管道建立巡线检查制度，制定应急措施和救援方案，根据需要建立抢险队伍，并定期演练。

（9）按有关规定及时如实向主管部门和当地劳动行政部门报告压力管道事故，并协助做好事故调查和善后处理工作，认真总结经验教训，防止事故的发生。

（10）压力管道管理人员、检查人员和操作人员应严格遵守有关安全法律、法规、技术规程、标准和企业的安全生产制度。

在压力管道的日常安全管理过程中，加强对压力管道的维护保养至关重要。主要内容有：

（1）经常检查压力管道的防腐情况，保证管道完好无损，保持管道表面的光洁，减少各种腐蚀。

（2）阀门的操作机构要经常除锈上油，并配置保护塑料套管，定期进行活动，确保其开关灵活。

（3）安全阀、压力表要经常擦拭，确保其灵活、准确。并按时进行检查和校验。

（4）定期检查紧固螺栓完好状况，做到齐全、不锈蚀、丝扣完整、连接可靠。

（5）压力管道因外界因素产生较大振动时，应采取隔断振源、加强支撑等减振措施。

（6）静电跨接、接地装置要保持良好完整，及时消除缺陷。

（7）停用的压力管道应排除内部的腐蚀性介质，并进行置换、清洗和干燥，必要时做惰性气体保护，外表面应涂刷防腐油漆，防止环境因素腐蚀。

（8）禁止将管道及支架作电焊的零线和起重作业的支点。

（9）及时消除"跑、冒、滴、漏"现象。

（10）管道的底部和弯曲处是系统的薄弱环节，这些地方最易发生腐蚀和磨损，因此必须经常对这些部位进行检查，以便及时发现问题、及时进行修理或更换。

六、压力管道常见事故

1. 压力管道事故类型及特点

（1）压力管道事故按设备破坏程度划分　可分为爆炸事故、严重损坏事故和一般损坏事故。

① 爆炸事故是指压力管道在使用中或压力试验时，受压部件发生破坏，设备中介质蓄积的能量迅速释放，内压瞬间降至外界大气压力以及压力管道泄漏而引发的各类爆炸事故。

② 严重损坏事故是指由于受压部件、安全附件、安全保护装置损坏以及因泄漏而引起的火灾、人员中毒以及压力管道设备遭到破坏的事故。

③ 一般损坏事故是指压力管道在使用中受压部件轻微损坏而不需要停止运行进行修理以及发生泄漏未引起其他次生灾害的事故。

（2）压力管道事故按事故原因划分　可分为爆管事故、裂纹事故和泄漏事故。

① 爆管事故是指压力管道在其试压或运行过程中由于各种原因造成的穿孔、破裂致使系统被迫停止运行的事故。

② 裂纹事故是指压力管道在运行过程中由于各种原因产生不同程度的裂纹，从而影响系统安全的事故。裂纹是压力管道最危险的一种缺陷，是导致脆性破坏的主要原因，应该引起高度重视。裂纹的扩展很快，如不及时采取措施就会发生爆管。

③ 泄漏事故是指压力管道由于各种原因造成的介质泄漏的事故。由于管道内的介质不同，如果发生泄漏，轻则造成浪费能源和环境污染，重则造成燃烧爆炸事故，危及人民生命财产的安全。

（3）压力管道事故的特点　由于压力管道具有使用广泛性、敷设隐蔽性、管道组成复杂性、环境恶劣腐蚀性、距离长难于管理等特点，导致压力管道事故具有以下特点及危害：

① 压力管道在运行中由于超压、过热，或腐蚀、磨损，而使受压元件难以承受，发生爆炸、撕裂等事故。

② 当管道发生爆管事故时，管内压力瞬间突降，释放出大量的能量和冲击波，危及周围环境和人身安全，甚至能将建筑物摧毁。

③ 压力管道发生爆炸、撕裂等重大事故后，有毒物质的大量外溢会造成人畜中毒和火灾、爆炸等恶性事故。

2. 压力管道事故应急措施

（1）发生重大事故时应启动应急预案，保护现场，并按相关法规要求及时报告。

（2）压力管道发生超压时要马上切断进气阀；对于无毒非易燃介质，要打开排空管排气；对于有毒易燃易爆介质要打开放空管，将介质通过接管排至安全地点。

（3）压力管道本体泄漏时，要根据管道、介质不同，使用专用堵漏技术和堵漏工具进行堵漏。

（4）易燃易爆介质泄漏时，要对周边明火进行控制，切断电源，严禁一切用电设备运行，防止火灾、爆炸事故产生。

3. 压力管道事故原因分析

由于压力管道安全监察与管理起步晚，事故总量明显增加，根据统计和分析，压力管道事故主要涉及五个方面原因。

（1）设计原因　主要是选材不当，应力分析失误（尤其是未能考虑管道热应力）、管道振动加速裂纹等缺陷扩展导致失效，管道系统结构设计不符合法规标准和工艺要求，管道组成件和支撑件选型不合理。

（2）制造（阀门等附件）原因　主要是管道组成件制造缺陷引发事故。其中阀门、管件（三通、弯头）、法兰、垫片等是事故的源头，管子厚薄不均，管材存在裂纹、夹渣、气孔等严重缺陷，密封性能差，引起泄漏爆炸。

（3）安装原因　主要是安装单位质量体系失控，焊接质量低劣，违法违章施工，错用材料和未实施安装质量监检而引发的事故。

（4）管理不善　主要是使用管理混乱，管理制度不全，违章操作，不按规定定期检验和检修。

（5）管道腐蚀　腐蚀是导致管道失效的主要形式。主要原因是选材不当，防腐措施不妥，定检不落实。

因此，压力管道事故涉及设计、制造、安装、使用、检验、修理和改造等多个环节，要使压力管道事故控制到最低限度，确保压力管道经济、安全运行，必须对压力管道实行全过程管理。

七、压力管道事故案例分析

【广东东莞顺裕纸业有限公司压力管道爆炸事故】

1. 事故概况

2004 年 10 月 16 日 20 时 40 分，广东省东莞市望牛墩镇朱平沙工业区，东莞顺裕纸业有限公司发生一起压力管道爆炸严重事故，造成 2 人死亡，2 人重伤。

发生爆炸的压力管道为蒸汽管道，设计压力为 0.49MPa，规格为直径 426mm。爆炸部位为蒸汽管网波纹管补偿器。

10 月 16 日 18 时 20 分，该公司工程师付某去巡视蒸汽管道的运行情况，发现 2 号、3 号波纹管金属膨胀节有漏汽现象，随后，他将漏汽情况电话报告该公司李总。18 时 45 分，李总带设备主任余某、调度室主任周某以及主管施工的付某来到现场，研究处理方案，最后决定用短管连接替代泄漏的膨胀节，该 3 人分头准备材料、工具及安排维修人员，20 时 20 分，维修人员到场并组织相应的维修设备到场。20 时 40 分，一声闷响，2 号波纹管金属膨胀节发生爆炸。事故造成 4 位维修人员被炸倒在地上，蒸汽管网金属波纹膨胀节爆炸的碎块掉落在地上，相邻冷凝回水管道受爆炸影响掉落管架，膨胀节拉杆全部断裂，4 个混凝土管道支架倾斜。

发生事故的蒸汽管道在安装前，安装单位未得到当地特种设备安全监督管理部门办理安装告知手续，安装开始直至试运行，也未经核准的检验检测机构进行监督检验。

经调查，东莞顺裕纸业有限公司不能提供压力管道系统产品的质量证明书、安装及使用维修说明书等文件。发生爆炸的蒸汽管网波纹管补偿器未见产品铭牌或其他标记，仅有一复印件的产品合格证（经调查该复印件是伪造的）。

2. 事故原因分析

波纹管金属膨胀节严重泄漏以及所采取的应对措施错误是本次导致人员伤亡事故的直接原因。

压力管道系统及其附件在设计、制造、安装、检验、使用等诸环节不符合相关法规及标准的规定是事故的间接原因，也是主要原因。

相关单位违反相关法规及标准的规定的具体情形如下。

（1）使用单位

① 设计人员不具备资质，蒸汽管道的施工图设计不合理，未按规定请有资格单位设计。

② 购买的波纹管补偿器无产品质量证明书、安装使用说明书等证明文件，明知不符合要求，仍交付安装。

③ 发现波纹管补偿器发生严重泄漏时，在可预见有危险存在时，未采取有效措施禁止人员接近泄漏点。

（2）供货商

① 伪造波纹管补偿器合格证。

② 经销未经许可的单位生产的波纹管补偿器。

（3）安装单位

① 未办理压力管道安装告知手续，未向核准的检验检测单位申请安装质量监督检验。

② 对厂方提供的波纹管补偿器未进行认真检查核对，明知波纹管补偿器不符合要求，继续安装并进行调试，调试过程中未对运行参数进行详细记录。

3. 预防同类事故的措施

① 认真贯彻执行《特种设备安全监察条例》、《压力管道安全管理与监察规定》及有关安全技术规范的规定，压力管道应由有资格的单位设计，压力管道必须由取得《压力管道安装许可证》的单位安装，压力管道安装之前必须到特种设备安全监督管理部门办理安装告知手续，安装过程中，必须经核准的检验检测机构对其安装质量进行监督检验。在用的压力管道应经核准的检验检测机构进行定期检验。

② 压力管道使用单位应购买已取得国务院特种设备安全监督管理部门许可的单位制造的压力管道用管子、压力管道元件（阀门、法兰、补偿器、安全保护装置等），并要求制造单位或经销商提供附有安全技术规范要求的设计文件、产品质量合格证明、安装及使用维修说明书等文件。

③ 压力管道使用单位应建立健全各项安全管理制度、操作规程，应经常组织员工进行安全教育，负责组织对压力管道的安全管理人员、操作人员的培训，在任何情况下都不能有麻痹大意的思想。

④ 应制定事故应急专项预案，并定期演练，确保紧急情况下的正确应对。

第七章 其他特种设备安全

第一节 电梯安全

作为特种设备的电梯是指动力驱动，利用沿刚性导轨运行的箱体或者沿固定线路运行的梯级（踏步），进行升降或者平行运送人、货物的机电设备，包括载人（货）电梯、自动扶梯、自动人行道等。

一、电梯、自动扶梯的结构及工作原理

1. 电梯的结构

电梯作为一种复杂的机电产品，其结构可概括为：四大空间，八大系统。四大空间即机房部分、井道及地坑部分、轿厢部分、层站部分；八大系统即曳引系统、导向系统、轿厢、门系统、重量平衡系统、电力拖动系统、电气控制系统、安全保护系统。电梯的基本结构如图7-1所示。

电梯机房一般位于电梯井道的最上方或最下方，供装设曳引机、控制柜、限速器、选层器、配线板、电源开关及通风设备等。

轿厢是电梯中装载乘客或货物的金属结构件，它借助轿厢架立柱上、下四个导靴沿着导轨作垂直升降运动，完成载客或载物的任务。轿厢由轿厢架、轿底、轿壁、轿顶和轿门等组成。除杂物电梯外，常用电梯轿厢的内部净高度应大于2m。

电梯门分为层门和轿厢门。层门装设在建筑物每层层站的门口，轿厢门与轿厢一起升降。按开门的方式，有水平滑动门和垂直滑动门两类。

井道部分由导轨、导轨架、补偿装置、对重、控制电缆、限位开关及减速开关等组成。

2. 电梯的工作原理

曳引绳两端分别连着轿厢和对重，缠绕在曳引轮和导向轮上，曳引电动机通过减速器变速后带动曳引轮转动，靠曳引绳与曳引轮摩擦产生的牵引力，实现轿厢和对重的升降运动，达到运输目的。固定在轿厢上的导靴可以沿着安装在建筑物井道墙体上的固定导轨作往复升降运动，防止

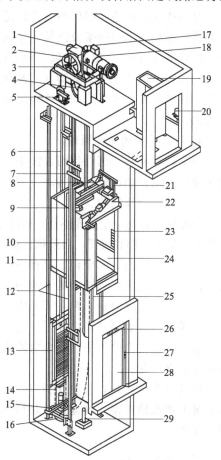

图7-1 电梯的基本结构

1—曳引机；2—曳引轮；3—机器底盘；4—导向轮；5—限速器；6—曳引钢丝绳限位；7—开关终端打板；8—轿厢导靴；9—限位开关；10—轿厢框架；11—轿厢门；12—导轨；13—对重；14—补偿链；15—链条导向装置；16—限速器张紧装置；17—电磁制动器；18—电动机；19—控制柜；20—电源开关；21—井道传感器；22—开门机；23—轿内操纵箱；24—轿厢；25—悬挂电缆；26—楼层指示器；27—呼梯按钮；28—层门；29—缓冲器

轿厢在运行中偏斜或摆动。常闭块式制动器在电动机工作时松闸，允许电梯运转，在失电情况下制动，使轿厢停止升降，并在指定层站上维持其静止状态，供人员和货物出入。轿厢是运载乘客或其他载荷的箱体部件，对重用来平衡轿厢载荷、减少电动机功率。补偿装置用来补偿曳引绳运动中的张力和重量变化，使曳引电动机负载稳定，轿厢得以准确停靠。电气系统实现对电梯运动的控制，同时完成选层、平层、测速、照明工作。指示呼叫系统随时显示轿厢的运动方向和所在楼层位置。安全装置保证电梯运行安全。

3. 自动扶梯的结构

自动扶梯一般是斜置。行人在扶梯的一端站上自动行走的梯级，便会自动被带到扶梯的另一端，途中梯级会一路保持水平。扶梯在两旁设有跟梯级同步移动的扶手，供使用者扶握。

自动扶梯由梯路（变形的板式输送机）和两旁的扶手（变形的带式输送机）组成。其主要部件有梯级、牵引链条及链轮、导轨系统、主传动系统（包括电动机、减速装置、制动器及中间传动环节等）、驱动主轴、梯路张紧装置、扶手系统、梳板、扶梯骨架和电气系统等。梯级在乘客入口处作水平运动（方便乘客登梯），以后逐渐形成阶梯；接近入口处阶梯逐渐消失，梯级再度作水平运动。这些运动都是由梯级主轮、辅轮分别沿不同的梯级导轨行走来实现的。

4. 自动扶梯的工作原理

自动扶梯的核心部件是两根链条，它们绕着两对齿轮进行循环转动。在扶梯顶部，有一台电动机驱动传动齿轮，以转动链圈。发动机和链条系统都安装在构架中，构架是指在两个楼层间延伸的金属结构。

与传送带移动一个平面不同，链圈移动的是一组台阶。链条移动时，台阶一直保持水平。在自动扶梯的顶部和底部，台阶彼此折叠，形成一个平台。这样使上、下自动扶梯比较容易。

自动扶梯上的每一个台阶都有两组轮子，它们沿着两个分离的轨道转动。上部装置（靠近台阶顶部的轮子）与转动的链条相连，并由位于自动扶梯顶部的驱动齿轮拉动。其他组的轮子只是沿着轨道滑动，跟在第一组轮子后面。

两条轨道彼此隔开，这样可使每个台阶保持水平。在自动扶梯的顶部和底部，轨道呈水平位置，从而使台阶展平。每个台阶内部有一连串的凹槽，以便在展平的过程中与前后两个台阶连接在一起。

除转动主链环外，自动扶梯中的电动机还能移动扶手。扶手只是一条绕着一连串轮子进行循环的橡胶输送带。该输送带是精确配置的，以便与台阶的移动速度完全相同，使乘用者感到平稳。

二、电梯分类

1. 按用途分类

（1）乘客电梯，为运送乘客设计的电梯，在载重能力及尺寸允许的条件下，也可运送物件和货物。一般有完善的安全设施以及一定的轿内装饰。

（2）载货电梯，主要为运送货物而设计，承载空间较大，载重量较大。具有乘客电梯所具有的各种安全装置。

（3）医用电梯，为运送病床、担架、医用车而设计的电梯，轿厢具有长而窄的特点。

（4）杂物电梯，供图书馆、办公楼、饭店运送图书、文件、食品等设计的电梯。

（5）观光电梯，轿厢壁透明，供乘客观光用的电梯。

（6）建筑施工用电梯，建筑施工过程中运送人员和材料的电梯。

（7）船舶电梯，船舶上使用的电梯。

（8）其他类型的电梯，除上述常用电梯外，还有些特殊用途的电梯，如车辆电梯、冷库电梯、防爆电梯、矿井电梯、电站电梯、消防员用电梯等。

2. 按驱动方式分类

（1）交流电梯，用交流感应电动机作为驱动力的电梯。根据拖动方式又可分为交流单速、交流双速、交流调压调速、交流变压变频调速等。

（2）直流电梯，用直流电动机作为驱动力的电梯。这类电梯的额定速度一般在 2.00m/s 以上。

（3）液压电梯，一般利用电动泵驱动液体流动，由柱塞使轿厢升降的电梯。

（4）齿轮齿条电梯，将导轨加工成齿条，轿厢装上与齿条啮合的齿轮，电动机带动齿轮旋转使轿厢升降的电梯。

（5）螺杆式电梯，将直顶式电梯的柱塞加工成矩形螺纹，再将带有推力轴承的大螺母安装于油缸顶，然后通过电动机经减速器（或皮带）带动螺母旋转，从而使螺杆顶升轿厢上升或下降的电梯。

（6）直线电动机驱动的电梯，其动力源是直线电动机。

3. 按速度分类

电梯无严格的速度分类，我国习惯上按下述方法分类。

（1）低速梯，常指速度低于 1.00m/s 的电梯。

（2）中速梯，常指速度在 1.00～2.00m/s 的电梯。

（3）高速梯，常指速度大于 2.00m/s 的电梯。

（4）超高速，速度超过 5.00m/s 的电梯。

4. 按电梯有无司机分类

（1）有司机电梯，电梯的运行方式由专职司机操纵来完成。

（2）无司机电梯，乘客进入电梯轿厢，按下操纵盘上所需要去的层楼按钮，电梯自动运行到达目的层楼，这类电梯一般具有集选功能。

（3）有/无司机电梯，这类电梯可变换控制电路，平时由乘客操纵，如遇客流量大或必要时改由司机操纵。

5. 按操纵控制方式分类

（1）手柄开关操纵，电梯司机在轿厢内控制操纵盘手柄开关，实现电梯的启动、上升、下降、平层、停止的运行状态。

（2）按钮控制电梯，是一种简单的自动控制电梯，具有自动平层功能，常见有轿外按钮控制、轿内按钮控制两种控制方式。

（3）信号控制电梯，这是一种自动控制程度较高的有司机电梯。除具有自动平层，自动开门功能外，尚具有轿厢命令登记，层站召唤登记，自动停层，顺向截停和自动换向等功能。

（4）集选控制电梯，是一种在信号控制基础上发展起来的全自动控制的电梯，与信号控制的主要区别在于能实现无司机操纵。

（5）并联控制电梯，2～3 台电梯的控制线路并联起来进行逻辑控制，共用层站外召唤按钮，电梯本身都具有集选功能。

（6）群控电梯，是用微机控制和统一调度多台集中并列的电梯。群控有梯群的程序控制、梯群智能控制等形式。

6. 按机房位置分类

（1）上机房电梯，机房在井道顶部。

（2）下机房电梯，机房在井道底部旁侧。

7. 特殊电梯

（1）斜行电梯，轿厢在倾斜的井道中沿着倾斜的导轨运行，是集观光和运输于一体的输送设备。特别是由于土地紧张而将住宅移至山区后，斜行电梯发展迅速。

（2）立体停车场用电梯，根据不同的停车场可选配不同类型的电梯。

（3）建筑施工电梯，是一种采用齿轮齿条啮合方式（包括销齿传动与链传动，或采用钢丝绳提升），使吊笼作垂直或倾斜运动的机械，用以输送人员或物料，主要应用于建筑施工与维修，还可以作为仓库、码头、船坞、高塔、高烟囱的长期使用的垂直运输机械。

三、电梯和自动扶梯常见事故

1. 电梯常见事故

电梯事故的种类。按发生事故的系统位置，可分为门系统事故、冲顶或蹾底事故、其他事故，其中门系统事故占电梯事故的比重最大；按事故类型可分为高处坠落事故、剪切挤压事故、撞击事故、触电事故及其他伤害事故。

（1）坠落事故。层门未关闭或从外面能将层门打开而轿厢又不在该楼层，造成受害人失足从层门处坠入井道。

（2）剪切事故。当乘客进入或踏出轿门的瞬间，轿厢突然启动，使受害人在轿门与层门之间的上下门槛处被剪切。

（3）挤压事故。常见的挤压事故，一是受害人被挤压在轿厢围板与井道壁之间，二是受害人被挤压在底坑的缓冲器上，或是人的肢体部分（比如手部）被挤压在转动的轮槽中。

（4）撞击事故。常发生在轿厢冲顶或蹾底时，使受害人的身体撞击到建筑物或电梯部件上。

（5）触电事故。受害人的身体接触到控制柜的带电部分，或施工操作中，人体触及到设备的带电部分及漏电设备的金属外壳。

电梯事故案例如下。

① 门系统事故案例

【事故案例】 1999 年 7 月 14 日，北京市朝阳区光熙门北里 14 号楼南侧电梯在运行时开门走梯，致使三层楼住户祖孙二人在上电梯时被剪切，造成一死一伤。

【事故案例】 1998 年 9 月 24 日，山东某银行的电梯，一位乘客进入轿厢选好层，站在门口的人一同乘梯，这时电梯开着门却以正常速度向下运行，将这位乘客的头与下颌分别由轿厢上沿和地坎形成挤压，造成重伤。

② 冲顶或蹾底事故案例

【事故案例】 2006 年 5 月 10 号北京市某房管所一幢 24 层楼的 MBDS 电梯，由于维修工在作业时忘记了拔出开闸扳手，随着电梯运行的震颤，扳手越插越紧，最终导致了抱闸无法闭合。这时电梯回到一层，维修工正欲从轿厢里撤出，却发现电梯自动上行，正犹豫间只见电梯移动越来越快。他打下轿顶急停开关，但无济于事，维修工无计可施。电梯失控了，加速直冲 24 层，呼啸冲顶，维修工立即将身体收拢、蜷伏在轿顶的最低处。轰隆一声巨响，轿厢冲顶振动了整个大楼。维修工的性命保住了，但轿顶复绕轮被楼板击碎，机房顶面拱起一个大大的鼓包。

这起事故是由于电梯的制动器发生故障所致，制动器是电梯十分重要的部件，如果制动器失效或带有隐患，电梯将处于失控状态，无安全保障，后果将不堪设想。有效地防范冲顶事故的发生，必须加强制动器的检查、保养和维修。

③ 其他事故案例

【事故案例】 1999 年 8 月 25 日，东北某学院新装了两部电梯，李、高二人对电梯厅门与轿厢门之间的距离进行调整。当他们正在调整螺栓时，有人按动了呼梯按钮，电梯快速上行，李某被挤入轿厢与 6 层厅门侧井道内，后经抢救无效死亡。

2. 自动扶梯常见事故

自动扶梯事故的伤害对象主要包括：运行或维护期间的乘客和保养期间、检验期间的人员。本书主要分析对乘客的伤害事故。

发生在乘客身上的自动扶梯事故类型主要包括坠落、碰撞、剪切、挤压及跌倒等事故。

（1）坠落事故

【事故案例】 2005 年 10 月 3 日晚，11 岁的男孩随母亲一起前往离家不远的某书城购书。母亲在 3 楼买书时，男孩独自一人上下自动扶梯，就在男孩再次从 3 楼上至 4 楼时，突然意外地从自动扶梯上翻出，直坠至 1 楼，当时虽被火速送往医院仍无法挽救其生命。该书城每个楼层与自动扶梯两侧之间均有 2m 宽的空隙，从 1 楼直通 4 楼，扶手两侧没有任何安全防护装置，男孩正是从这个空隙中由 3 楼直坠至 1 楼死亡的。

【事故案例】 2004 年 5 月 19 日下午 1 点左右，一男童从某商场 7 楼的两台并行自动扶梯之间的一条宽 23cm 的缝隙中摔到了地下室死亡。

导致上述坠落事故的主要原因是楼层与自动扶梯两侧之间以及两台扶梯之间的间隙过大且没有可靠的安全防护措施。

（2）运行中发生逆转而引起的事故

【事故案例】 2003 年 9 月 8 日，上海地铁一台提升高度 8m 的 5 号扶梯正在向上运行时突然发生故障，并逆转向下溜车，造成梯上 14 名乘客摔倒，其中 1 人轻伤。

该逆转事故原因是扶梯驱动电机与减速箱之间的弹性联轴器中橡胶垫损坏，导致齿轮啮合失效，造成扶梯及主链下滑。而引起橡胶垫损坏的主要因素是该地铁站较大的客流量和上海百年未遇的高温天气，使得设备运行工况恶劣，加速橡胶垫的老化所致。同时该台扶梯提升高度达到了 8m，按照检验规程的要求应设置附加制动器，由于没有设置从而导致了事故的发生。因此，事故的另一个原因是设计、制造环节不符合要求。

（3）与物体发生碰撞、剪切

【事故案例】 2003 年 5 月 8 日上午，上海市铜川路一大型卖场内，一名男孩不小心将脖子卡入自动扶梯，造成头部颈部严重受伤。据目击者说，当时，男孩正顺着车库通往卖场的自动扶梯往上前行，同行的伙伴在楼下大叫男孩的名字，于是男孩双手搭在扶梯上伸出头向下张望。就在男孩身体向扶梯外倾斜时，脖子被卡了运行中的扶梯与墙壁间，并随着扶梯的上升被向上拖带了几步。男孩的头颈被包裹在墙上的金属挡板划伤，当场血流不止。卖场工作人员见状，立即停运电梯，并迅速将男孩送往医院。

该事故的主要原因是扶梯与旁边的墙壁之间没有设置符合要求的防护装置。而乘客没有遵守使用规则，将身体和头部伸出到扶手外，也是造成事故的原因。

【事故案例】 2005 年 3 月 6 日下午，一名 12 岁的男孩乘坐自动人行道时头部夹进人行道与墙面广告牌之间的缝隙中，造成脑部内部受到挤压，伤势严重。

该事故的主要原因是由于人行道旁边的墙壁不是一个平面，在上行一段距离后墙壁与安装在墙壁上的广告灯箱存在一个台阶，而广告箱与人行道之间的距离为105mm，且广告箱的下部与扶手带之间存在夹角，该夹角没有防护装置，因此造成事故发生。

（4）机械部件之间的间隙产生的挤压

【事故案例】 2005年1月1日上午十点左右在重庆轻轨曾家岩车站A入口处，2岁大的女孩和婆婆下自动扶梯时，右脚不慎卷入扶梯的挡板下。经过消防队1个小时的营救，虽然孩子的腿被取出，但经医生诊断，其伤势严重，可能需要截肢。事发时小孩自己站在运动的扶梯上，到扶梯末端时，孩子没有抬脚，脚趾顺势滑进挡板与活动台阶的缝隙中。可扶梯并未停下，而是继续向下运动。当有人来使扶梯停止时，小孩的小腿几乎完全夹进缝隙中。

上述事故发生在扶梯出口梳齿板与围裙板的相交处。其原因可能为以下几点：

① 围裙板的强度及刚度不够，受到挤压后与梯级之间的间隙变大，使手或者脚夹入，而由于围裙板具有弹性，在将脚取出后，恢复到原来的间隙；

② 梯级下沉，使其与梳齿板的间隙增大；

③ 梳齿断齿，使其与梯级踏面的间隙增大；

④ 梯级驱动轮磨损，左右逛量增大，当与围裙板之间夹入异物时将梯级推向另一边，使其间隙更大，而当异物取出后其又回到原位运行。

（5）跌倒

【事故案例】 2007年8月8日下午一点左右，深圳市人民医院门诊大楼一台扶梯发生一起看病人摔倒的事件，未造成伤害。该名病人（女性，年龄60岁）在乘扶梯上二楼时，站在梯级左侧，左手紧握扶手带，由于扶手带的运行速度滞后于梯级运行速度，而该病人感觉到身体向后时更加紧张地握紧扶手带不放，最后摔倒到梯级上，并被梯级拖曳。

该事故的主要原因是扶手带的运行速度与梯级运行的速度不一致，并且超过了标准要求的2%，加上乘客年老体弱，心情慌张，造成了事故的发生。

【事故案例】 2003年2月5日中午，一名75岁老人在重庆江北机场候机楼乘坐自动扶梯时摔倒，造成锁骨骨折、头撕裂的伤害。该自动扶梯设置了节电模式，自动启动后在很短的时间内加速到0.65m/s，又由于候机厅灯光只开了一半，自动扶梯进入的区域亮度不够，从而造成事故的发生。

该事故的主要原因是老者不了解扶梯的特性，对加速过程中的扶梯产生恐惧感，没有及时握住扶手带，造成事故的发生。相关标准对于自动加速运行的扶梯没有作出加速度的要求。

四、电梯的安全要求

电梯的安全状态是由组成电梯的各部分零部件的功能和状态来保证的，是通过对电梯各部分及其安全装置的安全要求以及安全信息的顺利传递来实现的。

电梯的基本使用功能是在建筑物内垂直升降运输人员和物料。安全运行需要电梯合理的结构形式和组成零部件具有足够的机械强度来保证，即在额定满载情况下，考虑全部静载荷、动载荷，以及意外采用紧急措施所产生的载荷作用下，不发生破坏。与安全关系较大的部位和元件有：井道、机房、轿厢、层门和曳引绳等。

电梯安全保护可分为机械保护、电气保护和安全防护三个方面。机械保护有限速器、安全钳、层门自闭安全装置、缓冲器等。其中有些装置是与电气保护装置配合共同承担保护任务。电气安全保护装置除一些与机械保护装置协同工作外，还有一些是电气系统的自身保护，如电动机短路保护、接地接零保护等。安全防护中有机械设备的防护装置，如对旋转轴、转动的齿轮的保护，以及各种护栏、护栅等安全防护装置。

五、电梯主要安全装置

安全装置可以消除或减小电梯运行时的危险。电梯业内人士以往把限速器、安全钳、缓冲器、门联锁称为电梯安全四大件。按 GB 7588—2003《电梯制造与安装安全规范》的规定，轿厢上行超速保护装置和含有电子元件的安全电路，也是安全部件。制动器也是电梯安全运行至关重要的安全部件。如果制动器制动力矩不足或其制动机构有卡阻现象，则会造成电梯溜车甚至"飞"梯，对安全运行构成威胁。安全装置可以是单一装置，也可以是多个安全装置动作联锁。

（1）超载限制器　超载限制器是控制电梯在额定载荷下运行的安全装置。装置利用称重原理测定轿厢内载荷，当载荷在额定载荷以下时，电梯正常工作；当载荷超过额定值时，切断电梯控制回路，使电梯停止工作，从而防止电梯超载。

（2）限速器　限速器是控制电梯下降超速的安全装置。当轿厢超速运行时，限速器切断控制回路，使曳引机停转，制动器制动，迫使电梯运行停止，并且在必要时使安全钳动作。限速器一般安装在电梯机房楼板上或井道顶部。

（3）安全钳　安全钳是在轿厢或对重向下运行速度达到限速器动作的速度时，或在悬挂装置断裂的情况下，强制轿厢或对重运动停止并保持静止的一种机械安全装置。安全钳装在轿厢或对重架上，利用钳扣压紧接触面，靠摩擦或自锁来夹紧导轨。常见的有渐进式安全钳、瞬时动作安全钳、具有缓冲作用的瞬时动作安全钳等。安全钳的动作必须由限速器控制，禁止用电气、液压或气压装置来控制。

（4）缓冲器　缓冲器是当轿厢或对重超速时，在限位器动作、安全钳尚未制动，而轿厢或对重更快速接近轨道端部时，可将轿厢或对重的动能全部吸收。缓冲器是位于行程端部的一种弹性停止装置，分轿厢缓冲器和对重缓冲器两种。

（5）自动门锁和联动装置　自动门锁和联动装置是对电梯安全有重要作用的安全装置。层门的门锁在关闭状态下，从层门外不能扒开层门，只有门锁锁紧才能接通电梯的控制回路使电梯升降。通过门锁和联动装置使轿门和相应的层门同时动作，而其他楼层的层门关闭。门闭合则轿厢运动，只要有一个层门门锁打开，电梯就停止运动。

六、电梯安全管理

电梯的安全工作基于两个方面，一方面是设备安全，另一方面是人员安全。设备应符合国家相关标准规定的安全要求，人员应通过安全技术考核。为了规范电梯行业，加强电梯管理，有关方面先后制定颁布了一系列法规和规范性文件。

1. 选购的安全审查

电梯出厂时，必须附有制造企业关于该电梯产品或者配件的有关证明，包括：

（1）出厂合格证。合格证上除标有主要参数外，还应当标明驱动主机、控制机、安全装置等主要部件的型号和编号。

（2）使用维护说明书。

（3）装箱清单等出厂随机文件。

（4）门锁、安全钳、限速器、缓冲器等重要的安全部件，必须具有有效的型式试验合格证书。

2. 电梯的使用运行安全要求

（1）设置专人负责电梯的日常管理，记录电梯运行状况和维修保养工作内容，建立、健全各项安全管理制度，积极采用先进技术，降低事故率。

（2）确定合理的电梯运行时间，加强日常维修保养。特别要加强对制动器、限速器、超载报警装置等的日常维修保养。

（3）安装、维修保养人员和电梯驾驶员均应持有有效的特种作业操作证上岗，并定期参加复审。

（4）电梯维修时必须悬挂警示牌，维修结束后，确定恢复正常方可载人。

（5）在便于接到报警信号的位置设立电梯管理人员的岗位。制定紧急救援专项预案和操作程序。

（6）电梯机械部分发生严重腐蚀、变形、裂纹等缺陷，或电器控制系统紊乱，存在严重不安全因素时，应及时检修。

（7）在用电梯的定期检验周期为 1 年，只有检验合格且在检验有效期内的电梯才允许运行。

3. 对电梯驾驶员的要求

电梯是一个多层及高层建筑的上下垂直运输设备，频繁的上下启动停止，人经常处于加速度及颠簸状态。为了确保乘客与设备的安全，电梯驾驶员需经过专门培训，并应考试合格，经安全监督部门审核取得操作证者，才能驾驶电梯，无证者不准上岗。

电梯驾驶员应有一定的机械与电工基础知识，懂得电梯的基本构造，主要零部件的形状，安装位置和作用，了解电梯启动、加速、减速、平层等运行原理和电梯保养及简单故障排除的方法。

电梯驾驶员应熟悉驾驶电梯的服务对象、井道层站数、层楼高度及总提升高度、电梯在建筑物中所处的位置、通道及紧急出口。熟悉电梯的主要技术参数，如电梯速度、载重量、轿厢尺寸、开门宽度以及驱动操纵方式；掌握电梯的各种安全保护装置的构造、工作原理和安装位置，熟练掌握本电梯操纵方法，知道安全窗、应急按钮、急停开关的作用和正确使用方法，并能对电梯运行中突然出现的停车、失控、冲顶、蹾底等情况临危不惧，具有采取正确处理方法的能力。

4. 电梯班前检查

（1）外观检查　具体如下：

① 电梯驾驶员在开启电梯层门进入轿厢之前，首先要看清电梯轿厢是否确实在本层站，然后进入轿厢，切勿盲目闯入造成踏空坠落事故。

② 进入轿厢检查轿厢是否清洁，层门、轿门地坎槽内有无杂物垃圾，轿内照明灯、电风扇、装饰吊顶、操纵箱等器件是否完好，所有开关是否在正常位置上。

③ 打开电源开关层站召唤按钮、指示灯、讯响器以及层门、轿内层楼指示灯工作是否正常。

④ 进入机房检查曳引机、电动机、限速器、极限开关、控制屏、选层器等外观是否正常，机械结构有无明显松动现象和漏油状况，电气设备接线有否脱落，接头有否松动，接地是否可靠。

（2）运行检查　运行检查也称为试运行，当驾驶员完成外观检查后，应关好层门和轿厢门，启动电梯从某站出发，上下循环运行一两次并注意检查以下几项内容：

① 在试运行中要作单站停车、直放和紧急停车试验，并检查其操纵箱上各开关按钮动作是否正常，召唤按钮、信号指示、消号、层楼指示等功能是否正常。如电梯有与外部通信联络装置，如电话、警铃等，也需正常可靠。

② 运行中要注意电梯上下运行导轨润滑，有无撞击声或异常声响和气味。

③ 检查自动门锁和联动装置工作是否正常，门未闭合电梯不能启动，层门关闭后应不能从外面开启，门开启关闭灵活可靠，无颤动响声。

④ 运行中要检查电梯制动器工作是否正常，电梯停站后轿厢应无滑移情况，轿厢平层应准确，平层误差应在规定范围之内。

5. 电梯运行中注意事项

（1）驾驶员在工作时间要坚守自己的岗位，不擅自离开，如果必须离开时，必须将电源开关关闭并关好层门。

（2）驾驶员应仪表大方，文明礼貌，不与乘客争吵，工作时间不做私活、不与人闲谈。

（3）驾驶员应负责监督控制轿厢的载重量，乘客电梯按不大于核定人数运行，禁止超载运行，其中包括驾驶员。

对无质量标记的货物不要过低估计质量，当发现电梯启动缓慢，上行速度减慢，下行速度变快，说明电梯超载，应立即将电梯停止，减少运载货物后再行启动。

（4）电梯在运载货物时，应将货物放在轿厢中间，不要放在轿厢一边或某一角落。

（5）在没有采取防范措施前，轿厢内不允许装载易燃易爆的危险品。

（6）在手动开关门电梯驾驶中，不得利用门电锁开关使电梯启动及停止。

（7）层门轿门电锁及其他安全开关，都不可用各种物品塞住使其失效而不起安全作用，严格禁止在层门、轿门敞开的情况下按应急按钮来启动电梯。

（8）在轿厢尚未停妥层站时（包括自平与慢速），不可开启轿门与层门使乘客出入。

（9）电梯在运行中，不得突然改变轿厢运行方向，如要改变运行方向时，必须先将轿厢停止后，然后再向反方向启动。

（10）电梯运行中，应防止乘客依靠在轿门上，对交栅门，更应注意乘客的手脚及携带物品不要伸出轿门外。

6. 电梯停驶后的注意事项

（1）当日工作完毕后，驾驶员应将电梯返回到底站或基站停放。

（2）驾驶员应做好当日电梯运行记录，对存在的问题应及时告诉有关部门及检修人员。

（3）做好轿厢内和周围的清洁工作。

（4）关闭电源开关、轿内照明、轿门与层门。

七、电梯事故案例分析

【"9.13"武汉工地建筑施工电梯坠落事故】

1. 事故描述

2012 年 9 月 13 日下午 13 时许，武汉市东湖风景区"东湖景园"还建楼 C 区 7-1 号楼建筑工地上的一台建筑施工电梯在升至 100m 处时发生坠落（约在 30 层），造成梯笼内的作业人员随梯笼高空坠落。造成 19 人死亡的重大事故。事发时，电梯载满粉刷工人，在上升过程中突然失控，直冲到 34 层顶层后，电梯钢绳突然断裂，厢体呈自由落体直接坠到地面。

2. 事故原因分析

（1）事故的直接原因

① 使用未经检验的电梯。出事电梯已超出有效期限工作 3 个多月，没有通过再次审核的旧电梯投入使用，本身存在极大的安全隐患。

② 乘员超载。出事电梯登记牌上标注的核定人数是 12 人，而事故现场升降梯内有 19

名工人，明显超载。

（2）事故的间接原因

① 施工组织管理混乱，安全管理失去有效控制。监理公司驻工地总监理工程师无监理资质，工程监理组没有对施工电梯严格把关，在没有对超出使用寿命的电梯审查认可的情况下即同意施工，没有监督建设的具体实施，导致工人在存在重大事故隐患的施工电梯上进行日常作业，是造成这起事故的重要原因。

② 对施工电梯的日常安全检测及检查未执行到位。

3. 预防同类事故的措施

（1）加强对施工现场人员的安全生产知识和技能的教育和培训。

（2）落实安全生产责任制度，建立、完善并严格执行安全生产管理制度和安全操作规程。

（3）未经检验合格的施工电梯严禁投入使用。对在用施工电梯落实日常检查与保养制度。

（4）落实专兼职施工电梯安全管理人员与操作人员，并经考核合格取得资格证书后持证上岗。

第二节　场（厂）内专用机动车辆安全

一、概述

作为特种设备的场（厂）内专用机动车辆是指除道路交通、农用车辆以外仅在工厂厂区、旅游景区、游乐场所等特定区域使用的专用机动车辆。

依据国质检特〔2010〕22 号"关于增补特种设备目录的通知"的精神，作为特种设备的场（厂）内专用机动车辆（简称厂车设备）分为场（厂）内专用机动工业车辆和场（厂）内专用旅游观光车辆，前者包括叉车、搬运车、牵引车和推顶车四类；后者包括内燃观光车和蓄电池观光车两类。

未列入《增补的特种设备目录》的设备简称非厂车设备。对非厂车设备〔如装载机、挖掘机、铲运机和挖掘装载机等场（厂）内机动车辆〕不再纳入特种设备安全监察范围，不再进行检验检测、使用登记、监督检查等工作，原已登记的设备注销登记。非厂车设备发生事故不再属于特种设备事故，事故调查处理工作不再由质量技术监督局负责。

工矿企业内部运输的主要工具就是场（厂）内机动车辆，常见的如叉车、电瓶车、翻斗车、拖拉机、装载机、推土机、挖掘机、铲运机以及筑路专用车辆等。由于场（厂）内机动车的作业具有流动性、频繁性、危险性及事故多发性等特点，加上一些企业的安全管理水平较低，与快速发展的工业生产不相适应，因而不少企业近年来场（厂）内交通运输伤亡事故呈上升趋势，使场（厂）内机动车事故在工业企业职工伤亡事故中所占比重增大。

据不完全统计，目前全国在用场（厂）内机动车辆（简称场车）在 120 万台以上，且保有量在不断增加。场车作为特种设备之一，其危险性和事故等级不及锅炉等其他特种设备，一般也不会造成群死群伤的特大事故，虽为中低速机动工业车辆，但事故发生率却一直较高。如 2009～2011 年，场车事故数均排在八种特种设备的第三位（详见本书第四章第一节），事故类型多为撞压事故。说明加强场（厂）内机动车辆特别是作为特种设备的场（厂）内专用机动车辆的安全管理是十分必要的。

二、场（厂）内机动车辆事故案例分析

1. 叉车挤压事故

（1）事故概况　2003 年 5 月 30 日 7 时 30 分左右，海宁秦丰造纸厂张某驾驶浙 FD0271 货车，送原料纸至海宁亭溪包装有限公司所属的港绿纸业有限公司原料仓库，由叉车工沈某（已经质量技术监督部门考核，持证），装卸工费某，仓库管理员陆某 3 人卸货。约 8 时 10 分，当叉车司机沈某正叉运第 6 卷货，将叉车开入原料仓库时，送货的汽车司机张某突然从原料库出来，被运行的叉车上的原料纸与放在地面上的另一卷原料纸相挤，经送海宁市人民医院抢救无效死亡。

（2）事故原因

① 海宁亭溪包装有限公司叉车司机未按规定进行操作，在未看清楚前方安全情况下开车前进导致事故发生，是造成这起事故的直接原因。

② 海宁亭溪包装有限公司安全管理不到位，原料纸堆积在仓库门口以致堵塞部分叉车通道，造成道路不畅，加上在原料纸装卸作业时安全防范措施不到位，是造成这起事故的主要原因。

③ 仓库管理员对货物堵塞通道未提出整改措施，并且对海宁秦丰造纸厂送货司机擅自进入仓库不知情，仓库安全管理不利，是造成该起事故的又一原因。

（3）预防同类事故的措施

① 企业应加强安全管理，严格落实各工作岗位的安全责任。

② 教育作业人员严格按规程操作，杜绝违章操作。

2. 叉车倾翻事故

（1）事故概况　2003 年 9 月 3 日，深圳市宝安区某纸品厂蒋某某及 10 余名员工清理本厂宿舍后倒塌的围墙。16 时 30 分，蒋某某驾驶本厂叉车用货叉吊运 1 棵树，因货叉升起较高，地面湿滑，且车速较快，左前突然碰到一块石头，叉车向右翻倒。蒋被叉车顶部横杆压住胸部，抢救无效死亡。

该设备为内燃平衡重式叉车，自重 3.47t，额定载重量 2t，型号为 6FD20。经查，该设备未经验收检验和定期检验，未进行注册登记。蒋某某为行政助理，为无证操作。

（2）事故原因分析

① 直接原因包括：

a. 操作错误。蒋某某在操作叉车时，在路面倾斜、湿滑的情况下快速驾驶车辆，且违反规程升高货叉吊运货物；

b. 使用不安全设备。叉车未经检验，未进行注册登记。

② 间接原因是驾驶人员无证驾驶，管理不善等。

（3）预防同类事故的措施

① 使用单位应制定有关管理制度和操作规程，加强叉车的安全管理。

② 在用叉车须经检验与注册登记，取得安全检验合格标志后方可投入使用，以确保叉车处于安全状态。

③ 操作人员应进行安全教育和培训，经考核合格持证上岗，无证人员严禁操纵叉车。

3. 叉车撞压事故

（1）事故概况　2003 年 2 月 4 日 3 时 40 分，江苏苏州沙钢集团北区润忠公司三轧车间乙班叉车工高某某在将两捆线材（重 4.9t）运到车间外堆放过程中，出车间门左转弯上厂区大道时，2 名骑自行车巡逻的警卫被叉车撞压，在送往医院途中死亡。该设备起重量 8t，

自重 11.31t，起升高度 4m。该车未经检验和注册登记。

（2）事故原因分析

① 直接原因包括：

a. 驾驶员夜间驾车作业思想麻痹，对厂区道路的交通状态疏于观察，盲目行驶所致；

b. 驾驶员驾驶未经检验和注册登记的叉车，无法保证叉车处于安全状态；

c. 受害人夜间骑自行车巡逻，途经作业区域未能靠厂区道路右边行驶；

d. 由于车间光线较强，堆放货场光线不是很亮，叉车驶出车间，光线反差对驾驶员视力也造成一定影响。

② 间接原因包括：

a. 该车未经检验和注册登记；

b. 安全培训不够，安全教育针对性不强。

（3）预防同类事故的措施

① 使用单位应当制定并严格执行相关管理制度与操作规程，加强对车辆的安全管理。

② 加强对所有员工的安全教育，特别要加强对特种设备作业人员的培训与管理，确保厂车驾驶人员持特种设备作业人员证书上岗。

③ 在用厂内机动车辆必须经检验合格与注册登记，取得厂内机动车辆牌照和安全检验合格标志后方可投入使用。

4. 叉车倾覆事故

（1）事故概况 2002 年 9 月 18 日 17 时 40 分，玉林市雀林工艺加工厂厂内机动车辆（叉车）发生脱轨倾覆事故，死亡 1 人。

事发当天 17 时 40 分，叉车操作工在加工厂旁小厨房（隔壁盖新餐厅），用叉车把石棉瓦升到小厨房屋顶（3.2m 高），在送升第 2 车时，职工杨某随货上升，至石棉瓦最高部分与厨房楼面相平齐时，发生叉车提升货架及叉架一起向前倾覆脱出，包括垂直内轨与起升油缸一起脱出，造成杨某死亡。

该叉车型号 CPC3，最大起重量 3t，外形尺寸 3725mm×125mm×2200mm，载荷中心距 500mm，最大起升高度 3m，1988 年制造，未经检验和注册登记。

（2）事故原因分析

① 直接原因包括：

a. 驾驶员违章作业，违章超高起升作业，最高起升高度为 3m，而货物却提升到 3.2m；是造成失稳向前倾覆的主要原因；

b. 驾驶员违章载人；

c. 搬运工杨某违章乘车；

d. 设备存在事故隐患，如叉车门架无防止货叉架升到最高位置时脱出的限位装置。

设备防护装置缺乏、违章操作、违章乘车是造成该起死亡事故的主要原因。

② 间接原因。安全管理混乱，没有建立安全岗位责任制、设备定期报检制度、维护保养制度、安全检查制度等是事故的间接原因。

（3）预防同类事故的措施

① 建立健全各项规章制度并严格贯彻执行。

② 认真执行国家有关规定，车辆必须经检验合格与注册登记，取得厂内机动车辆牌照和安全检验合格标志后方可投入使用。

③ 加强职工的安全教育，严禁违章作业。

5. 装载机（铲车）事故（非厂车设备）

（1）事故概况　2002 年 7 月 25 日 11 时 30 分，抚顺钢厂冶金材料厂工业公司制品厂 ZL-15 型轮胎式装载机，在厂后矸石山下装运矸石土垫道，当行驶到弯道处时，车辆突然熄火，并产生惯性转向，刹车全部失灵，装载机失控，惯性下滑将正在修路的 2 名女工挤到墙上造成死亡。

该车辆最大运行速度 10km/h，额定载荷 1000kg，动力方式为内燃。

（2）事故原因分析

① 设备存在严重缺陷。车辆的刹车油管早已断裂，车辆长期在无刹车状态下运行是事故的直接原因。

② 存在的缺陷没有进行修理，车辆未按规定进行检验和注册登记，无安全检验合格标志运行是事故的间接原因。

（3）预防同类事故的措施

① 严格执行国家有关规定，健全安全管理制度，车辆必须经检验合格与注册登记，取得厂内机动车辆牌照和安全检验合格标志后方可投入使用。

② 加强设备的安全管理，定期维修保养设备。

③ 加强对操作人员的安全教育，严格执行操作规程。

6. 推土机事故（非厂车设备）

（1）事故概况　2001 年 4 月 28 日，晓明矿落地煤场发生了一起场内机动车安全事故。落地煤场是由选煤厂圆筒仓落煤后经汽运公司推土机倒货形成，推土机原班作业。4 月 28 日零点班，推土机司机姜某和于某的作业任务是将圆筒仓落煤口下方的煤由南向北推。2 时，接选煤厂调度电话通知落煤后，于某先驾驶煤堆上的 120 推土机开始推煤，姜某发动煤堆下的另一台 120 推土机，上煤堆同时推煤。于某推了几铲后，由于推土机电瓶极柱腐蚀，推土机熄火，于某就下煤堆取工具，当于某回到煤堆后，发现姜某驾驶的推土机不见了，就开始寻找，结果发现推土机掉落在主扇扩散器与圆筒仓之间的煤堆挡墙下面，推土机驾驶楼严重损坏，姜某已当场死亡。

（2）事故原因分析　经对事故现场勘察和调查分析认定，这是一起由操作者（推土机司机）操作失误造成的责任事故。

现场勘察发现，当推土机推完第二条煤道的第三铲后，推土机本应直线倒行至小煤堆处，却突然转向正东方向，越过了 1.3m 高的作业界限，又行驶了 14m，致使推土机从落地煤堆 11.7m 高的挡墙上方掉下，造成推土机驾驶楼严重损坏，司机当场死亡。

由此可见，操作错误和作业场地环境不良（照明缺陷）是本次事故的直接原因。而安全管理缺陷，教育培训不够是本次事故的间接原因。

（3）预防同类事故的措施

① 加强夜间对作业场所的照明，并在挡土墙上方设置警示牌和警示灯。

② 今后应尽量避免推土机夜班在煤堆上作业。

③ 加强对推土机司机的自主保安能力教育，在落地煤堆上作业，必须查明推土机前后情况，确认安全后方准作业。

④ 推土机在落地煤堆上作业时，必须设专人负责瞭望。

三、安全管理与安全要求

1. 安全管理的主要内容

依据《厂内机动车辆安全管理规定》，企业应做好以下管理工作。

（1）在用、新增及改装的厂内机动车辆应由用车单位到所在地区主管部门办理登记，建立车辆档案，经主管部门对车辆进行安全技术检验合格，核发牌照后方可使用。

（2）企业应建立健全厂内机动车辆安全管理规章制度，并认真执行。

（3）厂内机动车辆应逐台建立安全技术管理档案，其内容包括：

① 车辆出厂的技术文件和产品合格证；

② 车辆的使用、维护、修理和自检记录；

③ 车辆的安全技术检验报告；

④ 车辆的事故记录。

（4）厂内机动车辆遇有过户、改装、报废等情况时应及时到所在地区主管部门办理登记手续。厂内机动车辆修复、改装后必须向当地主管部门申请检验，合格后方准使用。

（5）厂内机动车辆驾驶人员属特种作业人员，由地、市级以上主管部门组织考核、发证，无证人员不得驾驶车辆。

（6）企业应对厂内机动车辆进行年、季、月度及日常的自检。主管部门在企业自检的基础上对厂内机动车辆进行年度检验。检验不合格的车辆限期整改，并予以复检。

2. 对企业安全管理的基本要求

依据《机动工业车辆安全规范》GB 10827—1999 的规定，企业应满足以下安全要求。

① 机动工业车辆的驾驶员必须经过培训并通过考核取得操作证。

② 对于在易燃、易爆环境中作业的机动工业车辆，只有得到主管部门的认可并获得可在易燃、易爆环境中作业许可证的机动工业车辆，才可以在此环境下作业。

③ 除了备有乘客专座外，车辆不得载客。禁止乘客登在起升机构属具上，但下列情况除外：

a. 平台必须可靠地固定在货叉架和/或货叉上。

b. 如果平台上没有起升控制装置，那么当有人员在平台上时，驾驶员不得离开驾驶位置。

c. 当有人员站在装有起升控制装置的平台上时，则只允许使用此平台上的起升控制装置。

d. 平台、载荷和人员的总重不得超过车辆标牌上所标明的起重量的一半。

e. 不得用车辆上的平台来运送人员，但为了人员的手工作业，车辆可作小范围的调整性运行。

④ 车辆在使用时不得超过制造厂规定的额定能力。未经制造厂批准，不得进行任何设计上的修改，也不得在车上附加任何物体，以免影响车辆的能力和作业安全。

⑤ 必须确保所有的标牌和标志都在规定的位置上，保持字迹清晰。

⑥ 必须使车辆处于稳定状态。不正确的操作或错误的保养可能使车辆产生不稳定状态。车辆作业时如与规定的正常作业条件不同时，必须按要求减少载荷。

可能影响稳定性的因素是：地面和地板的情况、坡度、车速、载荷、蓄电池重量、动态力和静态力等。

⑦ 防护要求和保护装置。

a. 车辆必须涂有与周围环境有明显区别的颜色。

b. 乘驾式高起升车辆必须安装护顶架。在载荷不会掉落到驾驶员身上的场合可以例外。

c. 用高起升车辆搬运可能会掉落危及驾驶员人身安全的载荷（如高的或多件堆叠货物）时，必须采用具有足够高度、宽度以及开口尺寸足够小的挡货架以防整个载荷或部分载荷掉到驾驶员身上。

d. 在需要表示作业状态时，车辆必须附加警示装置，如灯光或闪光灯。

⑧ 燃料搬运和储存。

a. 车辆必须在规定的地点加燃料。燃料站必须设有通风口，以使可燃气体的积累减至最少。在露天坑、地道入口，电梯井道或其他类似场合附近，不得灌注液化石油气和更换可拆式液化石油气容器。

b. 在加燃料地区禁止吸烟，并用标牌警告。

c. 如果液体燃料不是由管道输送的，则必须以密闭容器搬运。

d. 只有经过培训和指定的人员才允许灌注或更换液化石油气容器。

e. 储存和搬运液化石油气容器时，必须关紧灌注阀，并且安全阀必须直接与容器的汽化空间相通。容器储存时，在连接口上必须拧上保护盖。

f. 重新使用之前，必须检查容器，以确保不漏气。尤其注意阀和连接部位不得漏气。已损坏的容器不得使用。只有得到批准的企业才可以修理液化石油气容器。

⑨ 蓄电池充电和更换。

a. 蓄电池充电站必须设置在指定的区域内。充电站必须备有用于冲洗和中和溢出电解液的设备、消防设施、防止车辆损坏充电装置的设施和驱散从蓄电池中所排出气体的适当通风设施。

b. 在充电区域内禁止吸烟并用标牌警告。

c. 只有经过培训和得到批准的人员才允许更换蓄电池或为蓄电池充电。蓄电池维修人员必须穿防护服。

d. 所有的蓄电池更换工作必须按制造厂的说明书进行。在重新安装蓄电池时，必须采取措施使蓄电池正确连接、定位和固定。不得在无盖的蓄电池顶部放置工具和其他金属物品。

e. 必须采用制造厂规定的蓄电池。必须备有安全更换蓄电池的装置。使用起重设备起吊蓄电池时必须使用绝缘吊杆。未得到专门的批准（例如指车辆制造厂），电动车辆不得换用不同电压、重量或尺寸的蓄电池。

⑩ 其他要求。

a. 发现车辆存在不安全因素，必须停止使用并撤离现场。经过维修恢复安全状态后，才可重新投入使用。

b. 一旦发生事故，例如人员伤害或车辆对建筑物或设备的损坏，首先要组织抢救，尽可能保护事故现场并立即向主管人员报告。

c. 作业场地的地面必须具有足够的承载能力，必须加强对其维修保养，使其不影响车辆的安全作业。

d. 车辆的运输通道必须具有良好的视野并容易转弯，不得出现斜坡、陡坡、窄通道和低顶篷。通道的轮廓或界线必须清晰。建议通道的坡度不超过10°，坡顶和坡底必须平滑过渡，以免载荷振动或车辆底部与路面碰撞。当坡度超过10°时，建议安装标牌。

e. 如车辆在运行（运输）状态时载荷阻挡视线，则车辆运行时，载荷必须位于车辆运行方向的后方。

f. 在作业区灯光照度低于32 lx时，车辆上必须备有辅助灯光。

g. 同时使用两辆车搬运笨重或沉重的载荷是一项需要特别小心的危险作业，这种情况必须作为特殊情况处理并在负责搬运作业人员监督下进行。

3. 对驾驶员的安全要求

机动工业车辆的安全作业在很大程度上取决于驾驶员对车辆的操纵方式。依据《机动工业车辆安全规范》GB 10827—1999 的规定，驾驶员应遵守以下安全要求。

（1）一般规则

a. 只有经过培训并通过考核取得操作证的人员，才允许驾驶机动工业车辆。

b. 机动工业车辆不得载客，除非其上专门配备了可供乘客乘坐的设施。

c. 驾驶员必须特别注意作业环境，包括在附近的其他人员以及固定的或移动的物体，且必须随时提防行人。

d. 无论车辆起升部件有无载荷，必须禁止任何人通过或站在车辆起升部件下面。

e. 发生人员、建筑物、结构或设备事故必须立即向有关人员汇报。

f. 驾驶员未经批准不得修改、增加或拆除零件以免影响车辆性能。除了已由车辆制造厂装上的以外，不得在车辆方向盘上附加或安装手把。

g. 驾驶员必须在车辆的使用范围内使用车辆。

h. 用乘驾式高起升车辆进行高堆垛作业、搬运高的或多件叠装的单元货物时，必须使用带有护顶架和挡货架的车辆。例外：如果不存在载荷或货物落到驾驶员身上的危险，那么可以使用不带护顶架的乘驾式高起升车辆；用步行式车辆进行高堆垛作业、托运高的或多件叠装的单元货物时，必须使用挡货架。

（2）载荷搬运（起升或堆垛）规则

① 载荷

a. 只允许搬运不大于其额定起重量的载荷。装有属具的工业车辆的起重量可能小于属具标牌上标出的能力。

b. 不得采用任何方式来增大车辆的起重量，例如附加人员或平衡量。

c. 在任何时候，特别是在使用属具时，必须注意载荷的操作、定位、固定与运输，装有属具的车辆在无载时，应视作部分承载来使用。

d. 只允许搬运排列稳定或安全的载荷，在搬运超长或超高载荷时以及重心不能确定的载荷时必须格外小心。

② 载荷的拣取和放下　采用货叉拣取载荷时：

a. 货叉间距必须适合被搬运载荷的宽度。

b. 货叉必须尽可能深地插入到载荷的下方。但注意不得使叉尖碰到载荷以外的物件。然后货叉必须起升到足够的高度以拣取载荷。

c. 在搬运高的或多件叠装的单元货物时，必须采用最小的后倾（如可后倾）来稳定载荷，并应特别小心。

在放下载荷时，必须小心地下降。如有可能可少许（或有限地）前倾门架，以便放妥载荷和抽出货叉。

③ 堆垛

a. 堆垛时门架必须尽量后倾以保证载荷稳定，慢慢地接近货堆。

b. 车辆靠近和面对货垛时，必须把门架调整到近似于垂直位置，把载荷起升到稍高于堆垛高度，然后车辆向前移动；或者前移式叉车伸出货叉，降下货叉放下载荷。必须确保载荷堆垛牢靠。堆垛后抽出货叉，并把货叉降低到运行高度，在确认道路无障碍后开启车辆。

c. 在起升装置已起升时开动车辆，不论车辆空载或满载，都应十分小心，平衡地操纵制动器。

④ 拆垛

a. 车辆慢慢靠近货堆，当货叉叉尖离堆约 0.3m 时停下。

b. 货叉间距必须调整到适合于要搬运载荷的宽度，而且必须检查载荷的重量，以确保载荷在车辆的起重量范围之内。

c. 必须垂直起升货叉到可将其插入到载荷下方的位置。

d. 货叉必须尽可能深地插入到载荷的下方，但注意不得使叉尖碰到载荷以外的物件。然后货叉必须起升到足够高度以拣取载荷。

e. 进一步起升货叉，使载荷正好与货堆脱离。如果门架可后倾，那么货叉必须适当后倾以稳定载荷。

f. 载荷必须降低到运行高度，门架最大后倾。当确认道路通畅之后，车辆平衡地离开。

（3）运行（驾驶）规则

① 一般规则

a. 驾驶员必须沿通道的右侧驾驶车辆，驾驶员必须能清楚地看到运行的道路，并注意其他车辆、行人及安全间距。

b. 驾驶员必须遵守一切交通规则，包括厂内规定的车速限制。

c. 驾驶员必须时刻以认真负责的态度驾驶车辆。禁止突然起步、停车及高速转弯。除作业状况要求外，建议在车辆起步时方向盘不应处于极限位置。如果需在极限位置起步，则应小心操作。

d. 在车辆运行时载荷或承载装置必须保持在运行高度，若有可能，车辆运行时应后倾载荷。除了堆垛作业外，不得起升载荷。

e. 在运行（即运输）状态时，如果载荷有碍视线，那么当车辆运行时，载荷必须位于车辆运行方向的后方。

例外：在某些情况（如堆垛或爬坡）下，车辆运行时要求载荷位于车辆运行方向的前方，此时，驾驶员必须十分小心地驾驶车辆。作业条件要求时，可采用某种附属（辅助）设施或由其他人员引导。

f. 在十字路口和其他视线受阻的场合，必须降低车速，并发出声响信号。

g. 车辆带着起升载荷进行机动运行时，必须缓慢而平衡地操纵转向装置和制动器。

h. 在交叉路口、视线受阻的地段或危险场合，不得超越同向运行的其他车辆。转弯时，如果附近有其他车辆或行人则必须发出警示信号。

i. 驾驶员必须避免车辆驶过松软物体，以免导致物品损坏或人员伤害。

j. 不得将手臂、腿或头放在门架立柱或车辆的其他运动部件之间。车辆运行时，驾驶员不得将身体探出车体的外轮廓线。

k. 必须遵守有关地面承载能力的所有标牌和其他指示牌的要求。

② 车速

a. 车速必须和车辆行驶区域内的人员活动情况、能见度、道路或地面情况以及载荷情况相适应。车辆在湿滑的路面上运行时必须特别小心。

b. 在任何情况下，都必须将车速控制在可安全停车的范围内。

③ 在坡道上运行　在坡道上运行时，必须遵守下列规则：

a. 车辆必须缓慢地上、下坡。

b. 除侧面装载和无起升车辆外，无载车辆运行时，最好将其承载装置面向下坡方向。

c. 车辆不得在坡面上转弯，也不得横跨坡道运行。

d. 车辆靠近坡道、高站台或平台边缘时，驾驶员必须小心驾驶车辆，车辆与站台或平台边缘之间必须保持至少为车辆一个轮胎宽度的距离。

e. 当上坡或下坡坡度超过10°时，如有可能，有载起升车辆和平台堆垛车（侧面承载叉车、越野叉车、跨车和平台搬运车除外）运行时必须使载荷面向上坡方向。

f. 车辆在各种坡道上作业时，必须把载荷和承载装置向后倾（如有可能）且只升高到足以通过道路表面和局部障碍物的高度。

④ 通过间隙

a. 必须确保在悬挂装置（如：灯具、管道和消防系统）下，有足够的净空高度。

b. 通过通道和门口之前，必须确保车辆、驾驶员和载荷有足够的通过间隙。

⑤ 停车

a. 驾驶员离开时，承载装置必须降到最低位，控制装置置于中间位置，动力关闭，停车制动器拉紧，车辆停稳，以防意外运动或未经批准被他人擅自开动。

b. 车辆停放时，防火通道、通向楼梯及消防设备的通道必须通畅。

c. 车辆的停放位置必须与铁道保持一段安全距离。

（4）驾驶员维护车辆规则

① 一般规则

a. 使用车辆之前，必须检查车辆的技术状况。依据车辆的型式不同，必须特别注意一些特殊部位［如：燃油系统、警示装置、动力系统、制动器、转向机动部位、灯光、车轮以及充气胎气压（即充气式）和起升系统（包括起升链条、钢丝绳、限位开关和液压缸）］。

b. 如发现车辆需要修理，或在作业期间缺陷有所发展，则必须立即向指定上级报告。除了专门批准外，驾驶员不得自行修理或调整车辆。

c. 燃油系统有渗漏的车辆，未经修复不得使用。

② 加燃料

a. 加燃料前必须关闭发动机，制动车辆，驾驶员必须离开车辆。

b. 在加燃料时禁止明火和吸烟。

c. 加液体燃料（如汽油和柴油）。必须在指定地点加燃料，在取走加油设备、盖好加油口盖和清除外溢燃料之前，发动机不得启动。

d. 加液化石油气燃料（液化石油气）。只有经过培训和指定的人员才可灌注或更换液化石油气容器。负责灌注液化石油气的人员必须穿防护服（长袖服和手套）。固定式液化石油气容器的灌注和可拆式液化石油气容器的灌注或更换，必须在指定的地点进行。

液化石油气驱动的车辆不得停靠在热源、明火或类似的点火源旁边，也不得靠近露天坑、地下通道入口、电梯井道或其他类似地区，也不得在上述地区更换可拆式液化石油气容器。

液化石油气驱动的车辆要停车过夜，或在室内停放较长时间而液化石油气容器仍留在车上时，必须关闭该容器的供气阀。

③ 蓄电池充电和更换

a. 所有蓄电池充电和更换必须由经过培训和指定的人员按蓄电池或车辆制造厂的说明书进行。通常可指定驾驶员担任。

b. 在为蓄电池充电或更换蓄电池之前，车辆必须正确定位并制动。

c. 充电时，排气帽必须处在正确位置上以防电解液溅出，并确保通气孔有效。打开蓄电池（或隔间）的盖以放出气体和散去热量。

d. 在蓄电池充电区域内必须采取措施以防出现明火、火花或电弧。禁止吸烟。

e. 工具或其他金属物品必须远离未加盖的蓄电池顶部。

f. 蓄电池上部应保持干燥，接线端子应保持清洁，涂上少许凡士林并正确拧紧。

g. 未经批准不得使用不同电压、重量或尺寸的蓄电池代替原电动车辆上的蓄电池。

h. 重新安装蓄电池时，蓄电池必须放在车辆的正确位置上。

i. 禁止用明火检查蓄电池的电解液液面。

j. 取用酸坛中的溶液时，必须使用酸坛倾斜装置或虹吸管。稀释浓硫酸制电解液时，只允许把浓硫酸加入水中，而不得把水加入浓硫酸中。

4. 对车辆维护的安全要求

机动工业车辆能否满意地使用，取决于细心维护。忽视维护时，车辆便可能危及人身安全和损坏财物。只有专业维修人员，才允许对工业车辆进行检查、维护、调整和修理。

（1）维护项目及其安全要求　所有机动工业车辆必须根据计划日程，按照下列项目，特别是按制造厂提供的维护说明书进行防护性检查、润滑、保养和维修。

① 制动器、转向机构、操纵机构、警示装置、灯光、调节器和起升过载保护装置必须保持在安全作业状态。

② 起升和倾斜机构的所有部件及构件，以及安全防护架和安全装置必须定期检查，并保持安全作业状态。

③ 所有的液压系统都必须定期检查和维护。必须检查油缸、阀和其他类似部件，以确保内漏和外漏不会发展到危险的程度。

④ 必须检查和维护蓄电池、电动机、控制器和接触器、限位开关、保护装置、导线和接插件，使其处于良好状态。特别要注意电气绝缘状态。

⑤ 必须检查内燃车辆的排气系统、汽化器的调节器、蒸发器和燃油泵是否有损坏和渗漏。内燃机在封闭场所维护作业时，会产生有害物质。建议此时应采取足够的通风。

⑥ 必须检查充气轮胎的踏面、侧面和轮辋的损坏程度。必须使轮胎保持在制造厂规定的气压，从对开式轮辋上拆卸充气轮胎之前，必须预先释放轮胎内的气体。必须检查轮胎和金属轮箍或轮辋的粘接情况。必要时，应清除轮胎踏面的杂质。

⑦ 必须确保所有的标牌、指示牌和标签（图案）字迹清晰。

⑧ 必须检查燃油系统有无渗漏及所有配件是否完好。液化石油气系统必须用肥皂液进行渗漏检查。燃油系统有渗漏时，车辆必须离开作业现场，只有将所有的渗漏处修补完好之后，车辆才能重新投入使用。

所有液化石油气容器重新灌注燃料前以及所有的可拆式液化石油气容器在重新使用前均必须检查是否有下列缺陷或损坏：

a. 凹痕、划伤和沟槽；

b. 各种阀和液位计的损坏；

c. 安全阀中的碎屑；

d. 安全阀帽的损坏或丢失；

e. 阀和螺纹连接处的渗漏；

f. 在灌注或供气连接处挠性密封的变质、损坏或丢失。

如发现上述缺陷和损坏，此容器未经修复不得继续使用。

⑨ 设计用于危险场合和被批准用于危险场合的专用车辆或设备，必须加以特别注意，确保在维护后能保持车辆原有的安全作业性能。

⑩ 工业车辆必须保持清洁以防火，及时发现松动或有缺陷的零件，保持起升装置和承载装置、踏板、脚蹬和车辆地板清洁，无油脂、油污和脏物等。所有更换的零件必须是原型的零件，或至少与原车辆中零件的质量相同。

（2）检查要求

① 如经检查发现车辆存在任何可成为安全隐患的缺陷、磨损或损坏，则必须采取有效的措施，修复后车辆才能重新投入使用。

② 应遵照计划日程对车辆进行防护性维护、润滑和检查。对要求记录的数据必须保存好。

第三节　大型游乐设施安全

一、概述

大型游乐设施是指用于经营目的，承载乘客游乐的设施，其范围规定为设计最大运行线速度大于或者等于 2m/s，或者运行高度距地面高于或者等于 2m 的载人大型游乐设施。

大型游乐设施是综合运用声、光、电、计算机技术的机械产品，具有追求惊险刺激的特性，其用途是载人游乐，乘客不需要训练和特别的准备就能乘坐娱乐或自行操纵娱乐。大型游乐设施主要设置在游乐园。它的主要危险是由于其高速运行、高空运行、水上运行或者高速状态下在高空或水上运行，如果发生失控，易出现游乐设施整体（局部）倒塌或倾覆倾翻、人员坠落、碰撞、火灾等情况。

大型游乐设施对人的伤害事故类型可按照其运行特点划分。对于在高空并以高速运行的大型游乐设施，主要为高处坠落、碰撞、挤压和物体打击等事故；对于在地面运行的大型游乐设施，主要是运行中人体坠落和物体倒塌、飞落、挤压等事故；对于在水面运行的大型游乐设施，主要是淹溺事故；对于电力驱动的大型游乐设施，还有触电及火灾事故。

大型游乐设施事故常见类型有倒塌（倾覆倾翻）、坠落、挤压（剪切）、碰撞、火灾、触电、物体打击、溺水、机械伤害和设备损坏等。

二、大型游乐设施事故案例分析

1. 深圳东部华侨城"太空迷航"事故

（1）事故概况　2010 年 6 月 29 日，深圳东部华侨城"太空迷航"大型游乐设施发生安全事故，造成 6 人死亡，10 人受伤，其中重伤 5 人。

（2）事故原因分析　事故的发生是由于座舱因支撑系统失稳与活动站台发生碰撞坠地而酿成悲剧。"太空迷航"大型游乐设施 12 个座舱在运行中，第 5 号座舱因支撑系统失稳，与活动站台发生碰撞坠地。随后的 4 号、3 号、2 号座舱相继与坠地的 5 号座舱碰撞并失稳。接着 3 个失稳的座舱又与活动站台发生碰撞造成不同程度损坏，由此导致部分座舱内游客伤亡。

2. 新疆库尔勒市"太空飞跃"游乐设施断裂事故

（1）事故概况　2011 年 5 月 8 日，新疆维吾尔自治区库尔勒市龙山公园内的一台"太空飞跃"设备在运行过程中，座舱与转臂连接的金属结构发生断裂，座舱跌落并与另一座舱发生碰撞，造成 1 人死亡，1 人受伤。

（2）事故原因分析　此次事故的原因是：设备结构设计不合理，在冲击载荷作用下，应力集中部位出现裂纹所致；运营使用单位安全管理制度不健全，且没有认真落实，无设备安全管理人员，设备日常检查方法和部位无针对性，维护保养工作不到位也是此次事故的原因。

三、大型游乐设施的应急措施

大型游乐设施在使用过程中遇到意外情况时，应及时营救和安全疏散乘客，实施紧急处置措施，严格遵守有关技术规程。

各类游乐设施出现紧急情况时，应采取以下处置措施。

遇下列意外情况应立即通知有关人员前来处理，并根据需要按紧急处置措施解救被困的人员。

1. 自控飞行类游乐设施

① 当座舱的平衡拉杆出现异常，座舱倾斜或座舱某处出现断裂情况时，应立即停机使座舱下降，同时通过广播告诉乘客一定要紧握扶手。

② 游乐设施运行中突然断电时，座舱不能自动下降，服务人员应该迅速打开手动阀门泄油，将高空的乘客降到地面。若未停电，换向阀门因故不能换向时，亦采用此办法将乘客降到地面。

③ 游乐设施运行中，出现异常振动、冲击和声响时，要立即按紧急事故按钮，切断电源。经过检查排除故障后，再开机。

2. 转马类游乐设施

① 当乘客不慎从马上掉下来的时候，服务人员要立刻提醒乘客不要下转盘，否则会发生危险。

② 当有人将脚掉进转盘与站台的间隙之中时，要立即停车。

3. 陀螺类游乐设施

① 当升降大臂不能下降时，先停机，然后打开手动放油阀，使大臂徐徐下降。

② 当吊椅悬挂轴断裂时，应有钢丝绳保险装置，椅子不会掉下来，但要立即告诉乘客抓紧双手，同时停车，将吊椅放下。

4. 滑行车类游乐设施

① 正在向上拖动着的滑行车，若设备或乘客出现异常情况。按紧急停车按钮，停止运行，然后将乘客从安全走台上疏散下来。

② 如果滑行车因故停在拖动斜坡的最高点，应将乘客从车头开始，依次向后进行疏散。注意一定不要从车尾开始疏散，否则滑行车重力前倾，有可能自动滑下，造成重大事故。

5. 小赛车类游乐设施

① 当小赛车冲撞抵挡物翻车时，服务人员应立即赶到出事现场，并采取救护措施。

② 小赛车进站不能停车时，服务人员应立即上前，搬动后制动器的拉杆，协助停车，以免碰撞别的车辆。

③ 车辆出现故障时，服务人员在跑道内处理故障时，绝对不能再发车，以免冲撞。故障不能马上排除时，要及时将车辆移到跑道外面。

6. 碰碰车类游乐设施

① 碰碰车的激烈碰撞使乘客的胸部或者头部碰到方向盘而受伤时，操作人员要立即停电，采取救护措施。

② 突然停电时，操作人员要切断电源总开关，并将乘客疏散到场外。

③ 乘客万一触电时，要有急救措施。

7. 特殊情况处理

① 遇其他复杂情况时，应立即通知游乐设施制造、维修单位专业维修人员进行处理。

② 原制造、维修单位无法及时到达现场的，立即通知联动单位，由联动单位专业维修人员进行处置。

四、大型游乐设施的安全管理

（1）建立安全管理体系　首先要建立游乐设施安全运营的管理组织，确定内部组织分工，明确职责权限，建立和健全以安全运营责任制为中心的各项安全管理制度，逐台设施建立安全技术档案。其次是宣传贯彻学习管理制度，进行组织技能、安全知识培训，定期进行救援演习。工作人员要熟练掌握本岗位业务知识和操作技能，经考试合格后，方可持证上岗。管理制度实施后应定期检查落实制度的执行情况，发现问题应采取纠正或预防措施。

（2）游乐设施的选用、安装与使用必须符合相关安全技术规范和标准的要求　必须选择具有制造许可证的产品。现场安装前应向当地特种设备安全监督管理部门进行开工告知，投入使用前应向特种设备检验检测机构提出验收检验的申请，经特种设备检验检测机构验收合格后，运营单位必须持检验检测机构出具的验收检验报告和安全检验合格标志，到当地特种设备安全监督管理部门注册登记。将安全检验合格标志固定在游乐设施显著位置上后，方可投入正式运营。

（3）加强日常运营管理　游乐设施每日投入运营前必须进行试运行。操作人员试运行检查后应按规定做好记录，试运行合格后才能转入运营。开始运营前操作或服务人员必须及时向乘客讲解安全注意事项，谢绝不符合游乐设施乘坐条件的乘客参与游乐活动，严禁超载、偏载，乘客进入设施后应对安全带、安全压杠、舱门或进出口处拦挡物的锁紧装置进行检查确认，开机前先鸣铃提示，确认无任何险情后方可启动运营。运营中密切注意乘客动态，及时制止个别乘客的不安全行为。每日运营结束应对设施进行检查，并做好交接班记录。

（4）加强每月定期检查　游乐设施的运动类型有旋转运动、沿轨道和地面运动等。检查要点归纳起来主要有基础、机体、乘人部分、动力系统、传动系统、电气系统和安全防护装置。按规定项目逐一进行检查，做到发现问题及时解决。

第四节　客运索道安全

一、概述

客运索道是指动力驱动，利用柔性绳索牵引箱体等运载工具运送人员的机电设备，包括客运架空索道、客运缆车、客运拖牵索道等。

客运索道是由钢索（运载索，或承载索和牵引索）、钢索的驱动装置、迂回装置、张紧装置、支撑装置（支架、托压索轮组）、抱索器、运载工具（吊厢、吊椅、吊篮和拖牵式工具）、电气设备及安全装置组成。

索道的工作原理是，钢索回绕在索道两端（上站和下站）的驱动轮和迂回轮上，两站之间的钢索由设在索道线路中间的若干支架支托在空中，随着地形的变化，支架顶部装设的托索轮或压索轮组将钢索托起或压下。载有乘客的运载工具通过抱索器吊挂在钢索上，驱动装置驱动钢索，带动运载工具沿线路运行，达到运送乘客的目的。张紧装置用来保证在各种运行状态下钢索张力近似恒定。

索道距离地面高达几米、十几米、甚至上百米，人体处于高处运动状态，这既是索道吸引人之处，也是危险所在。客运索道的服务对象是临时乘客，他们完全没有索道专业知识，也无法进行专业培训，在乘坐索道整个过程中，无论是心理恐慌，还是身体不适，或由于无知带来的冒险行为、甚至天气突变的影响，都会带来严重的安全问题。索道运行是由索道站集中控制的，发生问题时，乘客无法随时自主控制运行状态，不能中途随意上下。索道不管是在正常运动状态由于乘客原因而发生问题，还是由于雷击、停电、设备故障等原因使索道处于停车状态，或者是营救乘客的操作，只要人处于高处，危险状态就没有解除。游览索道都是在野外露天，地形、地物、天气条件复杂，增加了索道救护的难度。因此对客运架空索道的安全问题必须给予足够重视。

二、客运索道事故案例分析

1. 贵州省兴义市 10.3 马岭河索道安全事故

（1）事故概况 1999 年 10 月 3 日，贵州省兴义市马岭河峡谷风景区索道发生重大伤亡事故，事故导致 14 人死亡，22 人受伤。事故中，索道钢丝绳断裂、吊厢坠落。该索道于1994 年开工兴建，1995 年竣工。

（2）事故原因分析

① 事故直接原因

a. 违规将存在严重事故隐患的索道投入使用。该索道没有遵守原劳动部颁布的《客运架空索道安全运营与监察规定》，未将设计图样送国家索道检验中心进行审查，未经验收检验，未按规定取得"客运架空索道安全使用许可证"。

b. 安全装置不全，没有备用制动器，仅有的一套制动器失灵。

c. 严重超载运行。在限乘 20 人的吊厢里，却挤进了 35 人。

② 事故间接原因

a. 索道在设计、安全审查等诸环节存在严重安全隐患。《客运架空索道安全规范》规定："每台驱动机上应配备工作制动和紧急制动两套制动器，两套制动器都能自动动作和可调节，并且彼此独立。其中 1 个制动器必须直接作用在驱动轮上，作为紧急制动器。"该索道设计、制造未执行以上标准规定，在驱动卷筒上没有装设紧急制动器，运行中唯一的制动闸失灵，造成索道失控坠落；该索道设计严重违反《客运架空索道安全运营与监察规定》（劳安字〔1991〕11 号），未履行报批手续，设计图纸未经安全审查，索道建成后也未经安全验收。

b. 索道在管理方面存在严重问题。操作司机和管理人员未经专业技术培训，无证上岗，缺少必要的专业知识和应急处理措施，索道运营单位没有建立完善的规章制度。

2. 河北省秦皇岛祖山索道迂回轮主轴断裂事故

（1）事故概况 2004 年 10 月 4 日 12 时 30 分左右，河北省青龙满族自治县境内的祖山风景区画廊谷观光索道突然发生迂回轮主轴断裂事故，致使索道无法正常运行，造成部分游客滞留在索道吊厢内，无法返回到索道站。被困游客共计 83 人，吊厢最高的距地面约 60m，最低的距地面 40m。至 10 月 5 日上午 8 时许，涉险游客全部获救，滞留时间最长达 20h（属于特种设备较大事故等级），虽然无人员伤亡，但是社会影响较大，造成直接经济损失70.8 万元。

（2）事故原因分析

① 主轴断裂是事故的直接原因。

② 设备制造质量没有得到有效控制是事故发生的主要原因。

③ 索道运营单位应急救援工作不力是导致涉险游客滞留时间最长达 20h、构成较大事故的主要原因。

三、客运索道事故的应急措施

客运索道容易发生坠落、摔伤、挤压、长时间滞留等安全事故。

当此类事故发生时应采取以下措施：

① 发生客运索道事故时，应立即通知客运架空索道制造、维护保养单位，并根据需要按紧急处置措施解救人员。

② 若机械设备、站口系统、牵引索等发生重大故障导致索道不能继续运行时，必须采用最简单的方法，在最短的时间内将乘客从吊厢内撤离到地面。撤离的方法取决于索道的类型、地形特征、气候条件、吊厢离地高度。

③ 当外部供电回路电源停电，或主电机控制系统发生故障时，应开启备用电源，如柴油发电机组来供电，借辅助电机以慢速将吊厢拉回站内。

④ 在采用应急运行方案无效或不能保证不发生重大问题、索道不能应急运作时，要实施线路处置方案来营救线路上的乘客，索道上站的游客可由工作人员带领步行下山或安排在安全地方休息。

四、客运索道的安全管理

可参考本章第三节"四、大型游乐设施的安全管理"的内容，此处不再赘述。

参 考 文 献

[1] GB 5083—1999 生产设备安全卫生设计总则.

[2] GB/T 12801—2008 生产过程安全卫生要求总则.

[3] 《安全科学技术百科全书》编委会. 安全科学技术百科全书. 北京：中国劳动社会保障出版社，2003.

[4] 刘铁民主编. 注册安全工程师教程——专业技术知识. 北京：中国矿业大学出版社，2003.

[5] 袁化临编著. 起重与机械安全. 北京：首都经济贸易大学出版社，2000.

[6] 杨丰科，孟广华主编. 安全工程师基础教程——安全技术. 北京：化学工业出版社，2004.

[7] 刘景良主编. 化工安全技术. 第2版. 北京：化学工业出版社，2008.

[8] GB/T 8196—2003 机械安全 防护装置 固定式和活动式防护装置设计与制造一般要求.

[9] GB/T 18831—2010 机械安全 带防护装置的连锁装置设计和选择原则.

[10] GB 2893—2008 安全色.

[11] GB 2894—2008 安全标志及其使用导则.

[12] 刘景良主编. 安全管理. 第2版. 北京：化学工业出版社，2012.

[13] 中华人民共和国国务院令第549号 特种设备安全监察条例.

[14] 国家质量技术监督局令第13号 特种设备质量监督与安全监察规定.

[15] TSG Z0006—2009 特种设备事故调查处理导则.

[16] GB 6067—2010 起重机械安全规程.

[17] GB/T 3811—2008 起重机设计规范.

[18] TSG Q0002—2008 起重机械安全技术监察规程——桥式起重机.

[19] 国家质量监督检验检疫总局令第92号 起重机械安全监察规定.

[20] GB/T 20776—2006 起重机械分类.

[21] GB/T 5972—2009 起重机 钢丝绳 保养、维护、安装、检验和报废.

[22] 蒋军成，王志荣主编. 工业特种设备安全. 北京：机械工业出版社，2009.

[23] TSG R0004—2009 固定式压力容器安全技术监察规程.

[24] 崔政斌，吴进成编著. 锅炉安全技术. 北京：化学工业出版社，2009.

[25] 质技监局锅发〔2000〕250号 气瓶安全监察规程.

[26] 中华人民共和国国家质量监督检验检疫总局令第46号 气瓶安全监察规定.

[27] 劳部发〔1996〕140号 压力管道安全管理与监察规定.

[28] 劳部发〔1995〕161号 厂内机动车辆安全管理规定.

[29] GB 10827—1999 机动工业车辆安全规范.

[30] GB 12352—2007 客运架空索道安全规范.

[31] 劳安字〔1991〕11号 客运架空索道安全运营与监察规定.

[32] 朱兆华，徐炳根，王中坚主编. 典型事故技术评析. 北京：化学工业出版社，2007.